OOLER CITY HALL

EXIT

前　言

PREFACE

全屋定制是一种个性化、多样化的设计理念，其通过“互联网 +”的营销模式，以数字化和智能化进行生产，是家具产业一次颠覆性的技术进步。定制是中国家具产业从大规模生产走向大规模定制的重大转型，是家具产业从中国制造走向中国创造的重大转折。

随着社会的不断发展，全屋定制逐渐被广大消费者所接受，它强调的是个性化设计及家居设计风格的统一，全屋定制不仅能让我们的生活更加舒适，也能独树一帜地演绎主人的生活理念。

全屋定制涵盖了用户调查、方案设计、后期沟通、工厂生产、安装、售后等一系列服务，因此必须依靠强大的企业或服务平台，实现设计、生产、施工、饰品配套等多种资源的整合与利用；以全屋设计为主导，配合专业定制和整体主材配置来实现属于客户自己的家装文化。

想在未来的全屋定制行业占领先机，除了依靠品质、服务等因素，对整装品牌而言，人是不可或缺的重要力量。因此企业对于设计师的培养和设计师自身能力的提升，越来越显得必不可少。

作为全屋定制企业最核心的岗位——设计师，任重而道远，设计师不仅是企业价值的创造者，更是帮助企业解决问题的行动者，设计师在企业的转型升级、突破瓶颈等问题中都是中坚力量，设计师面对的挑战和困难也是非常艰巨的。

为了能让广大设计师和我们的同行业者更快解决实际问题，找到用户需求，我们特将近年来的生产实践整理成册，本套系列丛书分为三部分，第一部分为木门、屏风；第二部分为衣柜、酒柜、鞋柜、书柜；第三部分为柜类配件、活动柜、楼梯、墙板、博古架。

我们在整理这套书时候尽量原创，在编写过程中参考和引用了很多行业内知名的企业、设计师的宝贵资料和研究成果，同时也参照了很多行业图集，也有部分素材来源于网络，在此基础上进行了部分修改！在此对原作者和研究者表示衷心的感谢！

本书在编写过程中，肯定有诸多纰漏之处，我们也向本套书提出质疑或提供建议的读者表示诚挚的敬意！

编　者

2018 年 12 月

全屋定制 CAD 标准图集

Ⅲ

名门汇　编

柜类配件／活动柜／楼梯／墙板／博古架

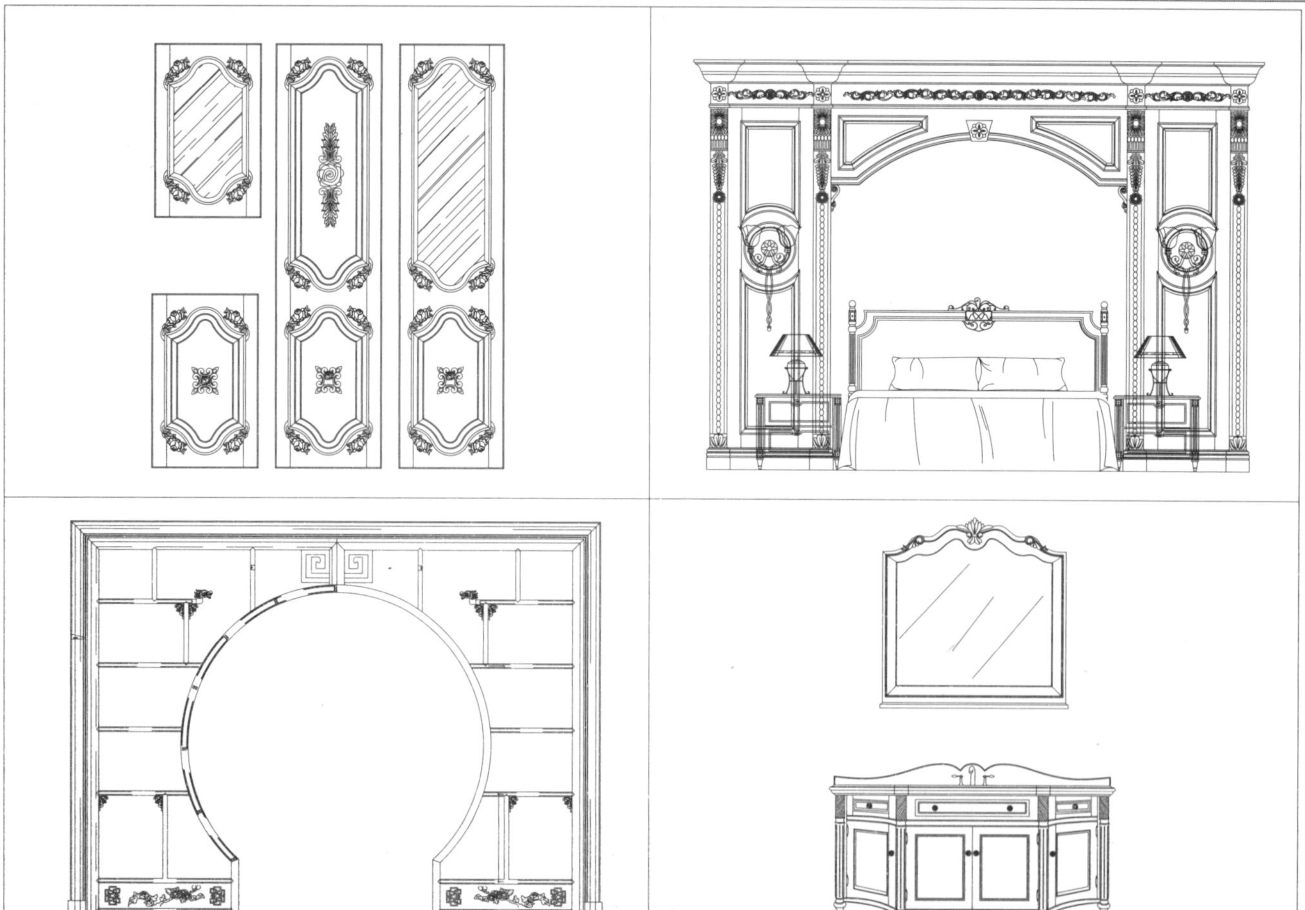

目 录

Contens

第一章 柜类配件

第一节 柜 门

1. 柜门概述

柜门主要用于遮挡柜体、装饰类墙裙板等应用；柜门与柜体之间靠铰链连接，主要分为全盖门板、半盖门板和内嵌门板。柜门可根据不同风格选择相应的门板，以丰富整体美感。

2. 柜门标准件拼装结构

柜门标准件拼装结构主要分为两种：45° 拼接方式和直拼方式，在现在生产工艺，根据柜门的边枋造型决定拼装工艺，柜门拼接方式如下图。

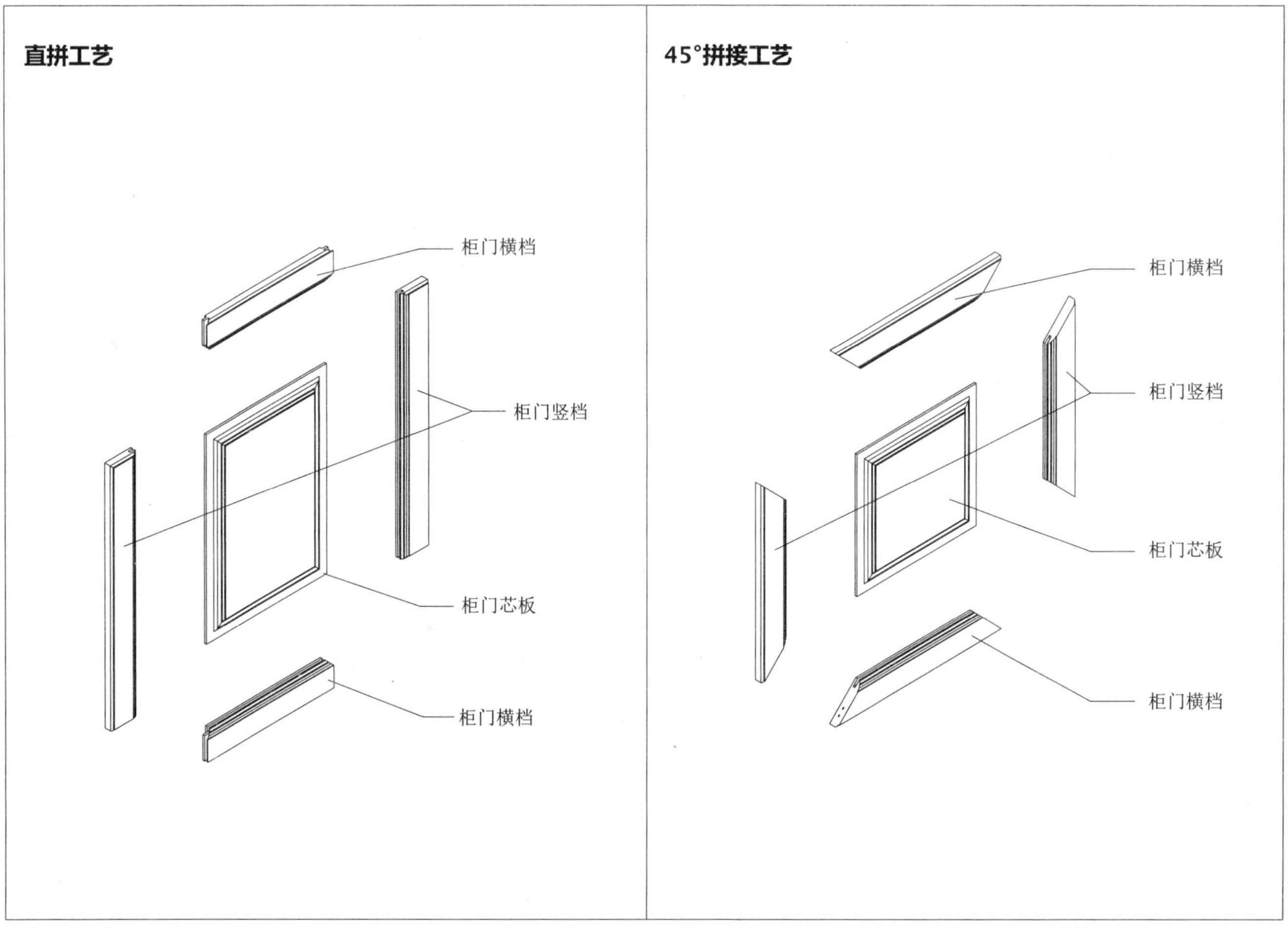
直拼工艺
柜门横档
柜门竖档
柜门芯板
柜门横档
45°拼接工艺
柜门横档
柜门竖档
柜门芯板
柜门横档

3. 柜门工艺说明

柜门组装完成后，测量组装好的柜门对角线及长宽尺寸，以确认柜门尺寸是否与下单尺寸相同；柜门45° 要求拼接无缝隙，表面平整，如需预留工艺缝，工艺缝一般尺寸为2×2mm。

柜门通常产成品厚度为20~22mm，图集柜门厚度以常用厚度22mm整理，柜门刀型很多种，工艺也有多种，柜门刀型不编写编号，图集只对目前生产厂家常用刀型工艺进行整理，此套图册内柜门结构工艺共有六种。玻璃柜门在工艺中不说明，如玻璃工艺，只是玻璃取代了芯板工艺。

以下为六种常用柜门生产工艺说明。

工艺刀型结构1

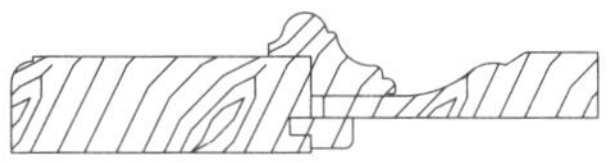

适用于欧式柜类
工艺：可先组装边框，做完底漆后再固定芯板

工艺刀型结构2

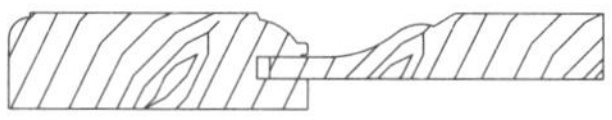

适用于中式柜类
工艺：芯板、边枋在木工组装好完整的柜门再打磨

工艺刀型结构3

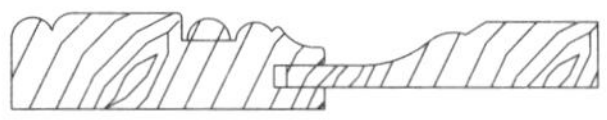

适用于欧式柜类
工艺：边枋有造型，需要45° 拼接方式

工艺刀型结构4

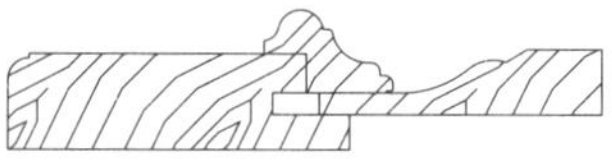

适用于欧式柜类
工艺：可先组装边框和芯板，做完底漆后再固定扣线

工艺刀型结构5

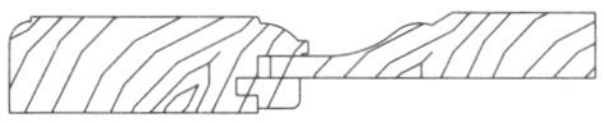

适用于中式柜类
工艺：可先组装边框，油漆完成后，再从背面安装柜门，用压条固定

工艺刀型结构6

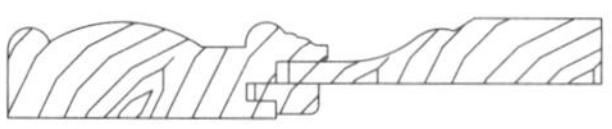

适用于欧式柜类
工艺：边枋有造型，需要45° 拼接，油漆完成后，再从背面安装柜门，用压条固定；

第二节 柜门款式

柜门编号
GM-001#

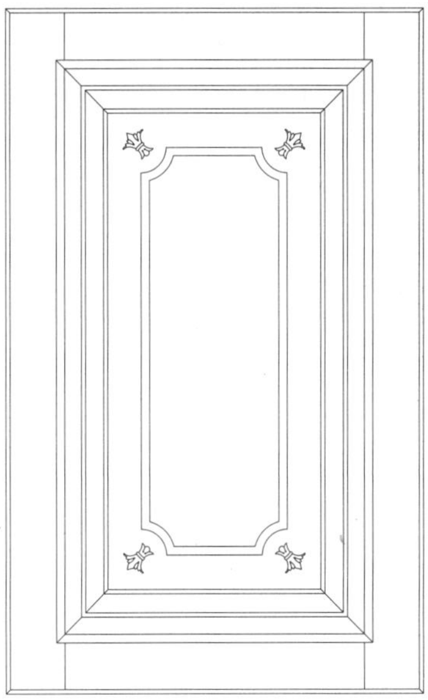

柜门编号
GM-002#

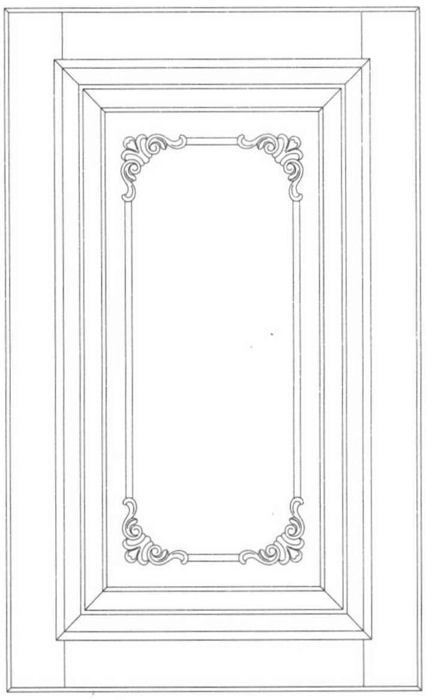

柜门编号
GM-003#

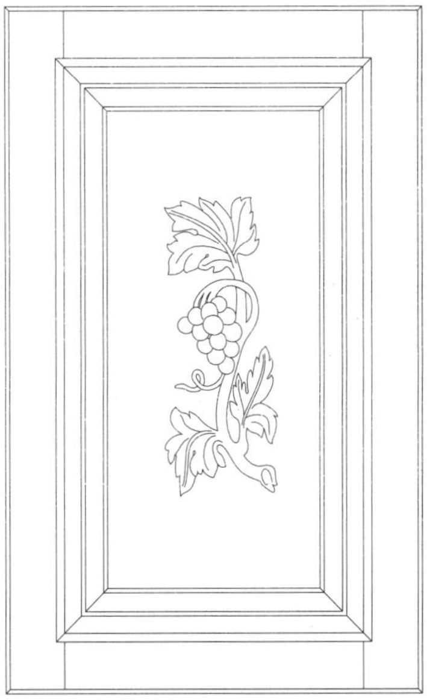

柜门编号
GM-004#

柜门编号
GM-005#

柜门编号
GM-006#

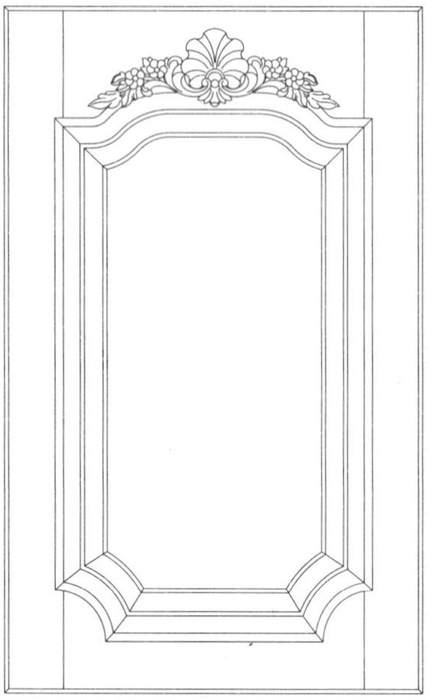

柜门编号
GM-007#

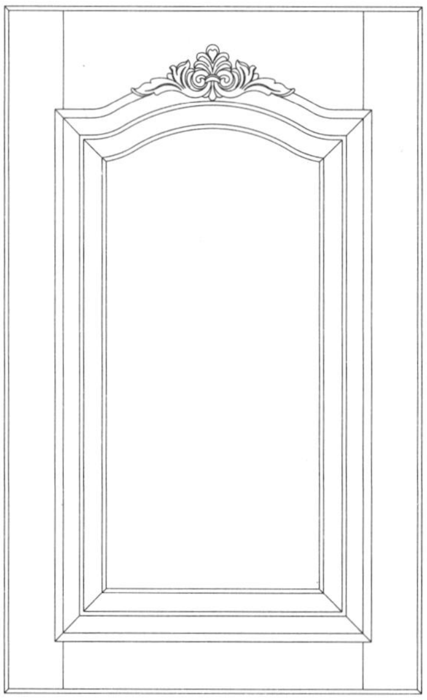

柜门编号
GM-008#

柜门编号
GM-009#

柜门编号
GM-010#

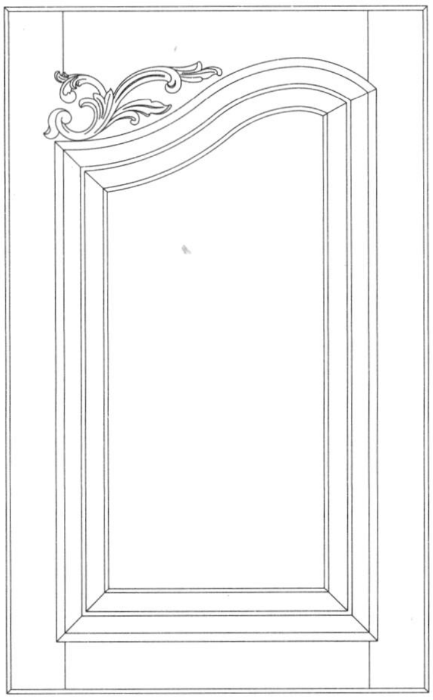

柜门编号
GM-011#

柜门编号
GM-012#

柜门编号
GM-013#

柜门编号
GM-014#

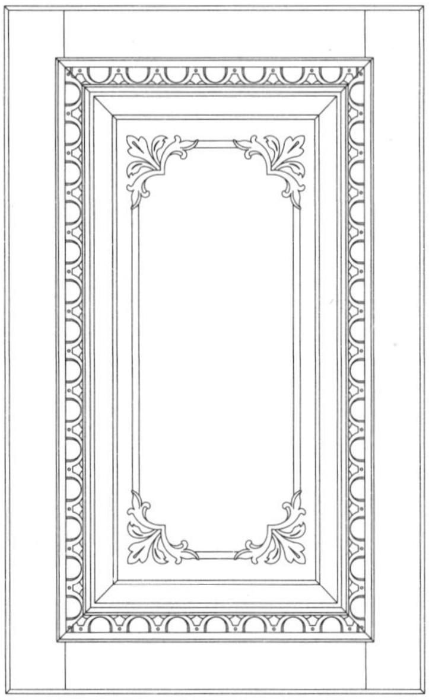

柜门编号
GM-015#

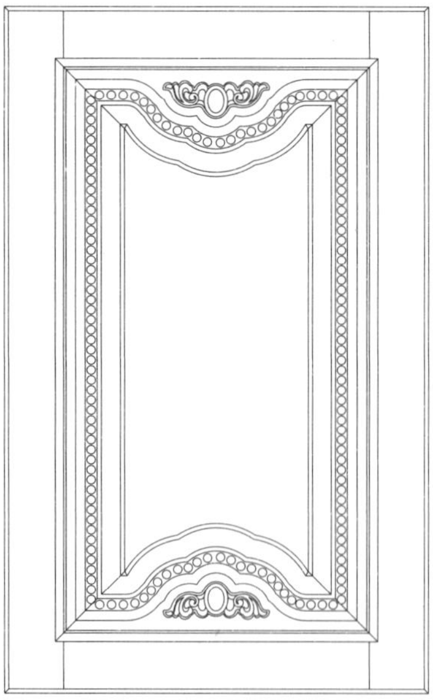

柜门编号
GM-016#

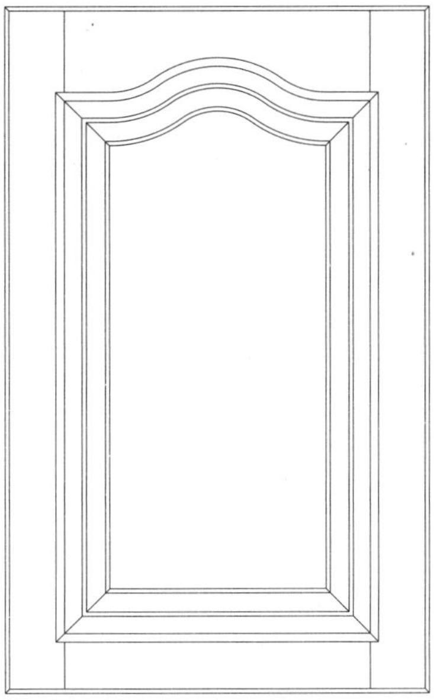

柜门编号
GM-017#

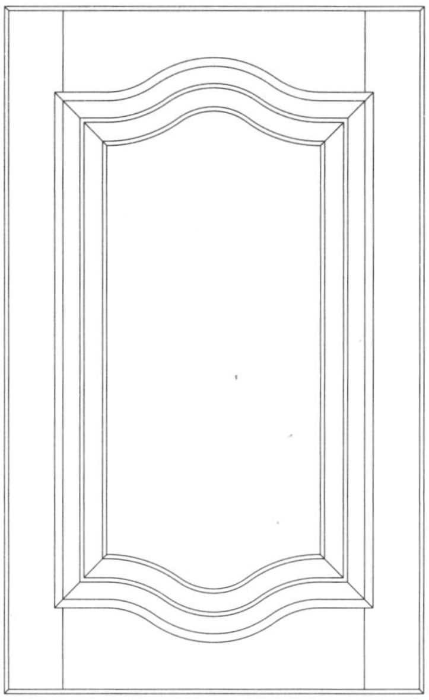

柜门编号
GM-018#

柜门编号
GM-019#

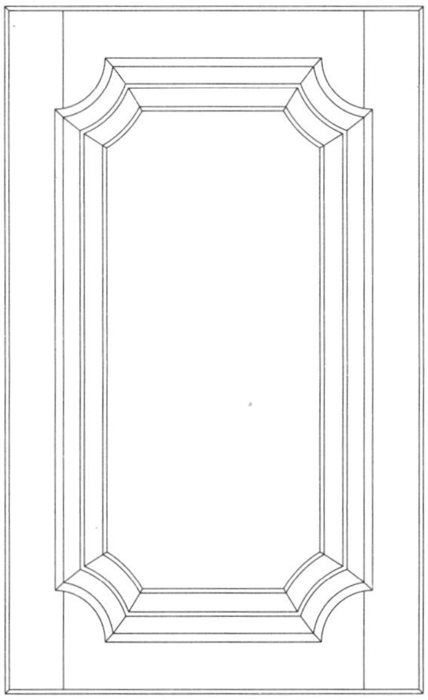

柜门编号
GM-020#

柜门编号
GM-021#

柜门编号
GM-022#

柜门编号
GM-023#

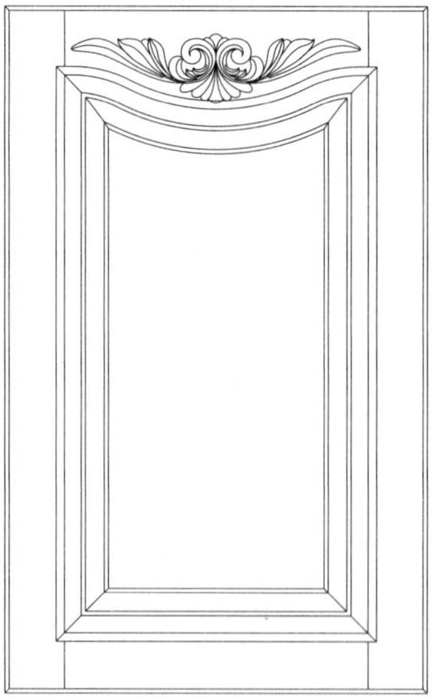

柜门编号
GM-024#

柜门编号
GM-025#

柜门编号
GM-026#

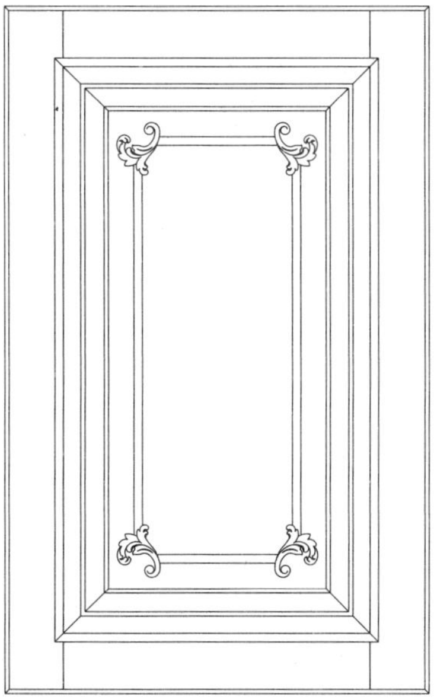

柜门编号
GM-027#

柜门编号
GM-028#

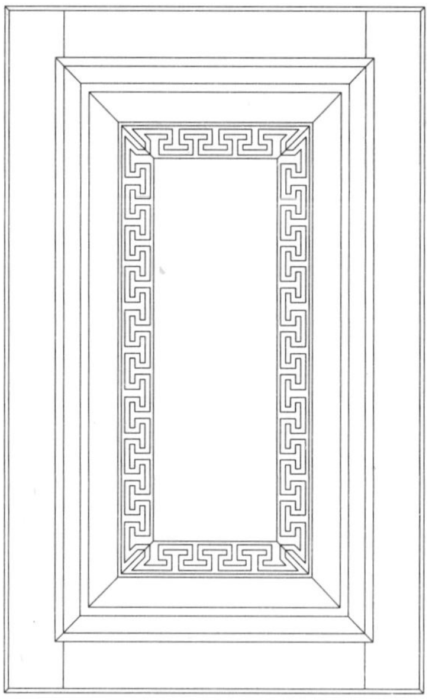

柜门编号
GM-029#

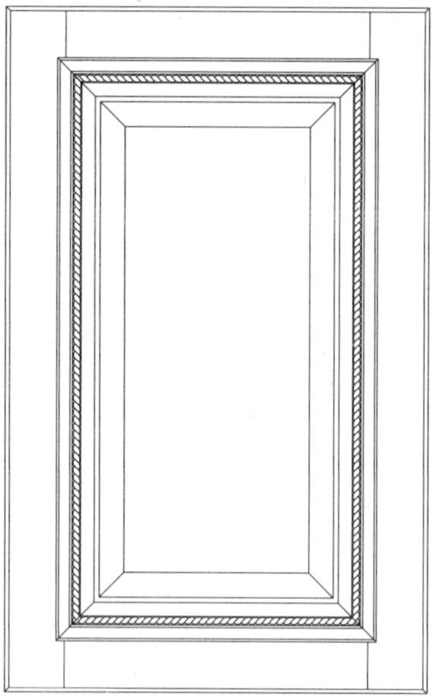

柜门编号
GM-030#

柜门编号
GM-031#

柜门编号
GM-032#

柜门编号

GM-033#

柜门编号

GM-034#

柜门编号

GM-035#

柜门编号

GM-036#

柜门编号
GM-037#

柜门编号
GM-038#

柜门编号
GM-039#

柜门编号
GM-040#

柜门编号
GM-041#

柜门编号
GM-042#

柜门编号
GM-043#

柜门编号
GM-044#

柜门编号
GM-045#

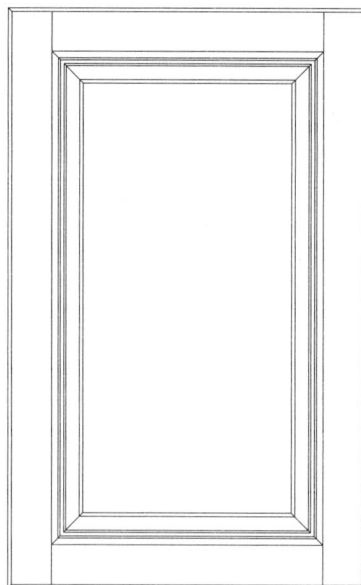

柜门编号
GM-046#

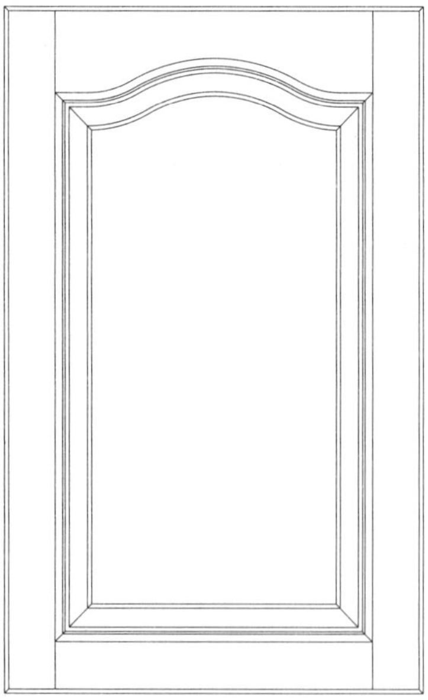

柜门编号
GM-047#

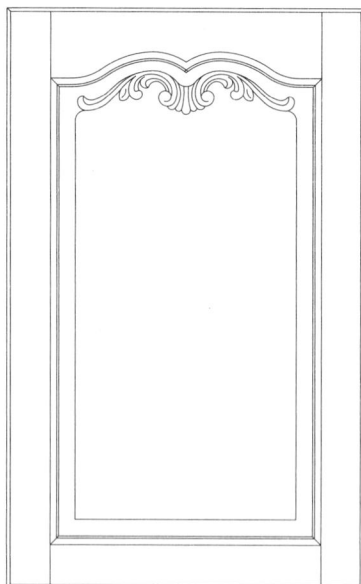

柜门编号
GM-048#

柜门编号

GM-049#

柜门编号

GM-050#

柜门编号

GM-051#

柜门编号

GM-052#

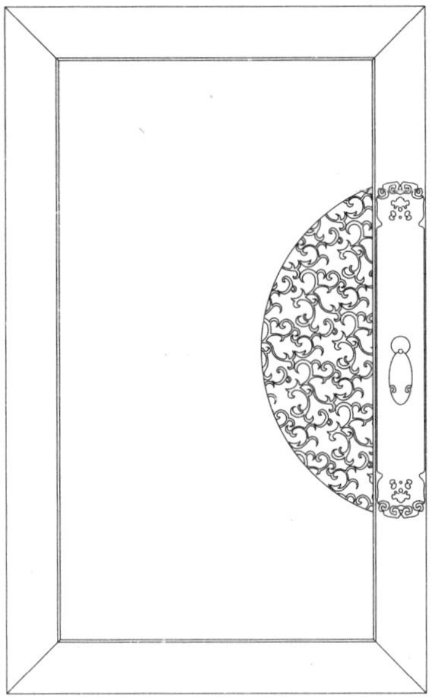

柜门编号
GM-053#

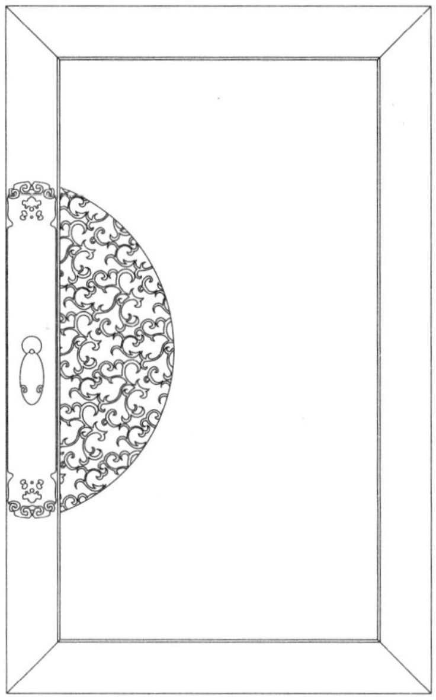

柜门编号
GM-054#

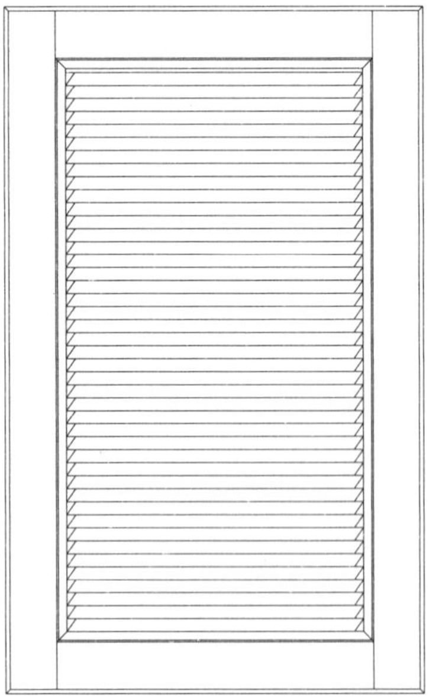

柜门编号
GM-055#

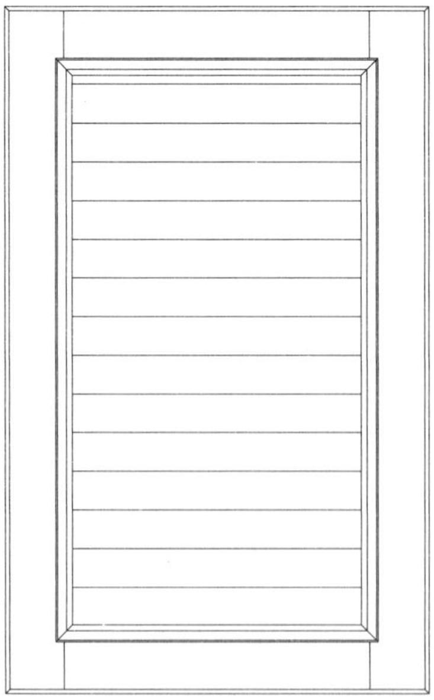

柜门编号
GM-056#

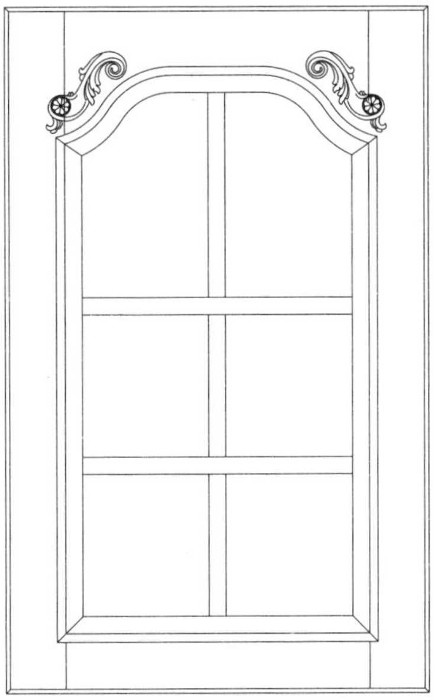

柜门编号
GM-057#

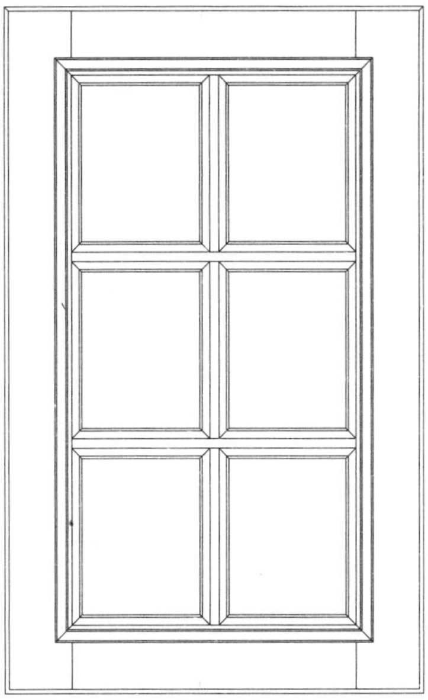

柜门编号
GM-058#

柜门编号
GM-059#

柜门编号
GM-060#

柜门编号
GM-061#

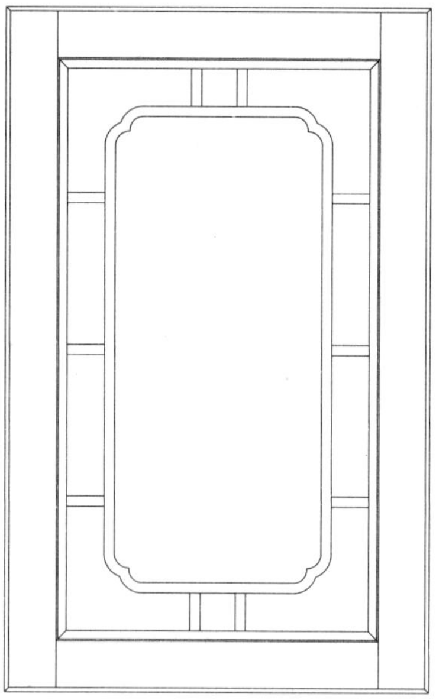

柜门编号
GM-062#

柜门编号
GM-063#

柜门编号
GM-064#

柜门编号
GM-065#

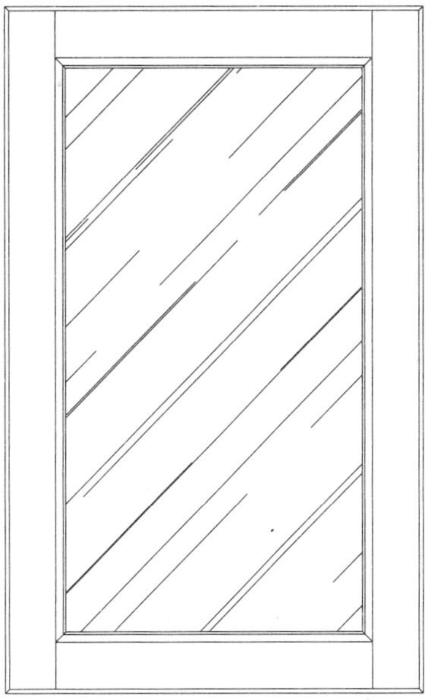

柜门编号
GM-066#

柜门编号
GM-067#

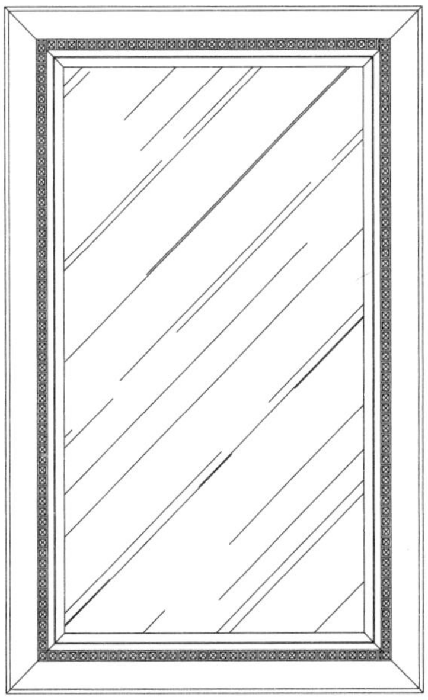

柜门编号
GM-068#

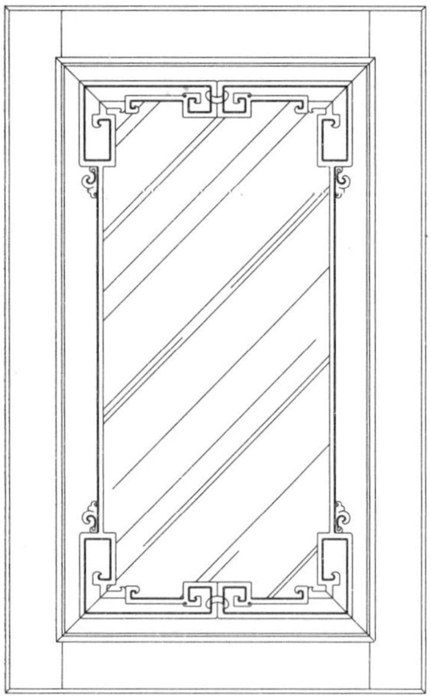

柜门编号
GM-069#

柜门编号
GM-070#

柜门编号
GM-071#

柜门编号
GM-072#

柜门编号
GM-073#

柜门编号
GM-074#

柜门编号

GM-075#

柜门编号

GM-076#

柜门编号
GM-077#

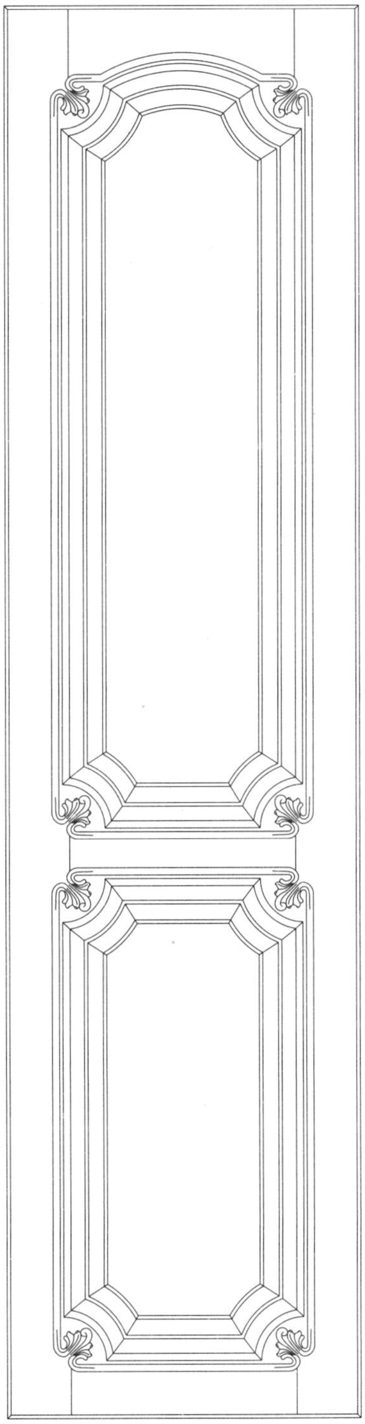

柜门编号
GM-078#

柜门编号
GM-079#

柜门编号
GM-080#

柜门编号
GM-081#

柜门编号
GM-082#

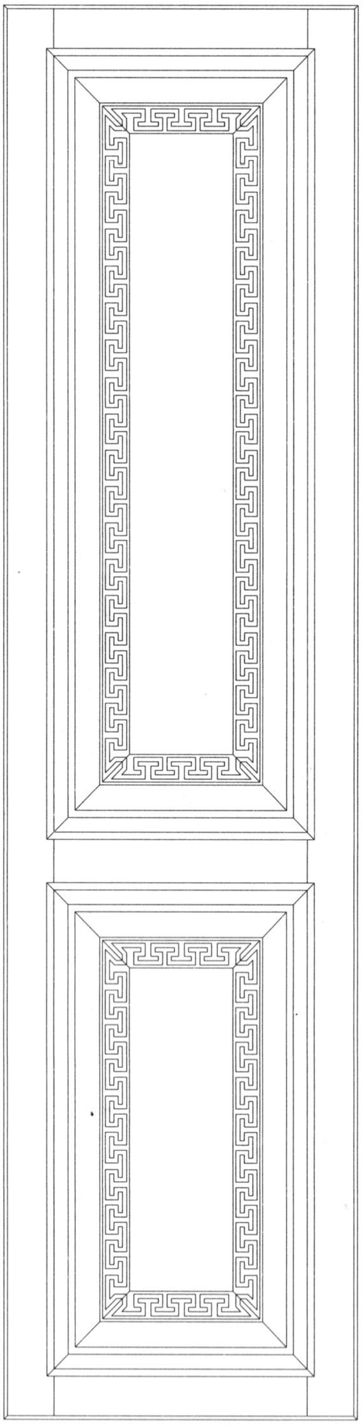

柜门编号
GM-083#

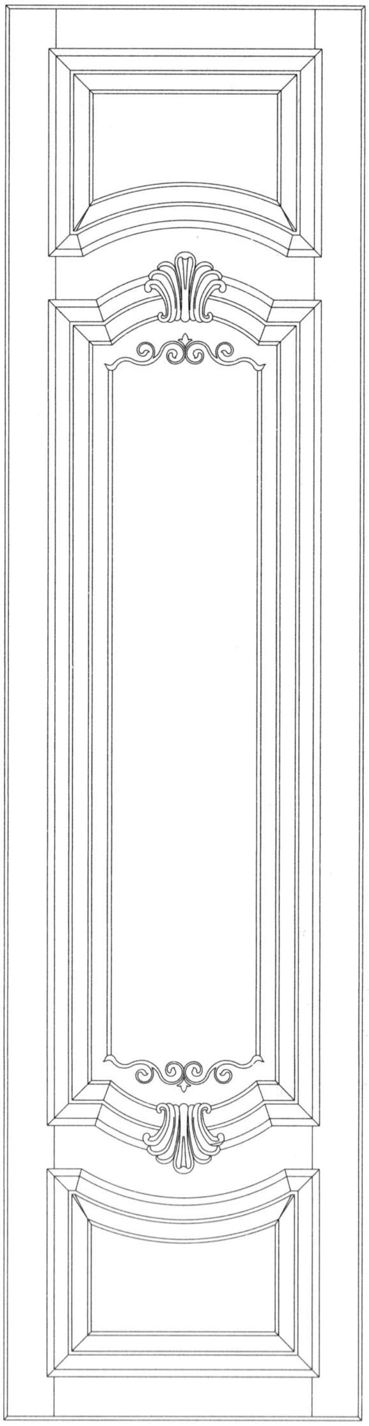

柜门编号
GM-084#

柜门编号
GM-085#

柜门编号
GM-086#

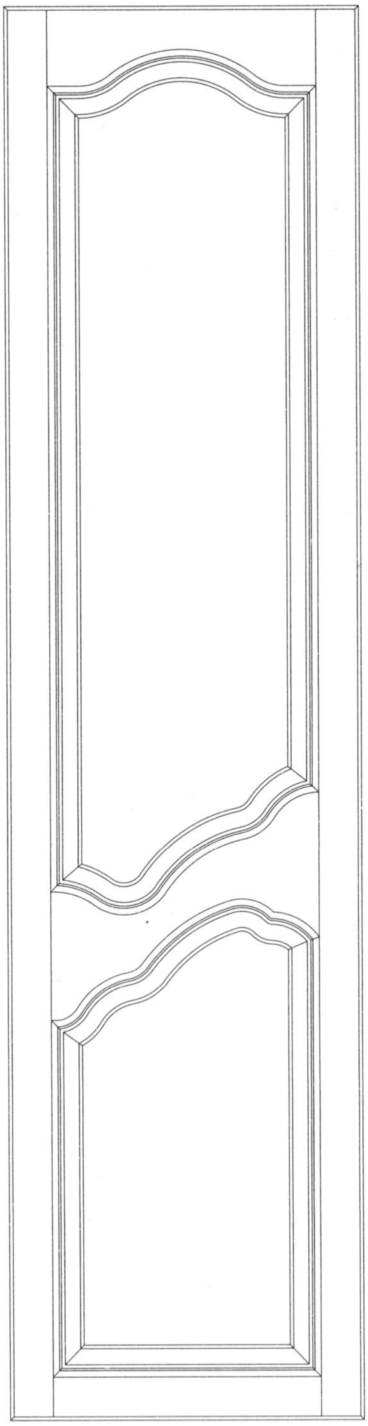

柜门编号
GM-087#

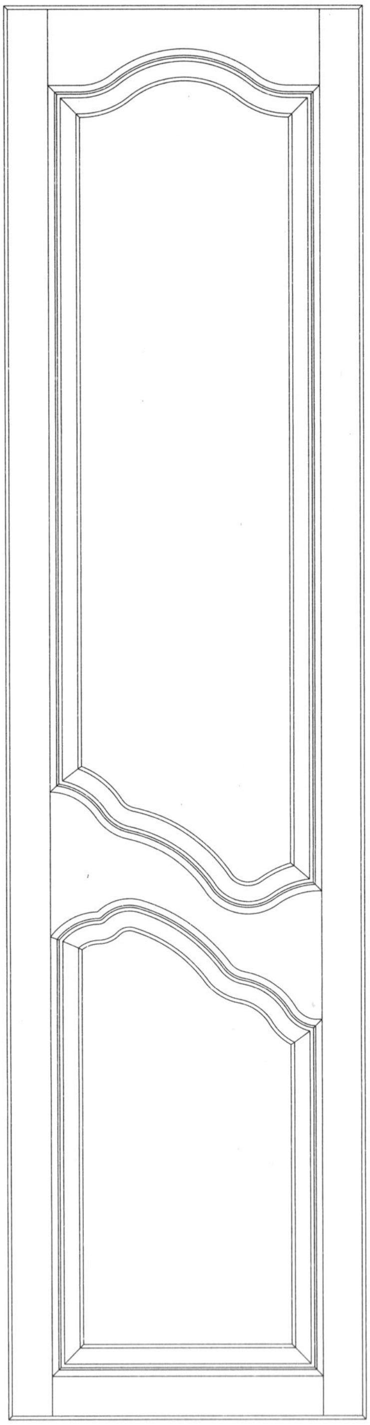

柜门编号
GM-088#

柜门编号
GM-089#

柜门编号
GM-090#

柜门编号
GM-091#

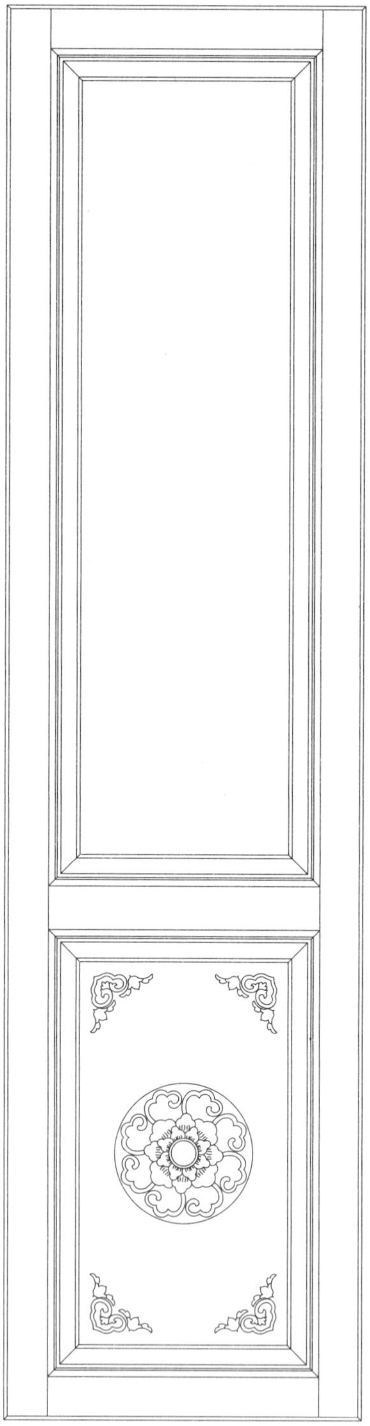

柜门编号
GM-092#

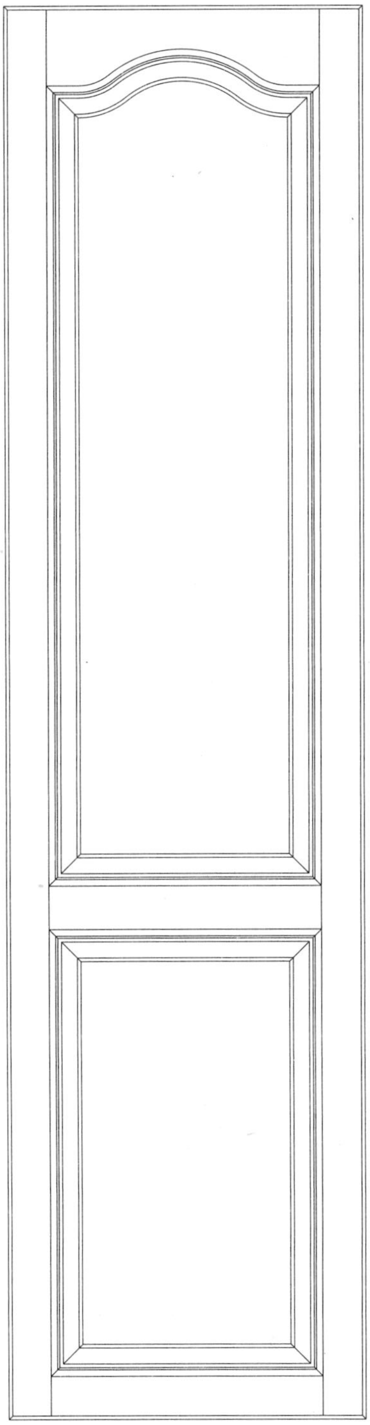

柜门编号
GM-093#

柜门编号
GM-094#

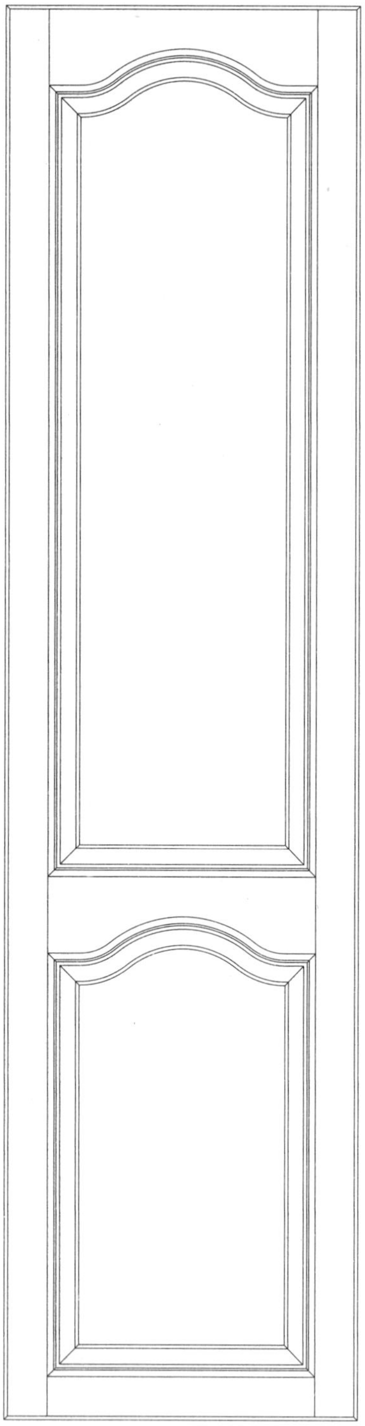

柜门编号
GM-095#

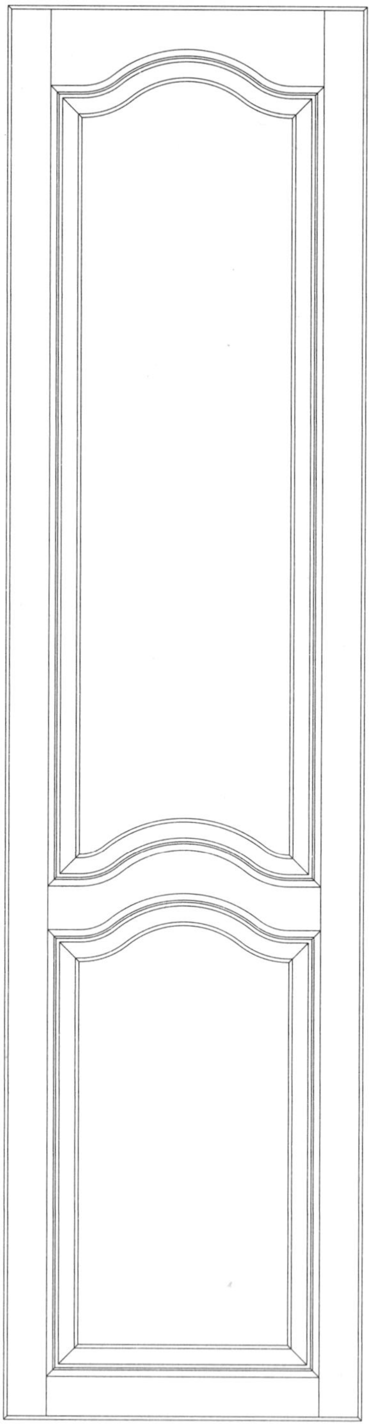

柜门编号
GM-096#

柜门编号
GM-097#

柜门编号
GM-098#

柜门编号
GM-099#

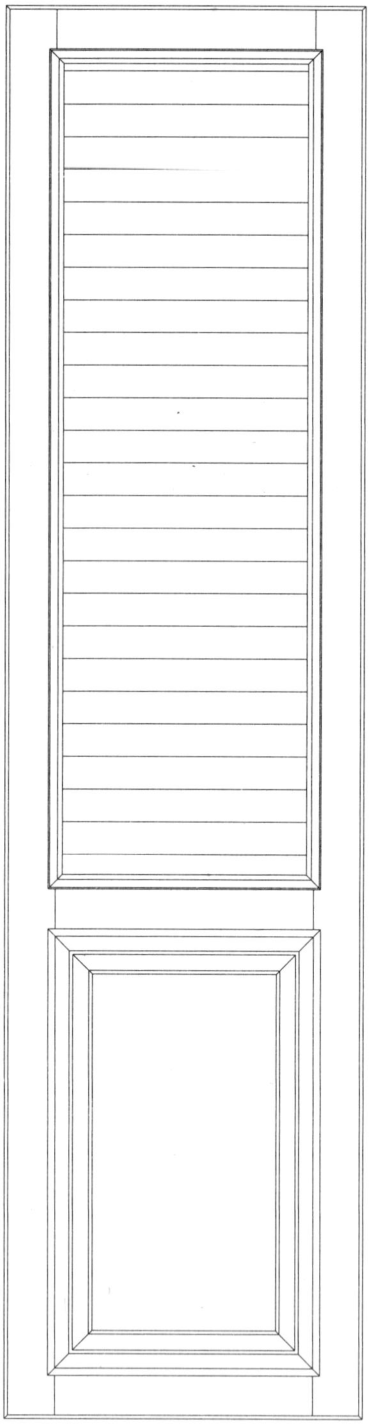

柜门编号
GM-100#

柜门编号

GM-101#

柜门编号

GM-102#

柜门编号
GM-103#

柜门编号
GM-104#

柜门编号
GM-105#

柜门编号
GM-106#

柜门编号
GM-107#

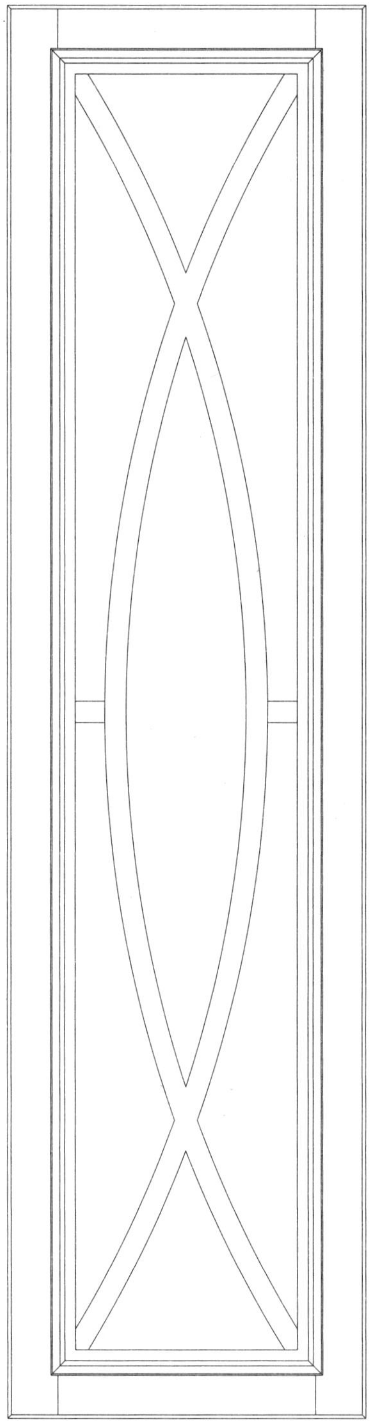

柜门编号
GM-108#

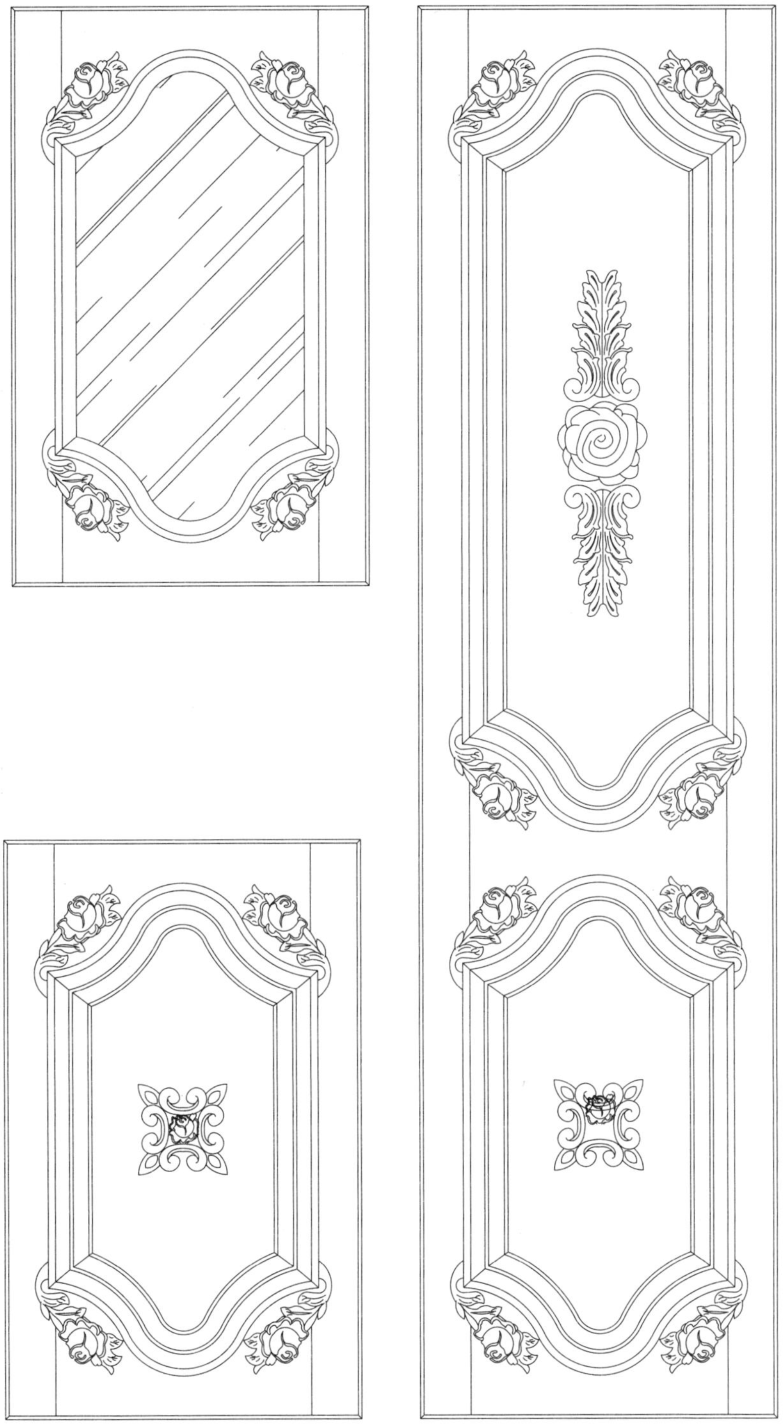

柜门组合样式一

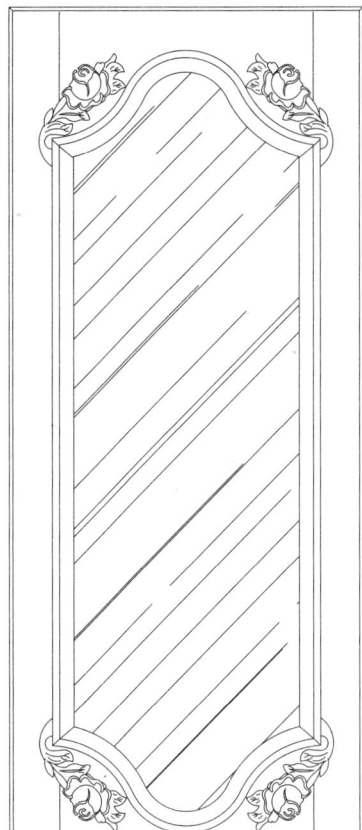

柜门组合样式二

柜门组合样式三

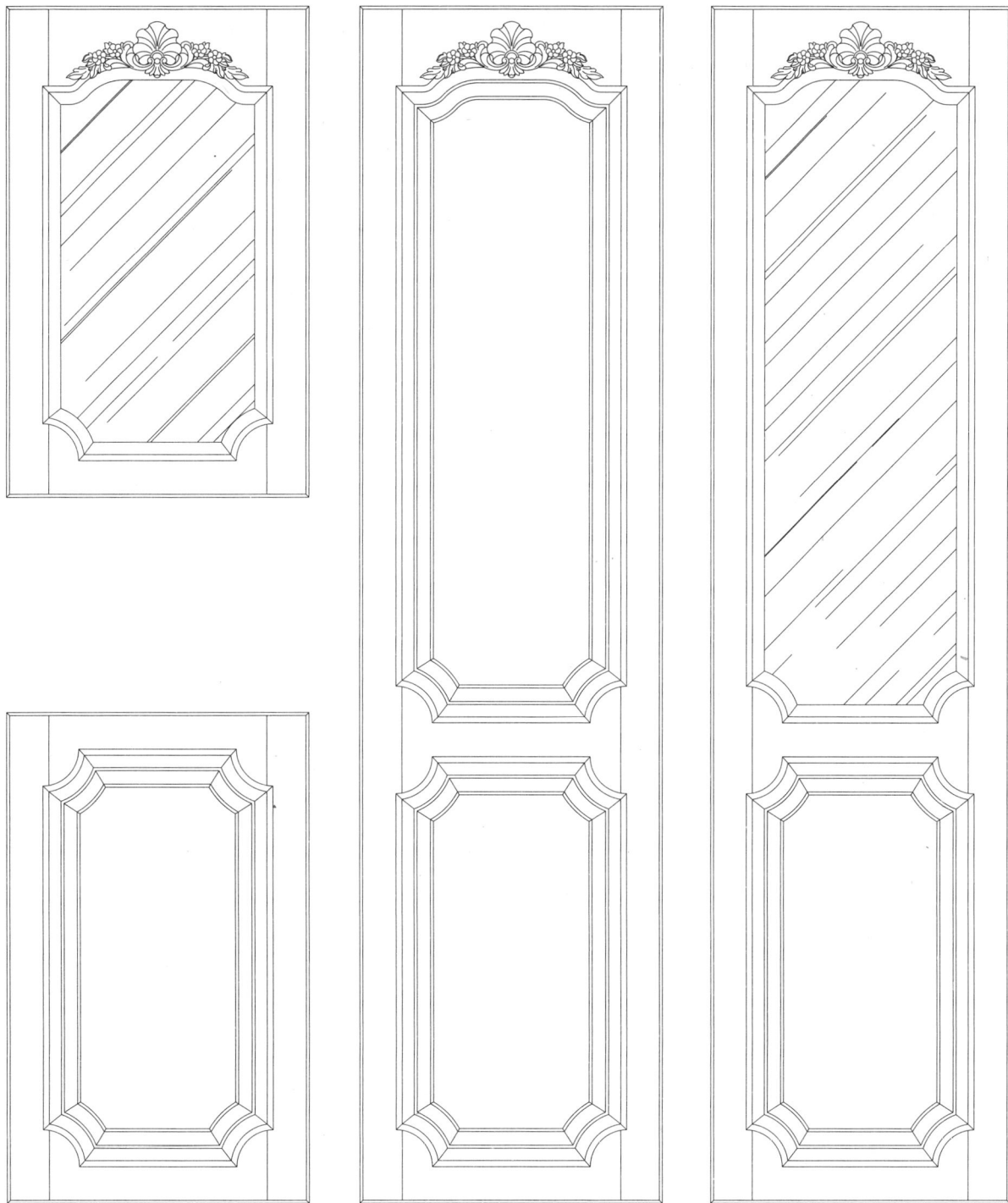

柜门组合样式四

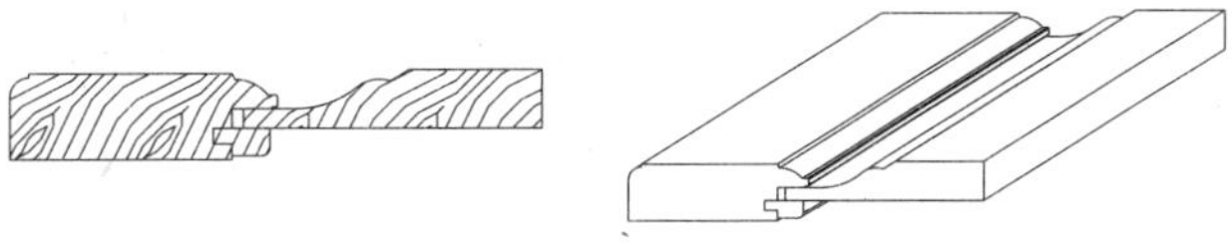

刀型编号
D-01#

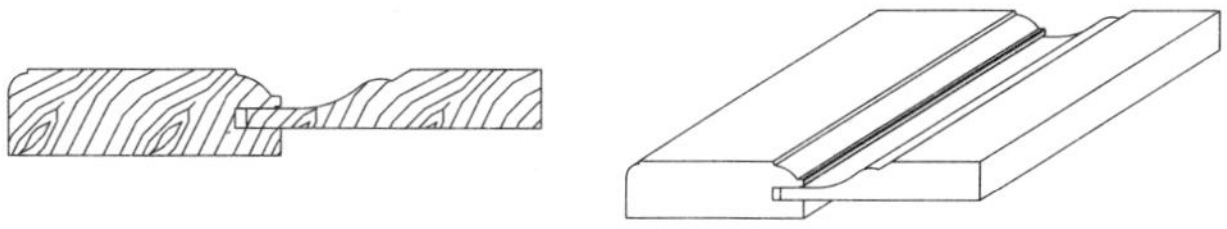

刀型编号
D-02#

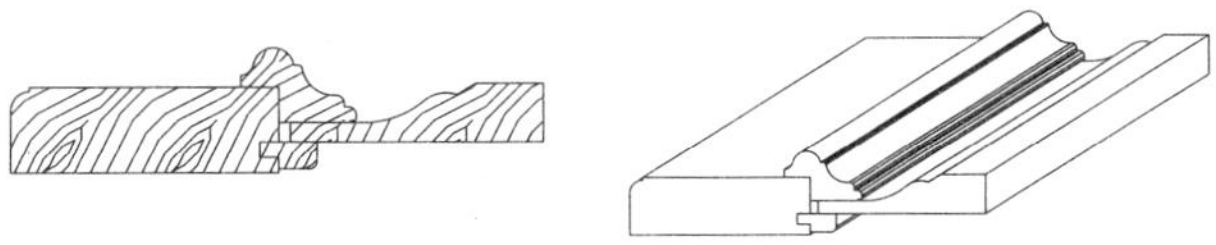

刀型编号
D-03#

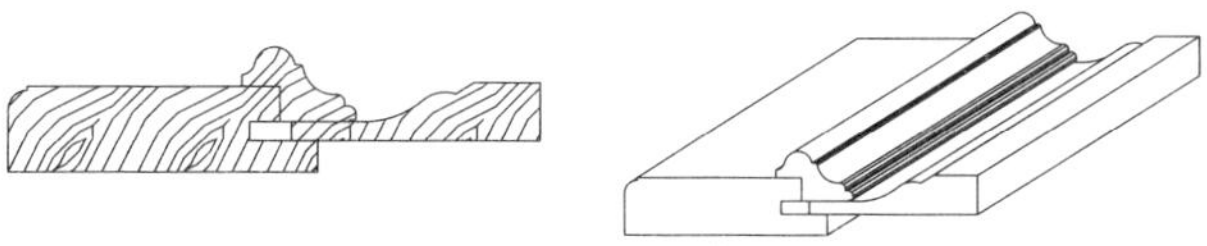

刀型编号
D-04#

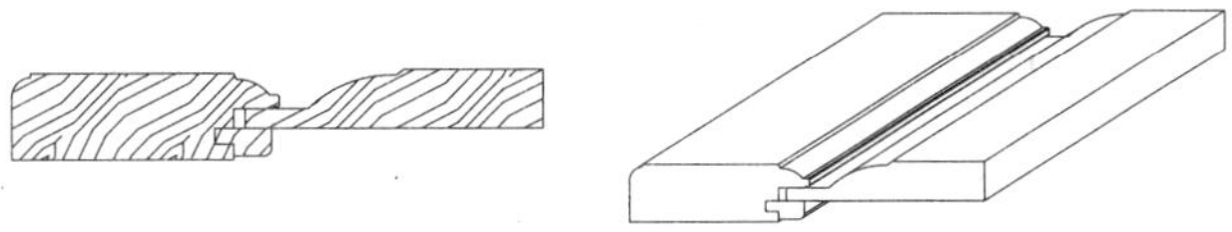

刀型编号
D-05#

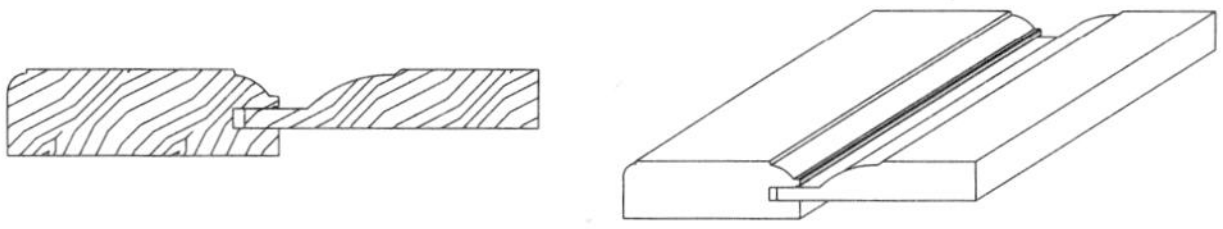

刀型编号
D-06#

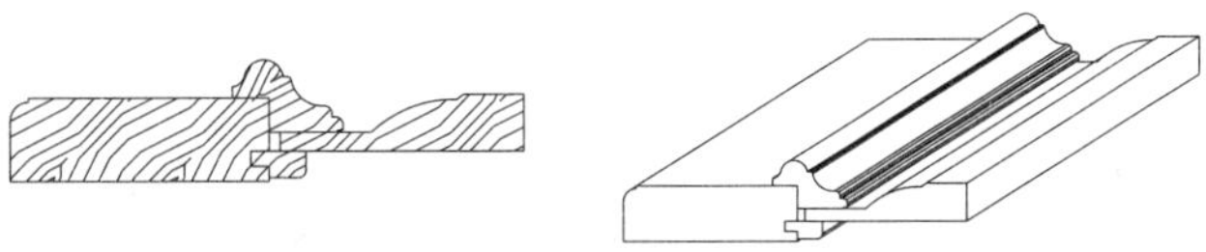

刀型编号
D-07#

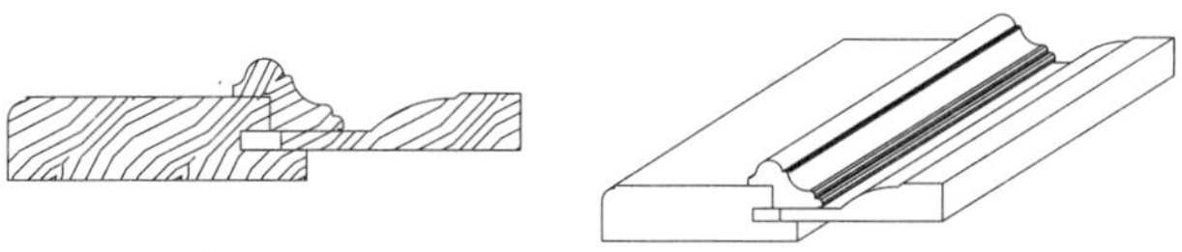

刀型编号
D-08#

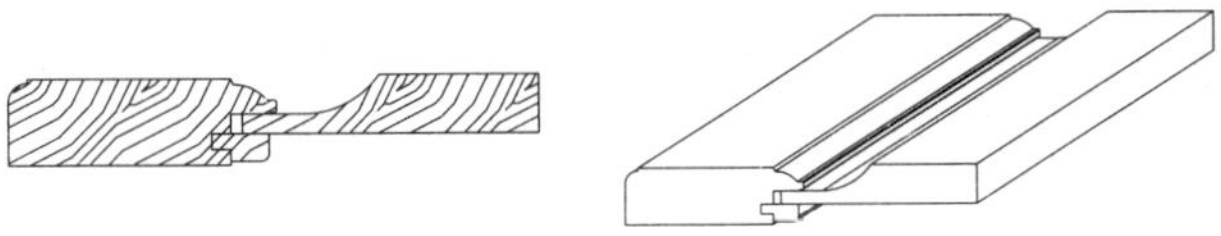

刀型编号
D-09#

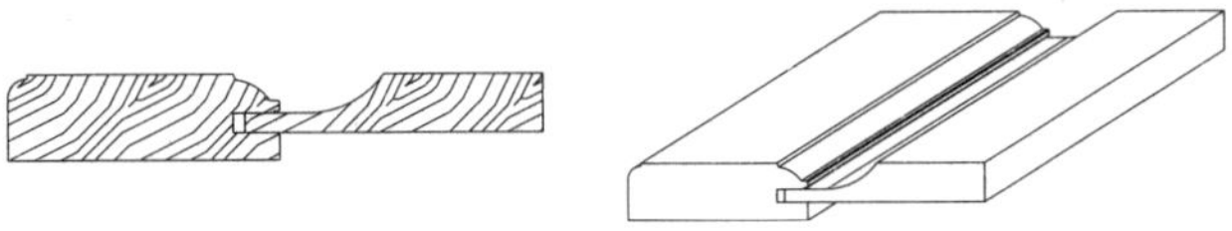

刀型编号
D-10#

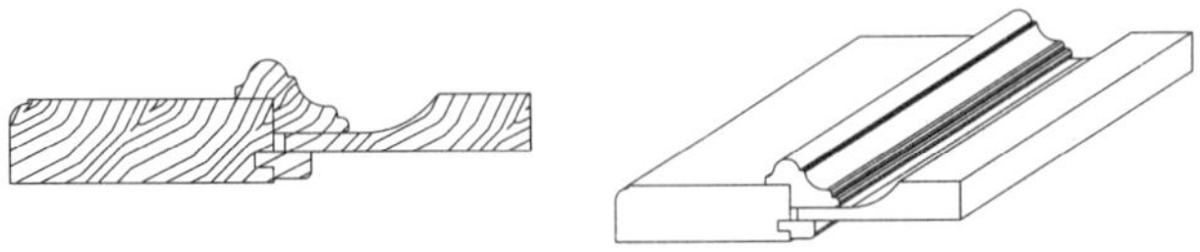

刀型编号
D-11#

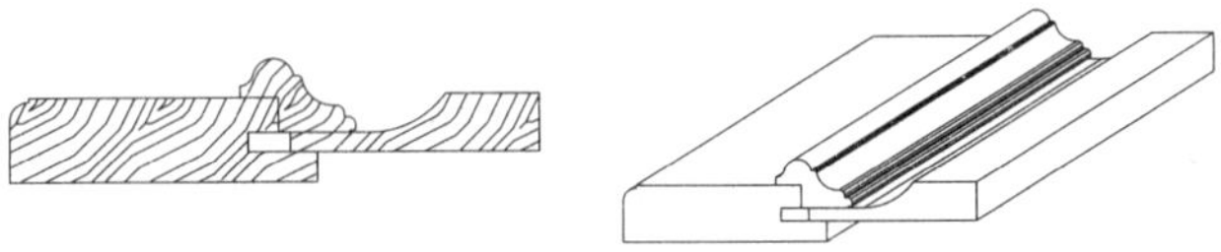

刀型编号
D-12#

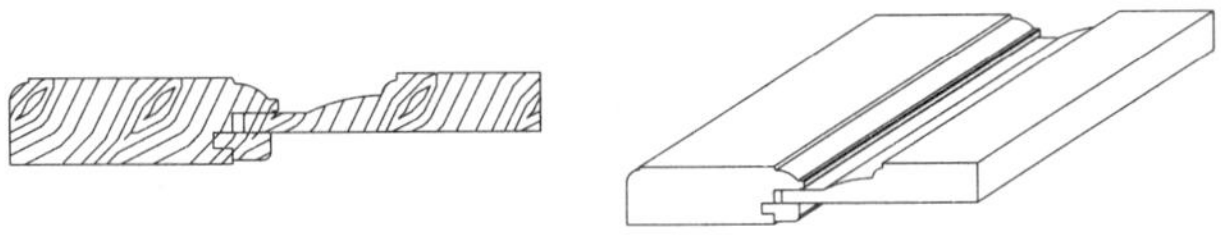

刀型编号
D-13#

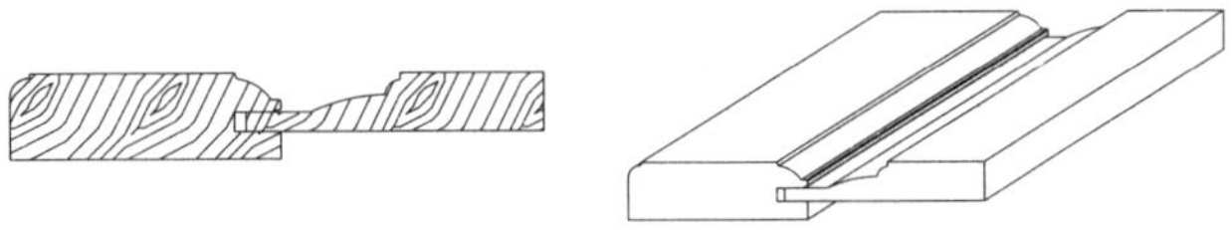

刀型编号
D-14#

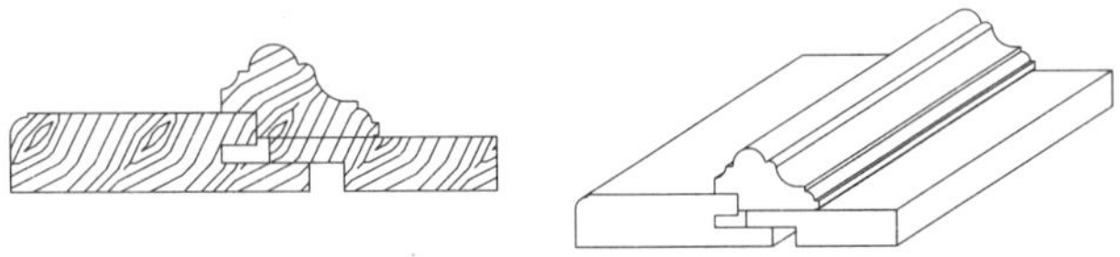

刀型编号
D-15#

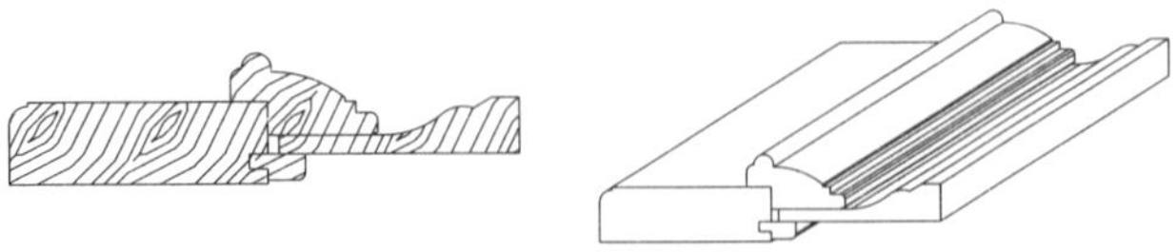

刀型编号
D-16#

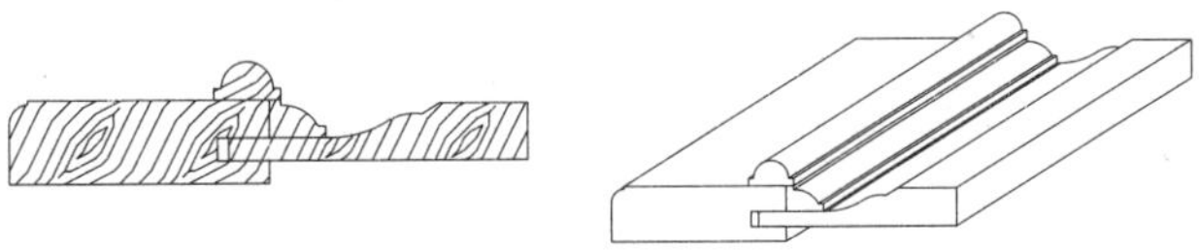

刀型编号

D-17#

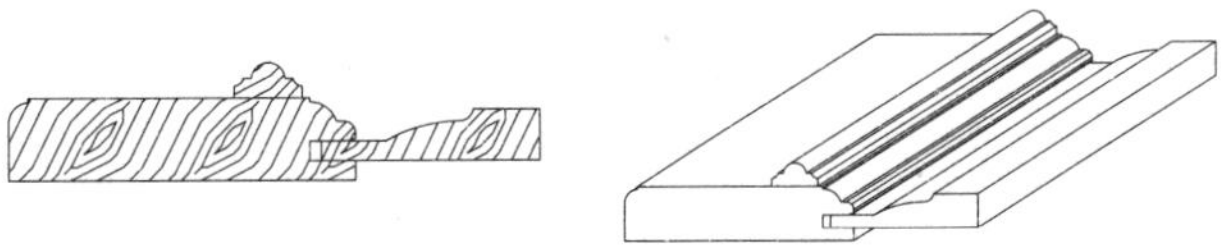

刀型编号

D-18#

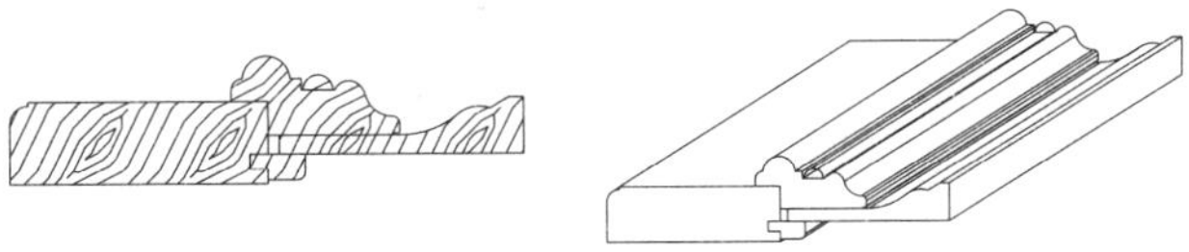

刀型编号

D-19#

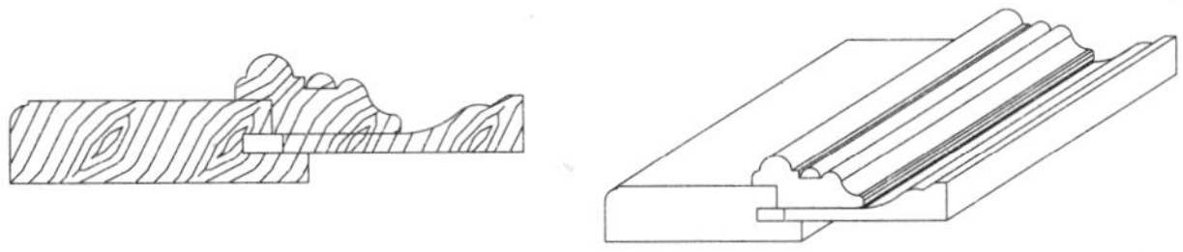

刀型编号

D-20#

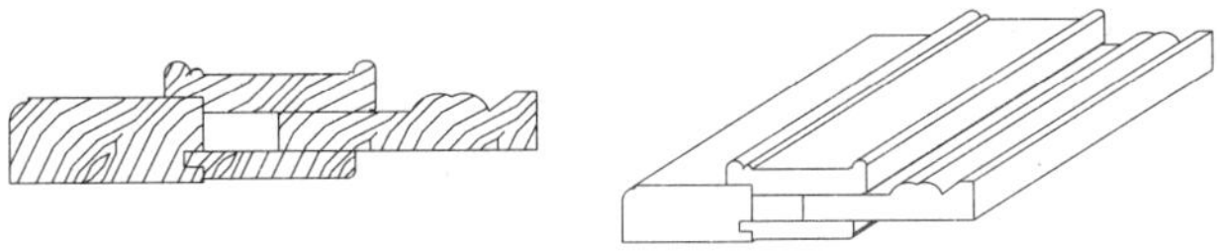

刀型编号

D-21#

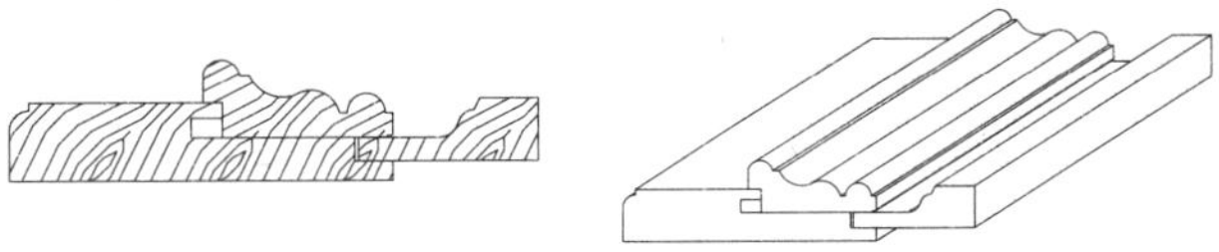

刀型编号

D-22#

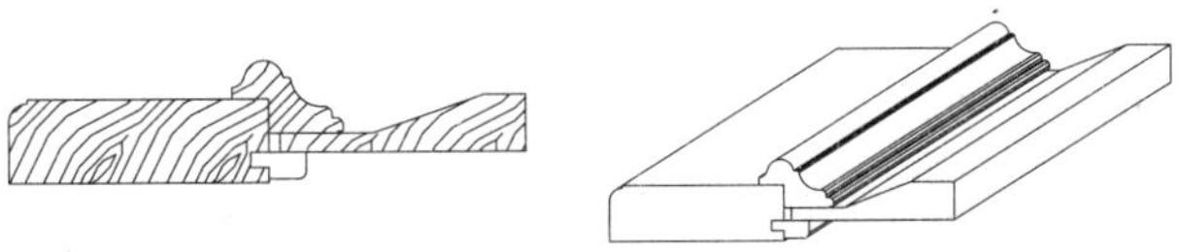

刀型编号

D-23#

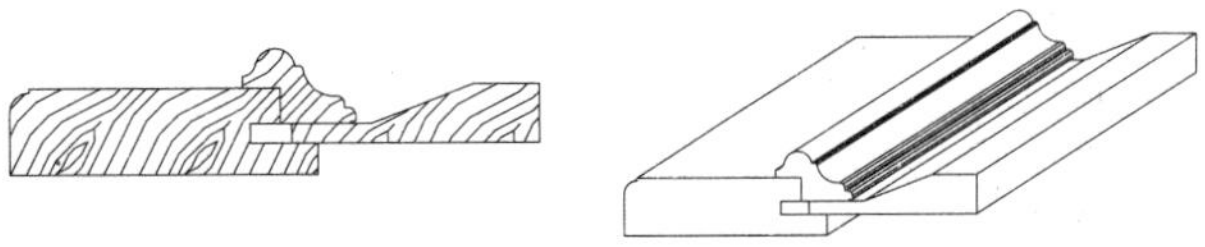

刀型编号

D-24#

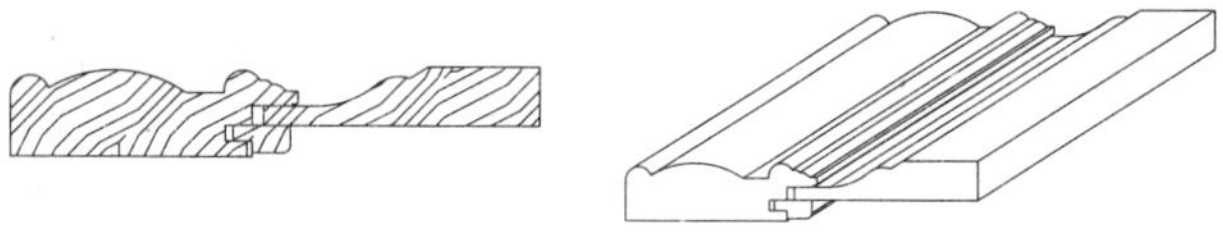

刀型编号
D-25#

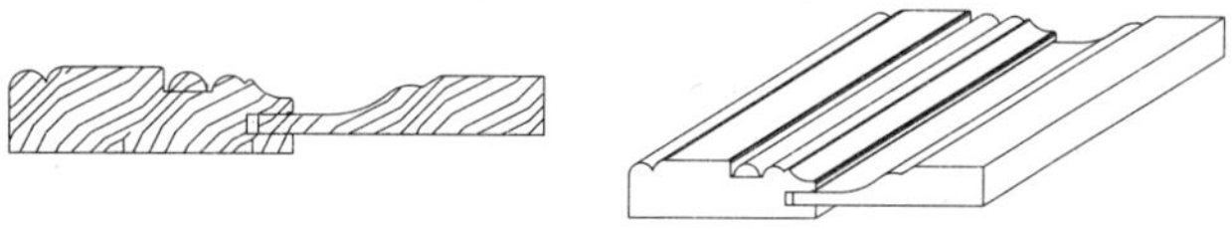

刀型编号
D-26#

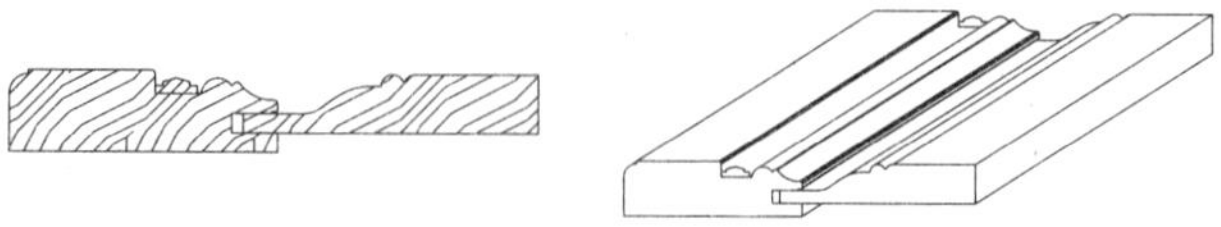

刀型编号
D-27#

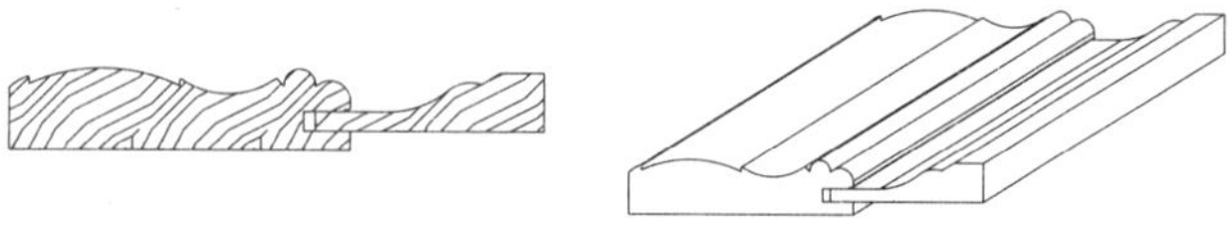

刀型编号
D-28#

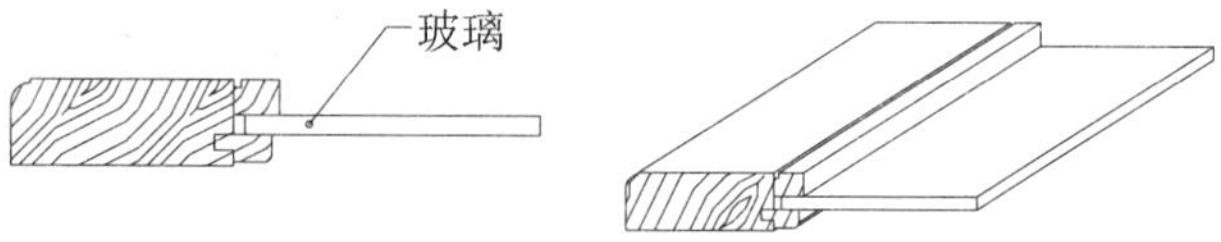

刀型编号
D-29#

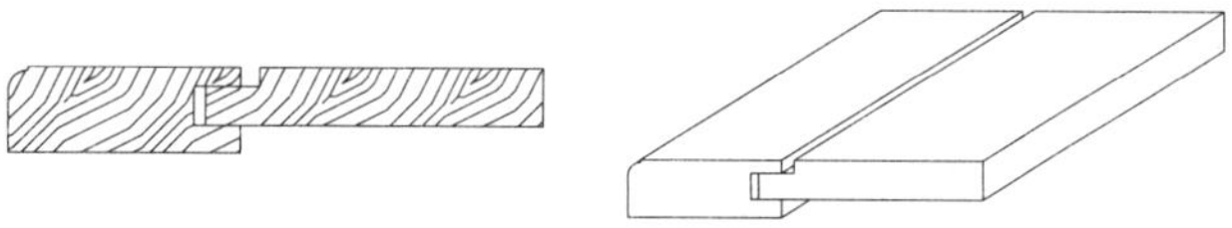

刀型编号
D-30#

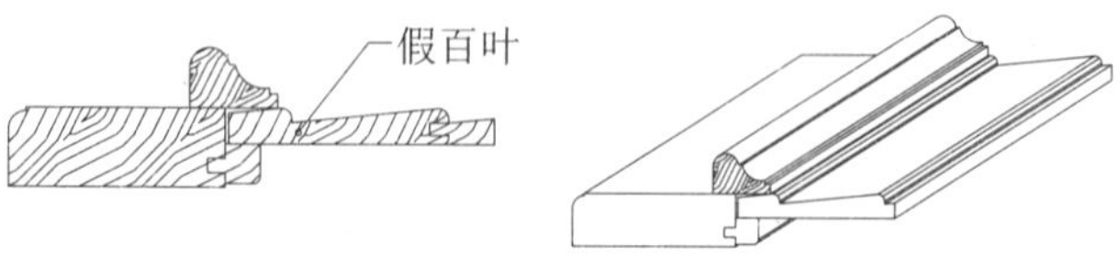

刀型编号
D-31#

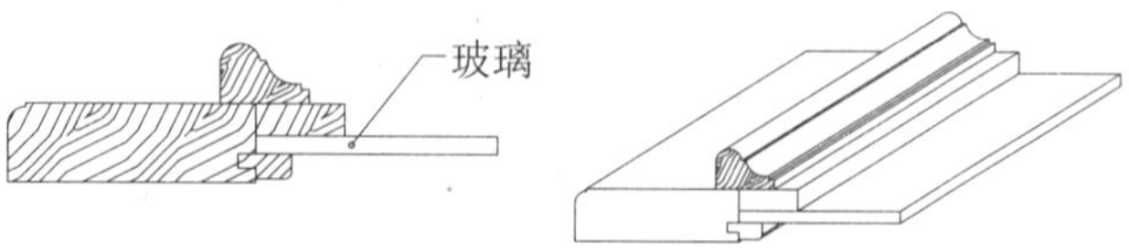

刀型编号
D-32#

第三节 罗马柱款式

1. 罗马柱概述

罗马时期的柱型主要有 5 种：多立克式、爱奥尼克式、科林斯式、罗马式（塔司干式、复合式）。其中塔司干式和复合式是在前三种希腊柱式的基础上发展起来的两种罗马柱式。

多立克式柱身比例粗壮，由下而上逐渐缩小，柱子高度为底径的 4~6 倍。柱身刻有凹圆槽，槽背成棱角，柱头比较简单，无花纹，没有柱基础而直接立在台基上檐部高度的比例为 1:4，柱间距约为柱径 1.2~1.5 倍。

爱奥尼克式的柱身比例修长，上下比例变化不显著，柱子高度为底径的 9~10 倍，柱身刻有凹圆槽，槽背呈带状，有多层的柱础，檐部高度与柱高的比例为 1:5，柱间距为柱径的 2 倍。

科林斯式除了柱头如盛满卷草花篮的纹饰外，其他各部分与爱奥尼克式相同。

塔司干式的柱身比例较粗，无圆槽，有柱础的一种简单柱式。复合式则在科林斯式柱头上加上一对爱奥尼克式的涡卷，柱式趋向华丽、细密、纤巧和豪华。

2. 罗马柱的标准构件

（1）企柱类

企柱类的罗马柱宽度为 80~100mm。企柱类的罗马柱宽度尺寸固定不变，长度为变量（柱头和脚座不作改变），可以根据实际尺寸来调整。特殊款式可以根据客户要求定制。

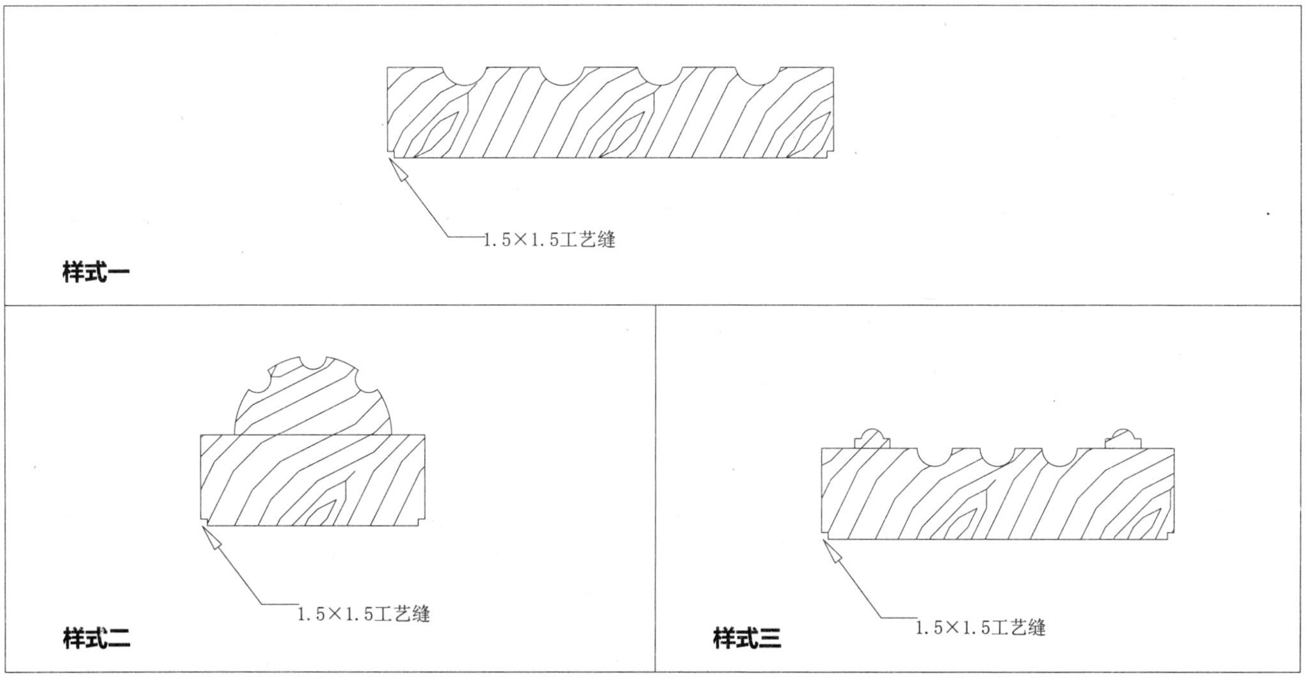
1.5×1.5工艺缝
样式一
1.5×1.5工艺缝
样式二
1.5×1.5工艺缝
样式三

（2）U 型罗马柱

U 型罗马柱共有 5 个标准款式，主要配合使用于墙裙板类，宽度尺寸固定不变，高度和深度为变量（柱头和脚座不作改变），可以根据实际尺寸来调整。特殊款式可以根据客户要求定制。

以下是 5 款 U 型罗马柱示意图。

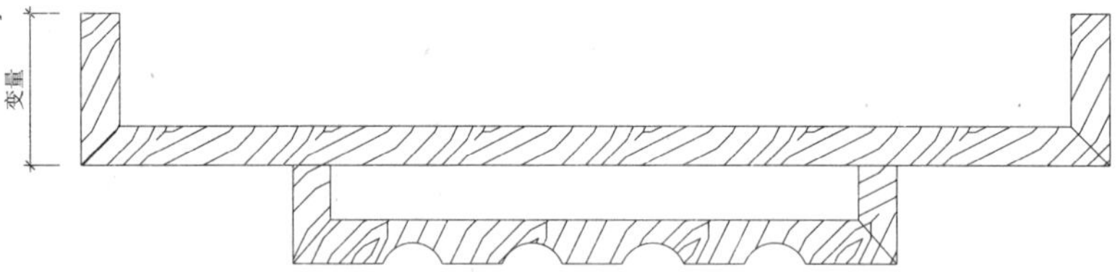

样式一

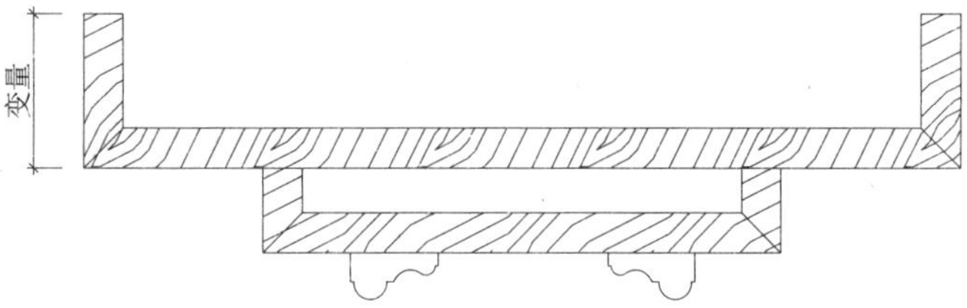

样式二

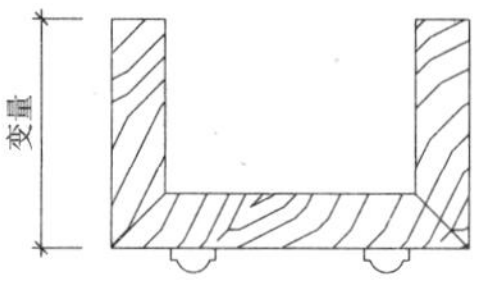

样式三

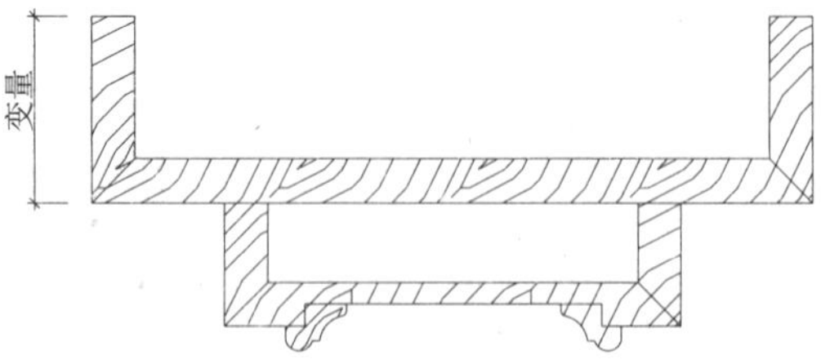

样式四

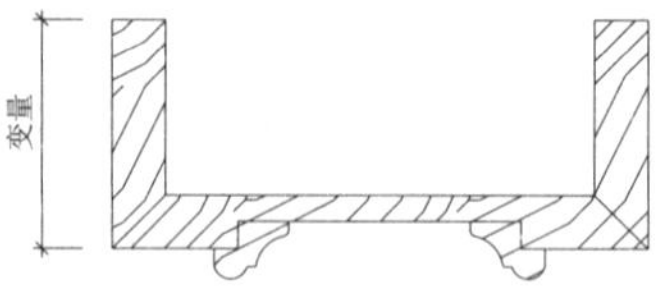

样式五

（3）圆型罗马柱

圆柱罗马柱共有 2 个标准款式，每个标准款式可根据实际尺寸定制。高度尺寸为变量（柱头和脚座不作改变），可以根据实际尺寸来调整。特殊款式可以根据客户要求定制。

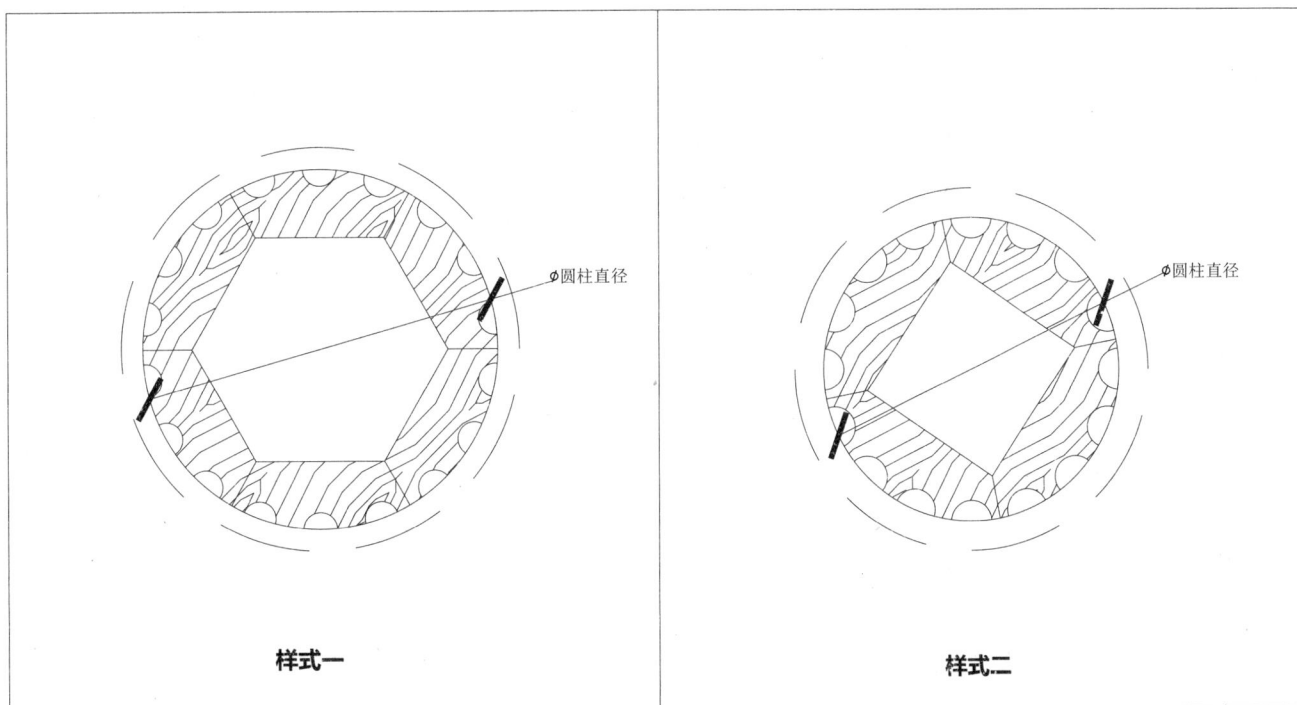

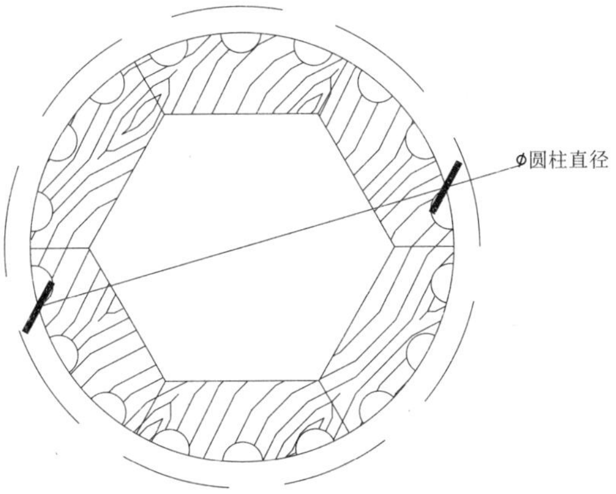

样式一

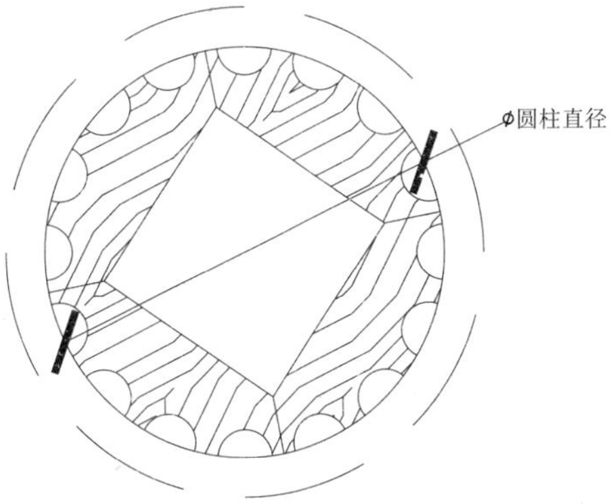

样式二

3. 企柱类、U 型罗马柱安装工艺

（1）罗马柱与柜体安装关系主要可分为四类

a. 罗马柱左边有障碍物，右侧为柜体；

b. 罗马柱右边有障碍物，左侧为柜体；

c. 罗马柱两侧为柜体；

d. 罗马柱单独使用。

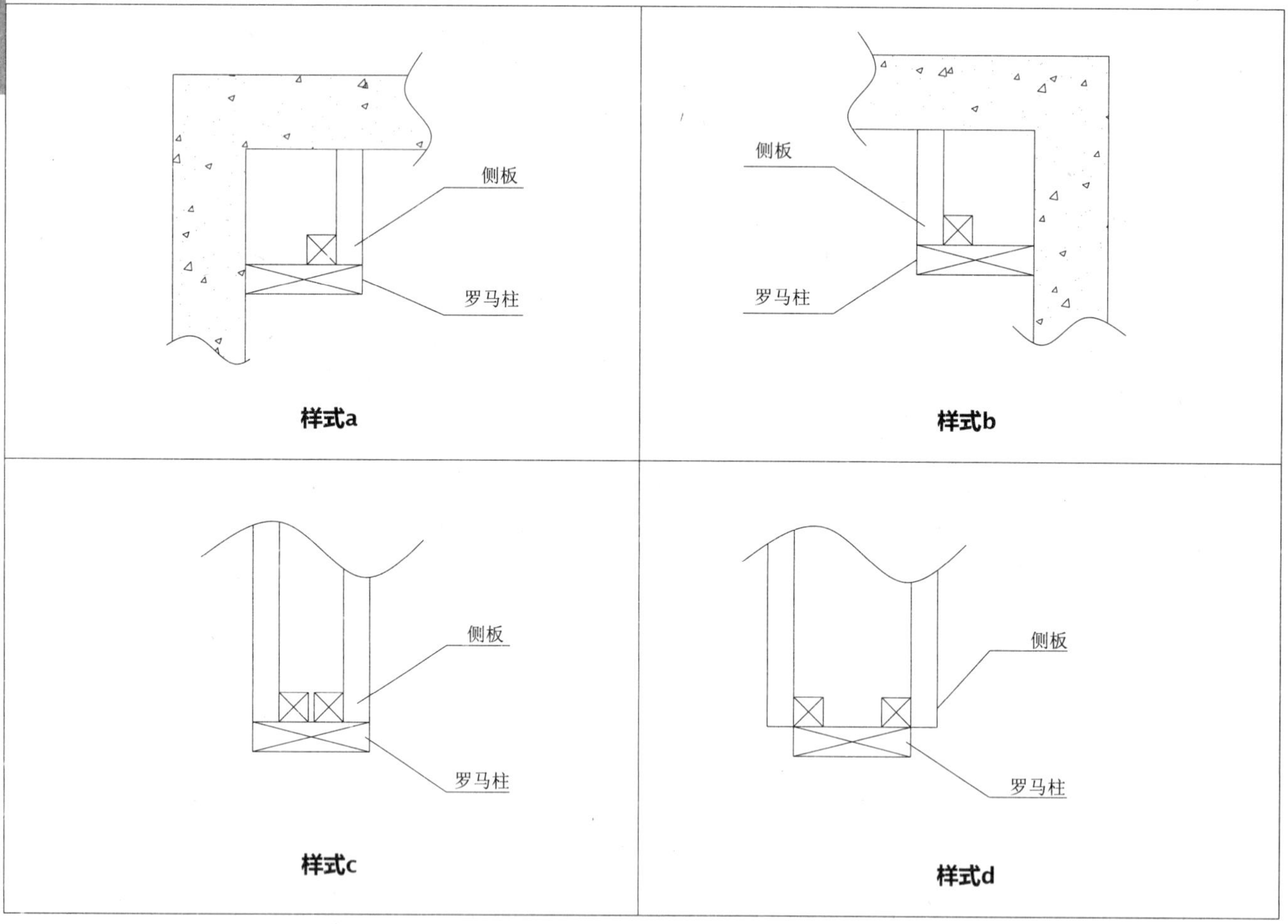
侧板
罗马柱
样式a
侧板
罗马柱
样式b
侧板
罗马柱
样式c
侧板
罗马柱
样式d

（2）罗马柱与柜体安装示意图

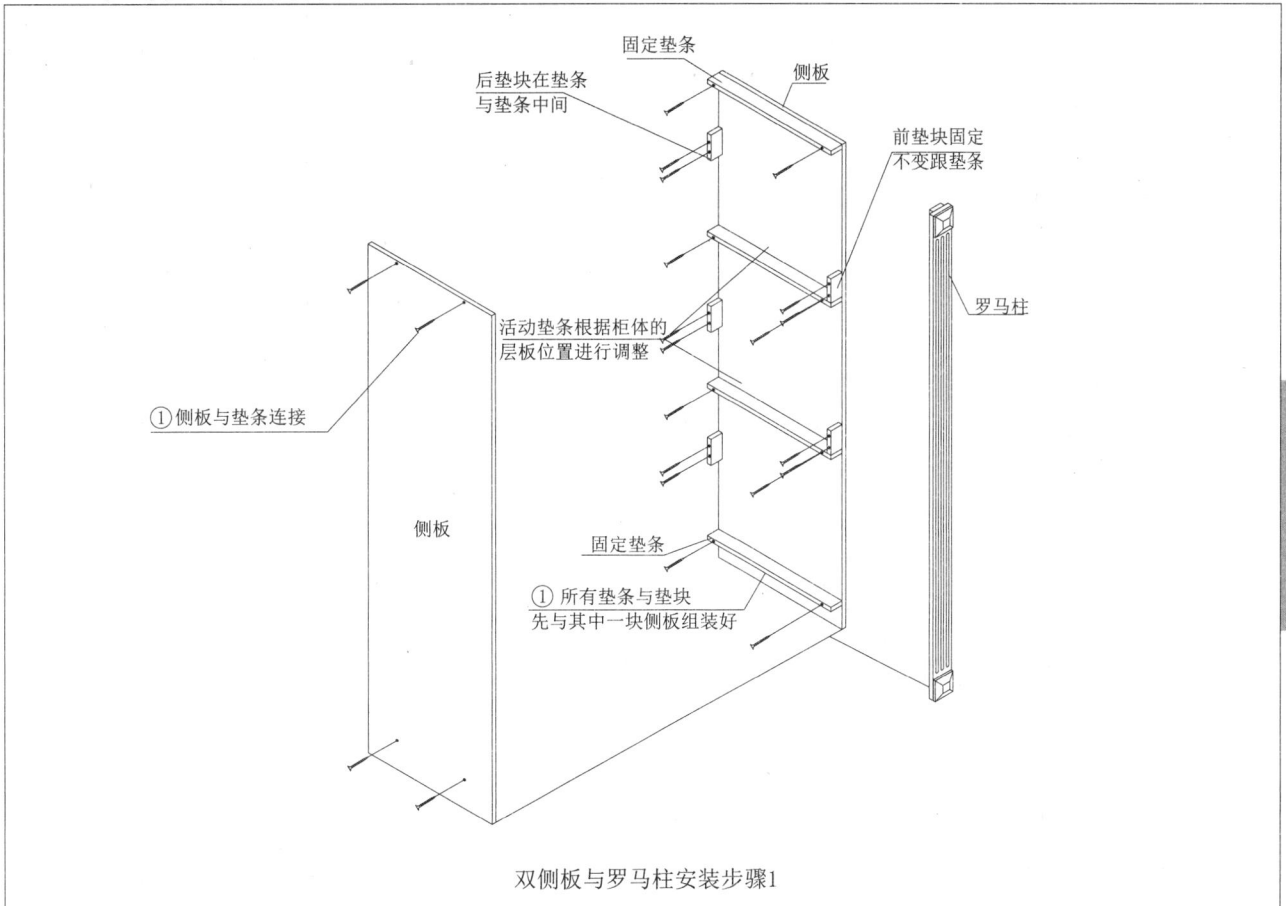

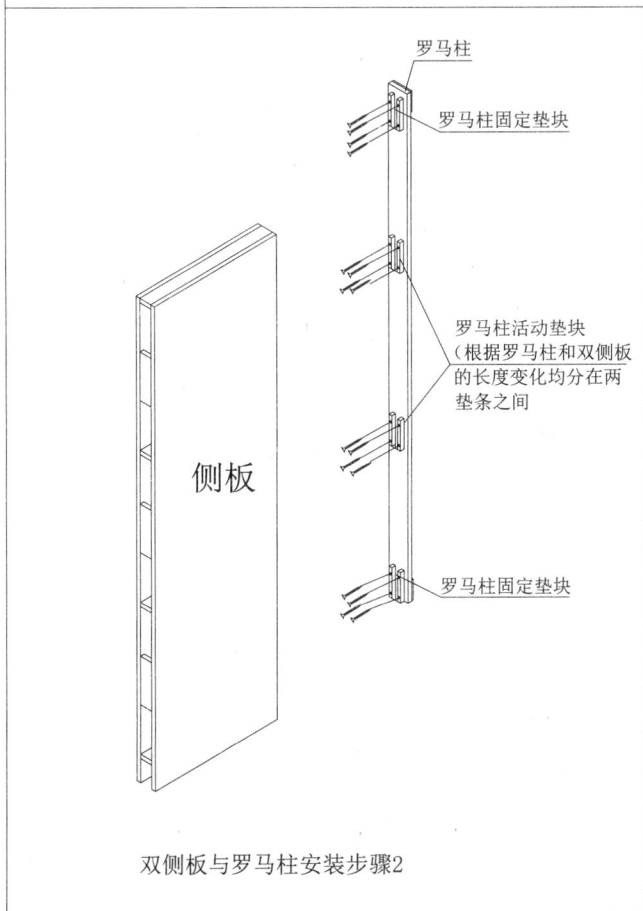

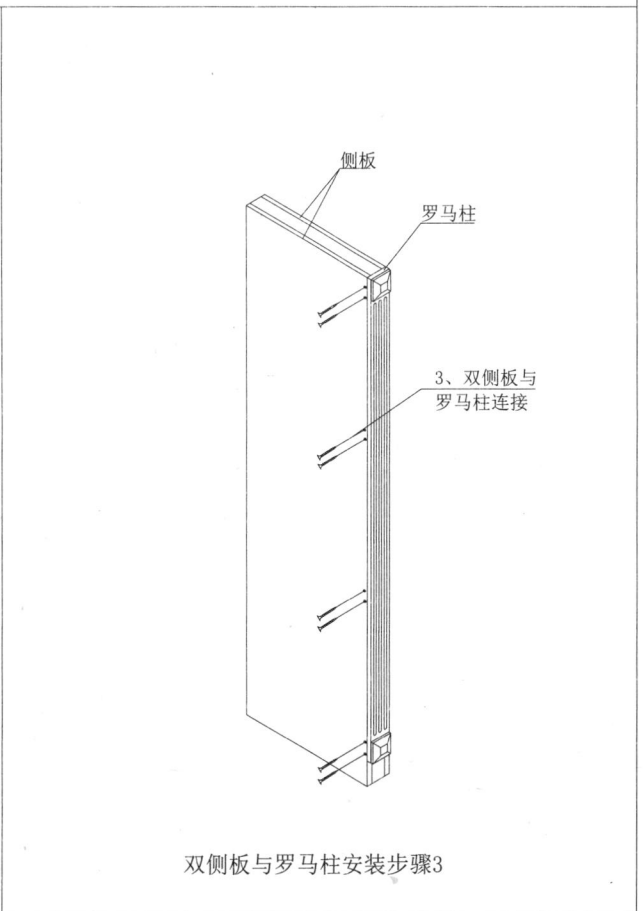

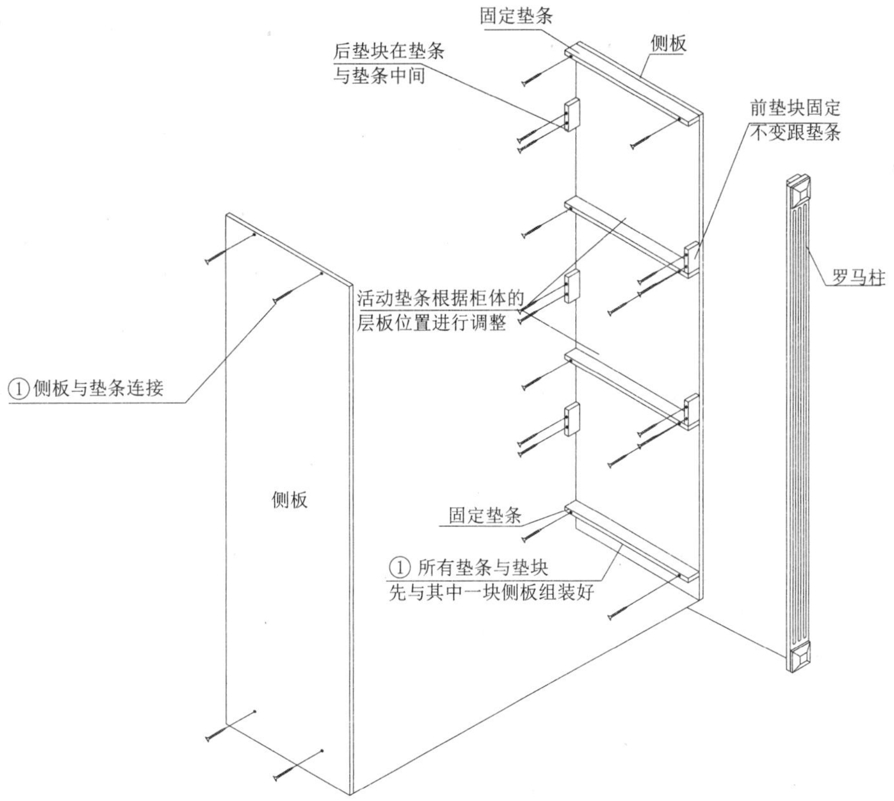

固定垫条
侧板
后垫块在垫条
与垫条中间
前垫块固定
不变跟垫条
罗马柱
活动垫条根据柜体的
层板位置进行调整
①侧板与垫条连接
侧板
固定垫条
① 所有垫条与垫块
先与其中一块侧板组装好

双侧板与罗马柱安装步骤1

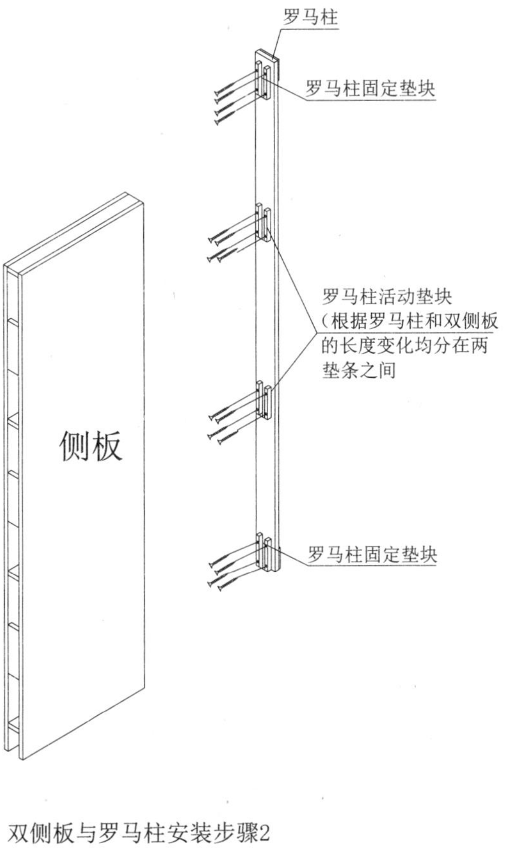

罗马柱
罗马柱固定垫块
侧板
罗马柱活动垫块
（根据罗马柱和双侧板
的长度变化均分在两
垫条之间
罗马柱固定垫块

双侧板与罗马柱安装步骤2

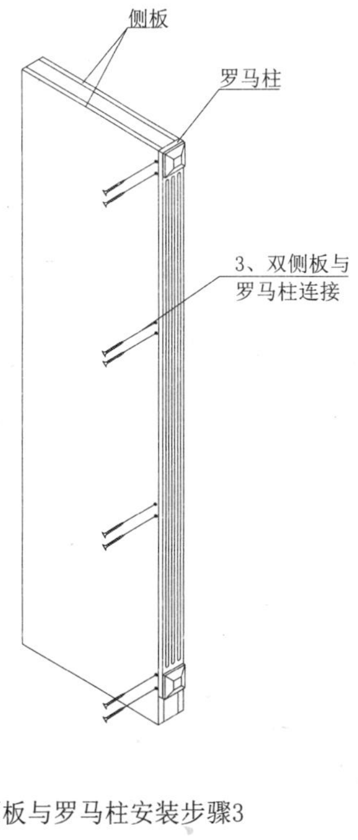

侧板
罗马柱
3、双侧板与
罗马柱连接

双侧板与罗马柱安装步骤3

（3）U 型罗马柱安装工艺说明（参考墙裙板类安装工艺）

U 型罗马柱主要应用于墙裙板上，做装饰墙板，突出墙板层次感；多用于沙发背景墙、客厅背景墙或者装饰性柱子等。主要分为以下三类：

a. L 型转角罗马柱；

b. U 型罗马柱；

c. 全包型罗马柱（假柱子）。

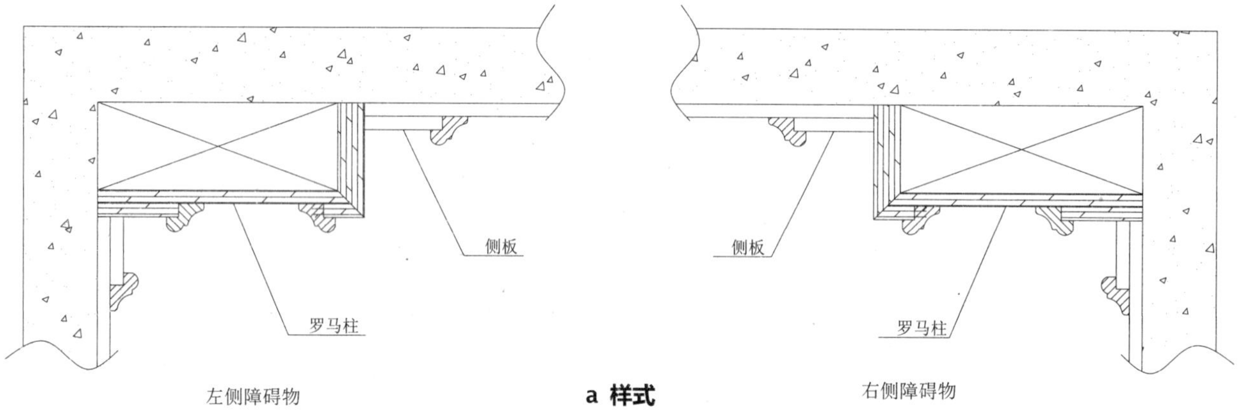
侧板
罗马柱
左侧障碍物
侧板
罗马柱
右侧障碍物

a 样式

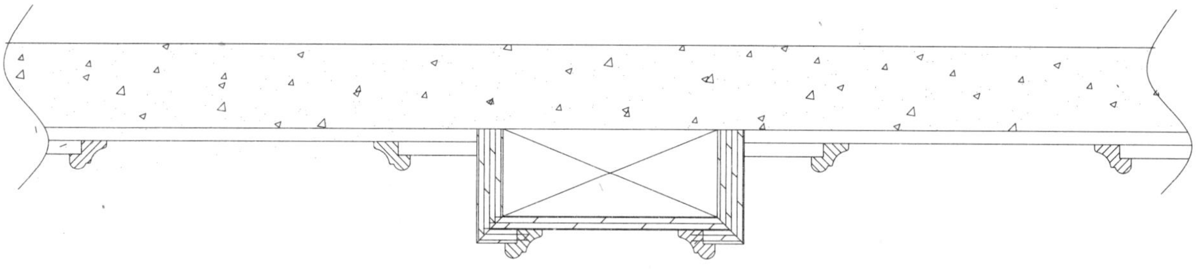

b 样式

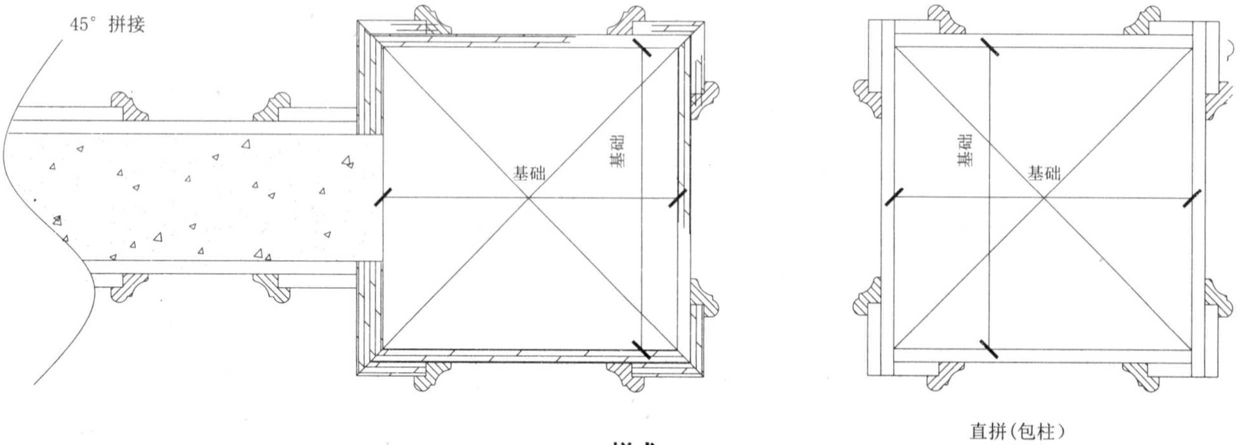
45° 拼接
基础
基础
基础
基础
直拼(包柱)

c 样式

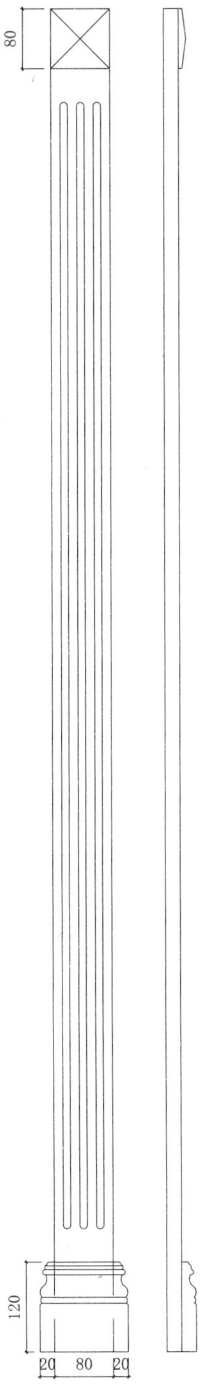

LMZ-001

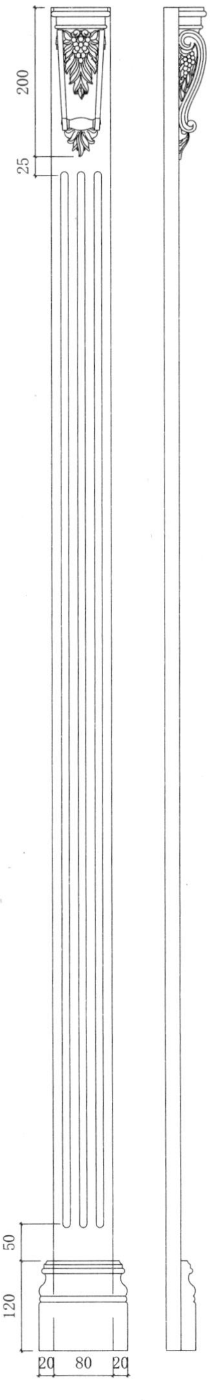

LMZ-002

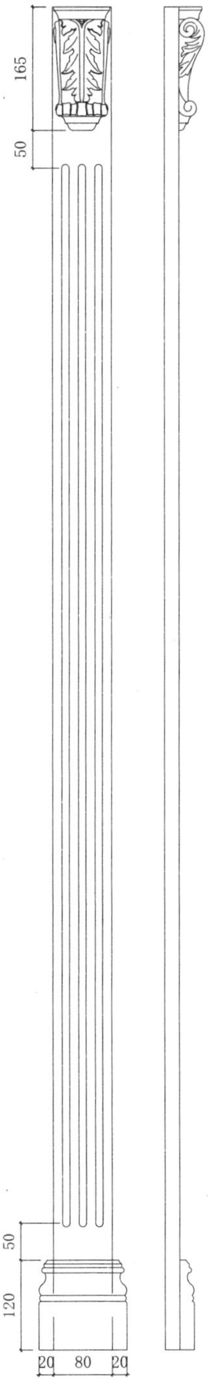

LMZ-003

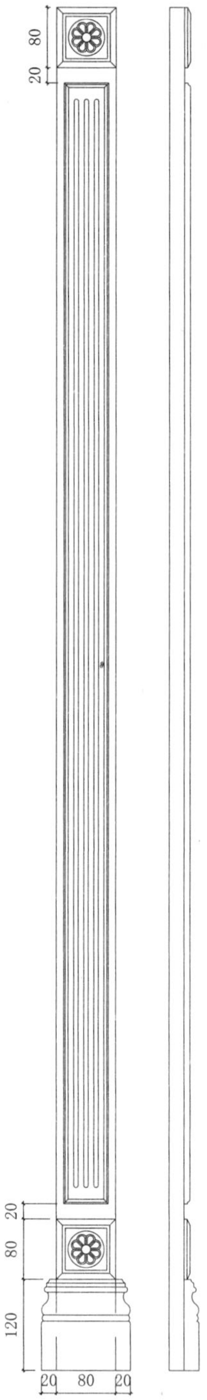

LMZ-004

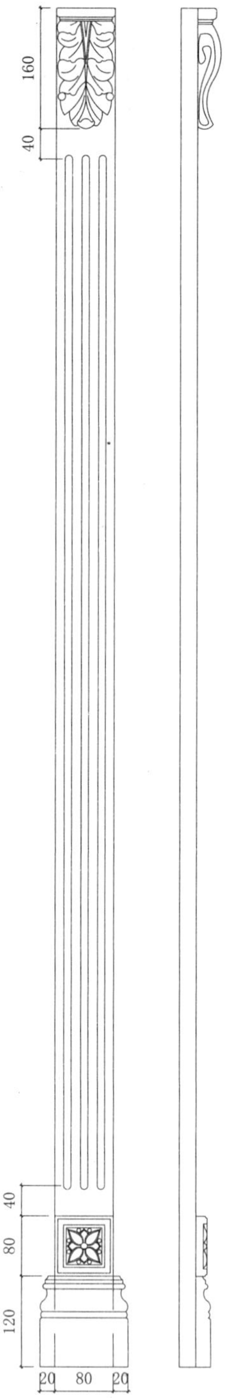

LMZ-005

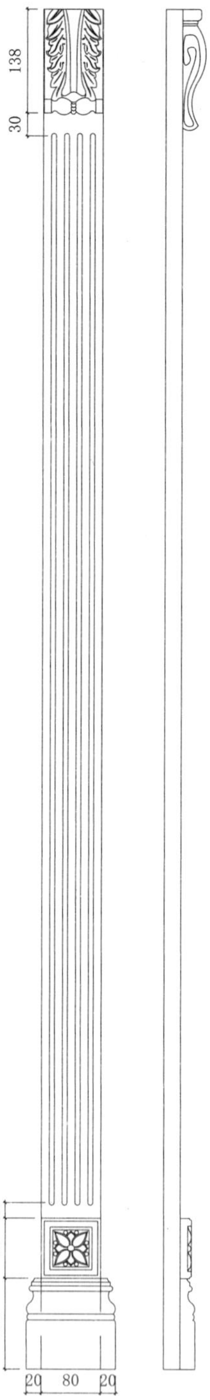

LMZ-006

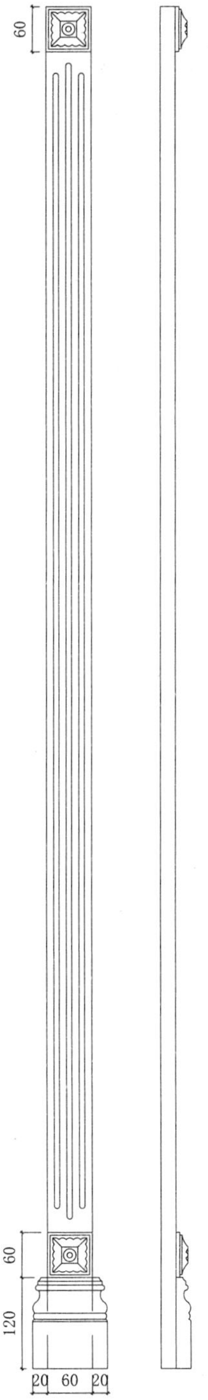

LMZ-007

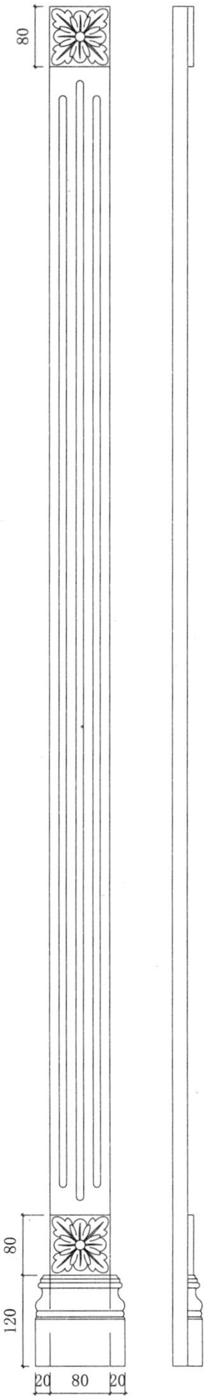

LMZ-008

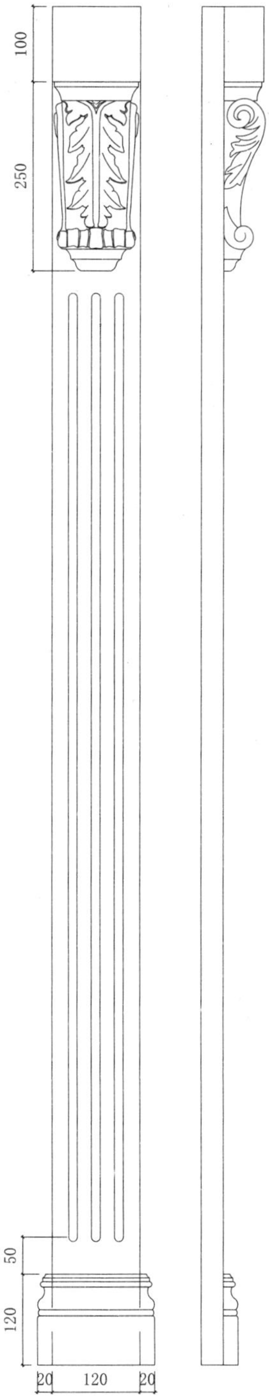

LMZ-009

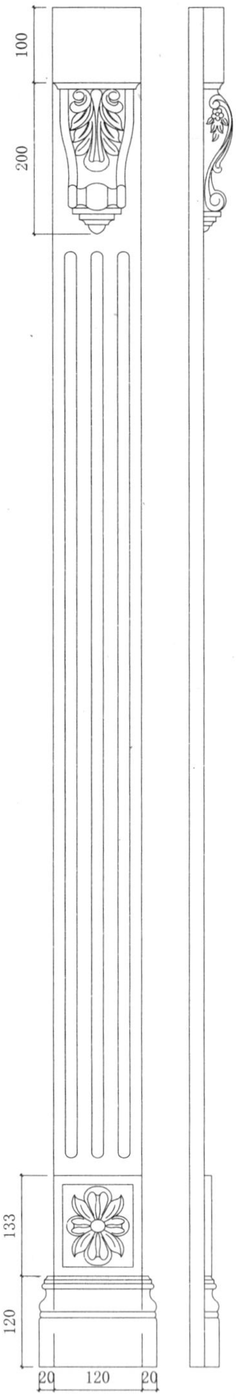

LMZ-010

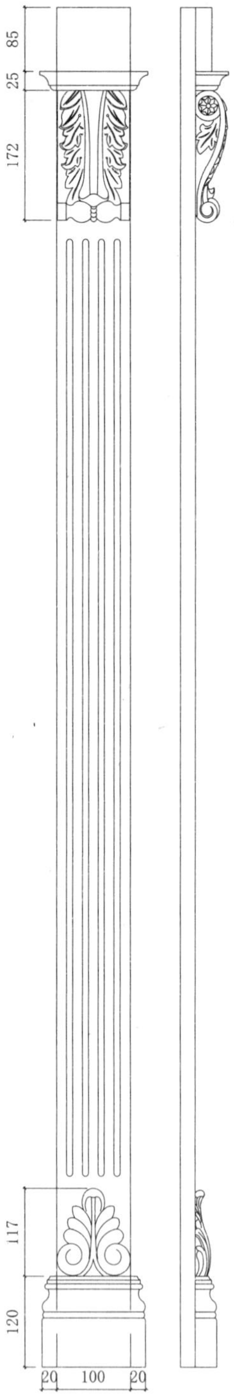

LMZ-011

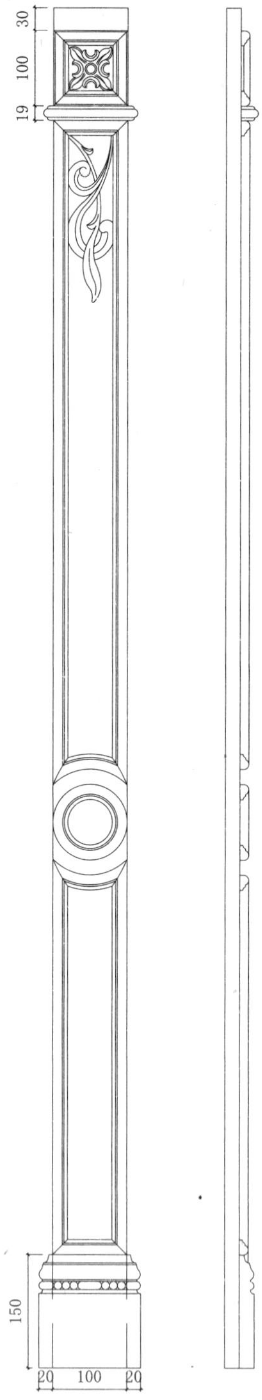

LMZ-012

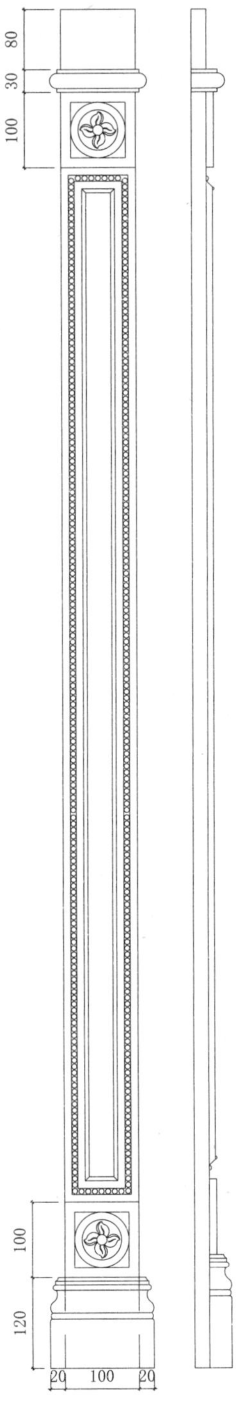

LMZ-013

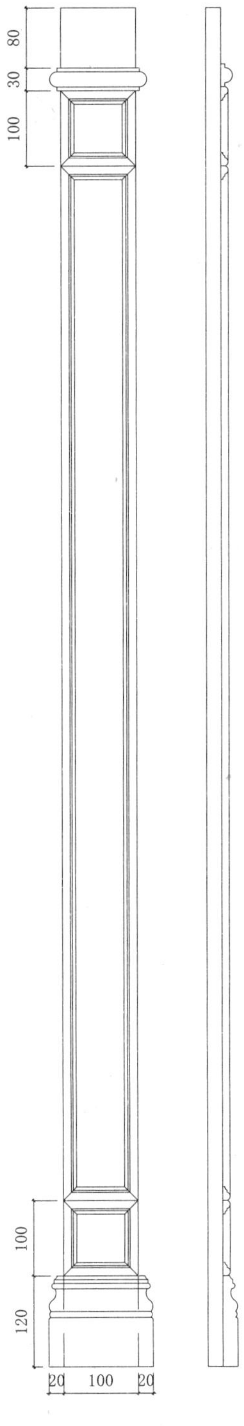

LMZ-014

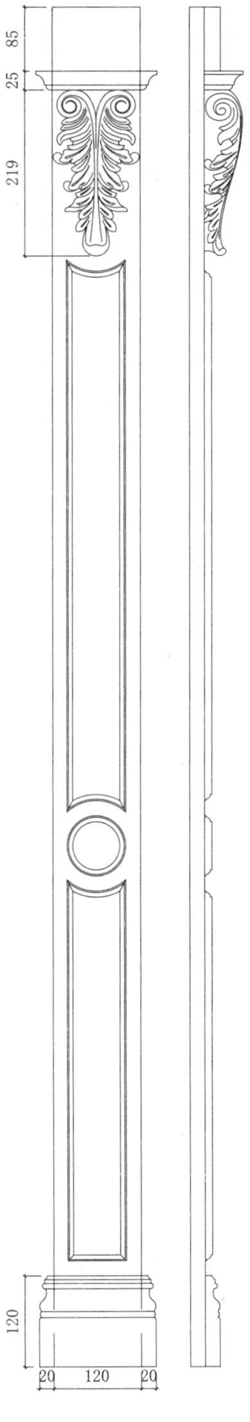

LMZ-015

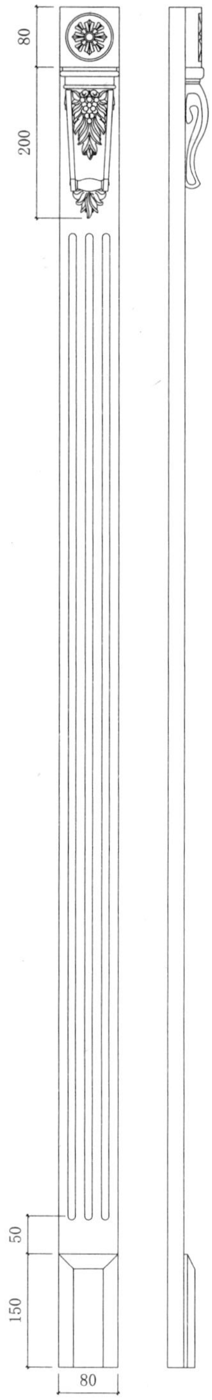

LMZ-016

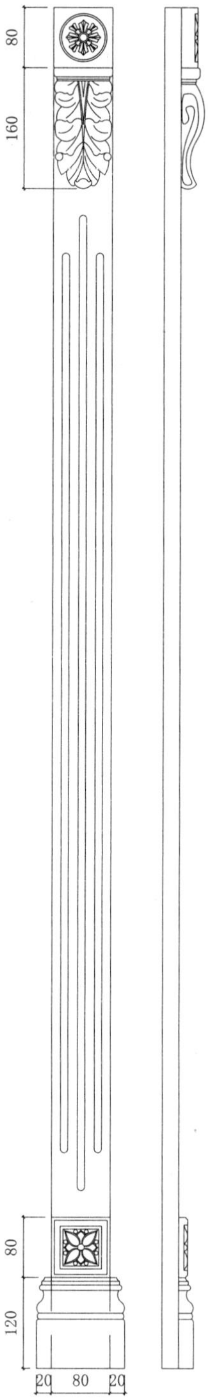

LMZ-017

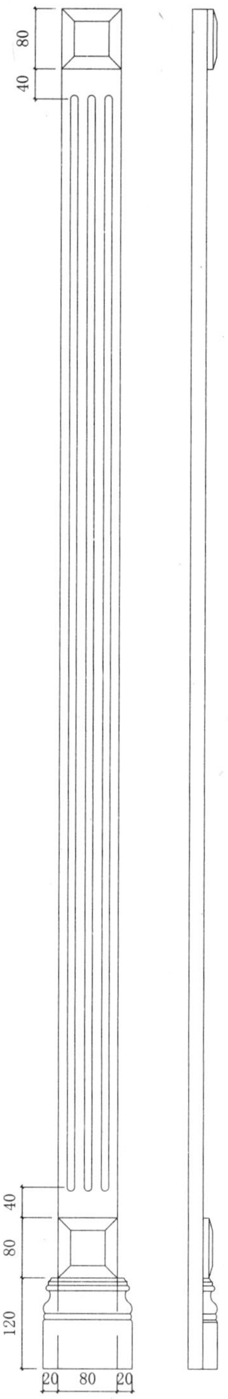

LMZ-018

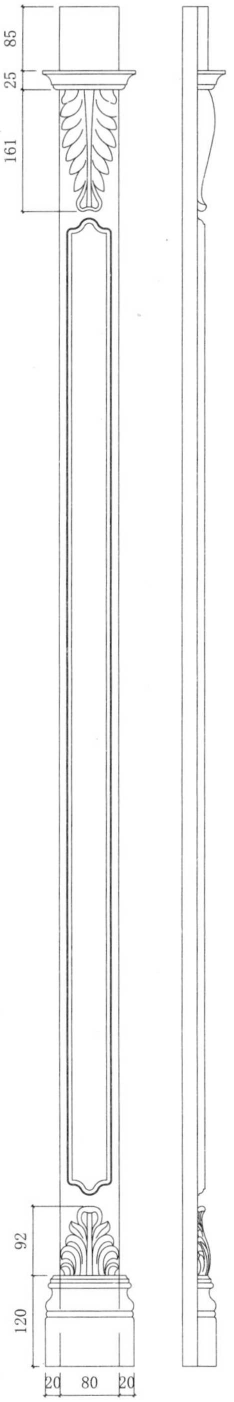

LMZ-019

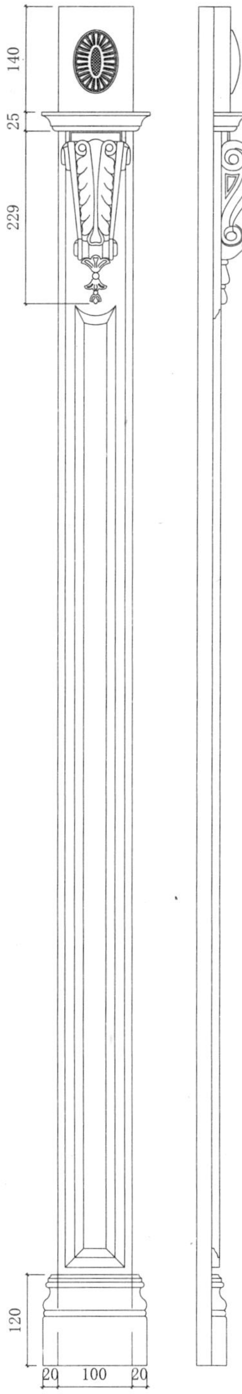

LMZ-020

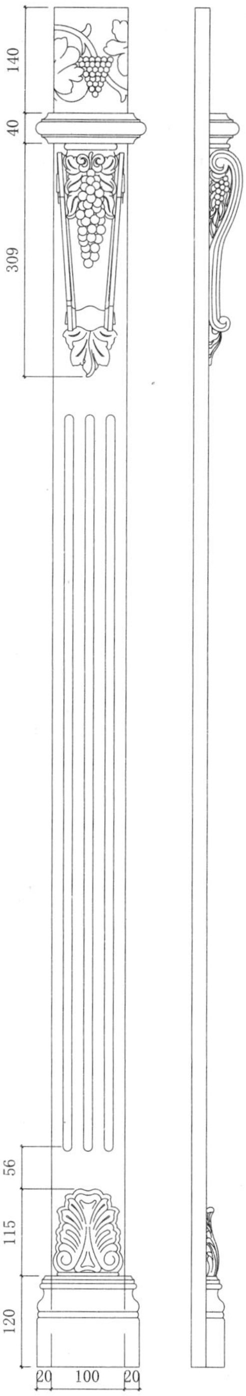

LMZ-021

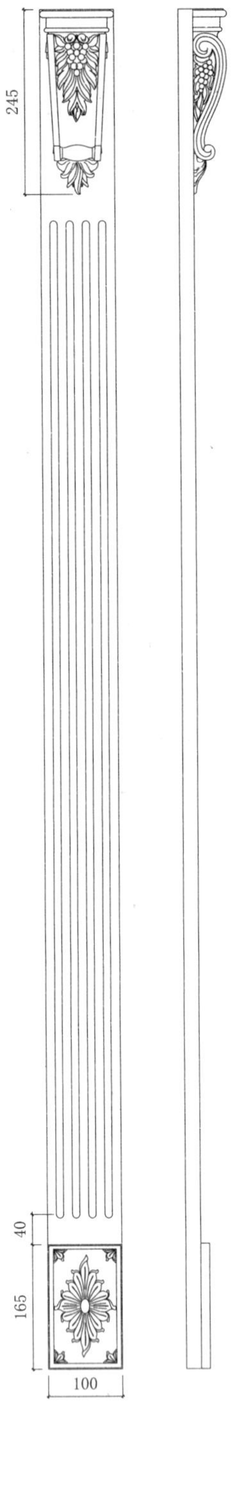

LMZ-022

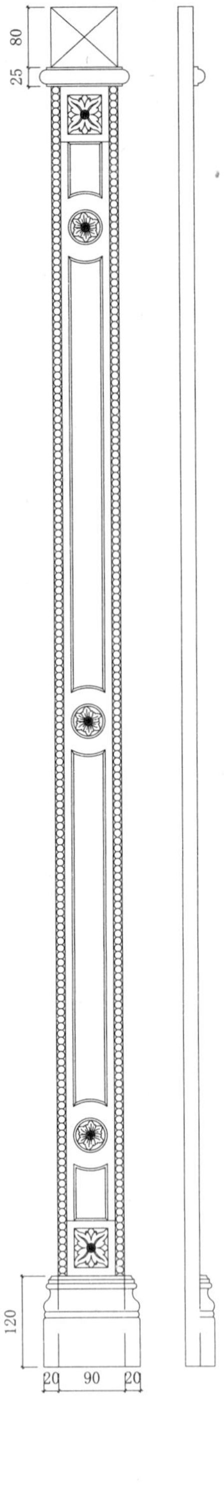

LMZ-023

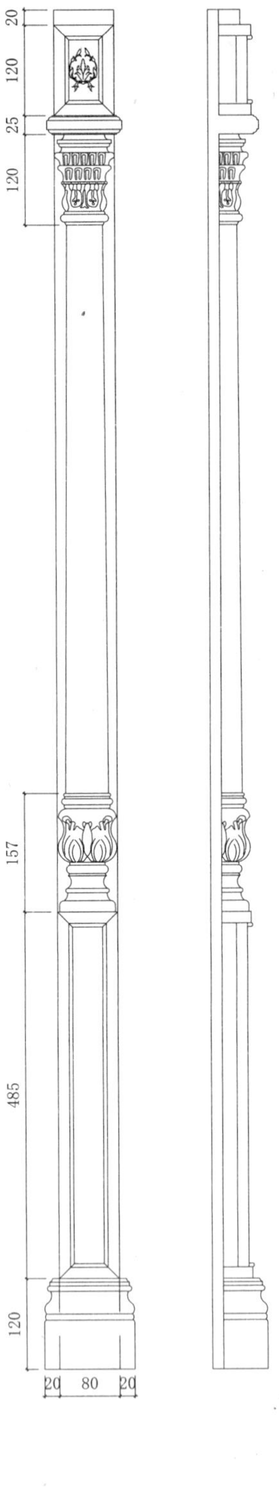

LMZ-024

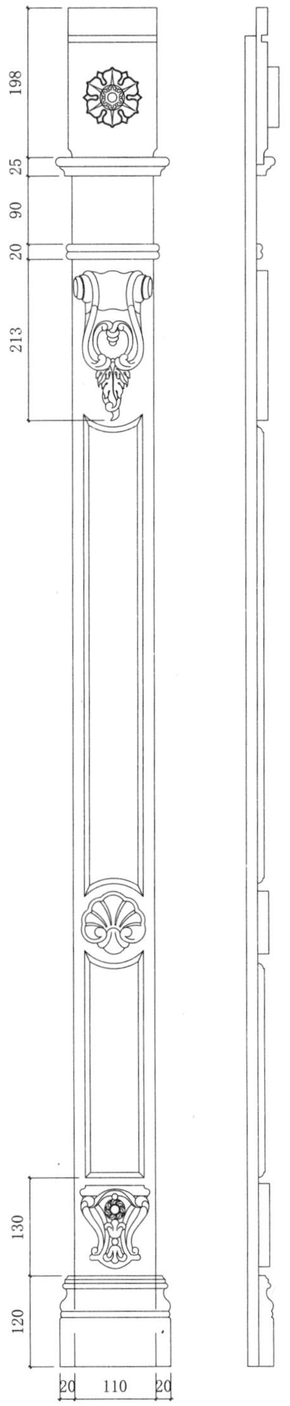

LMZ-025

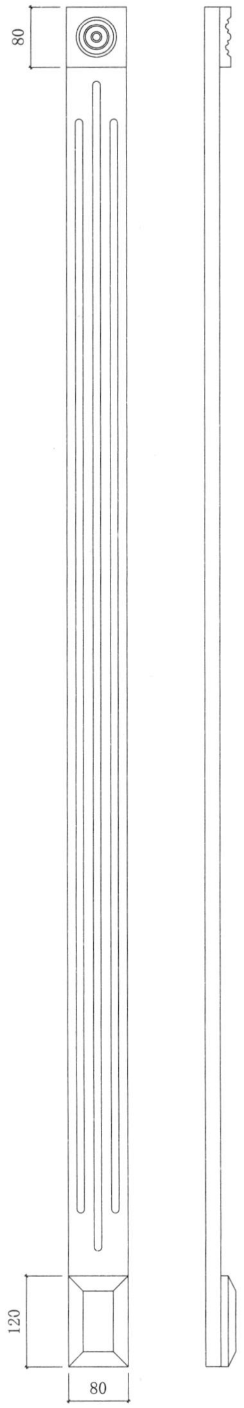

LMZ-026

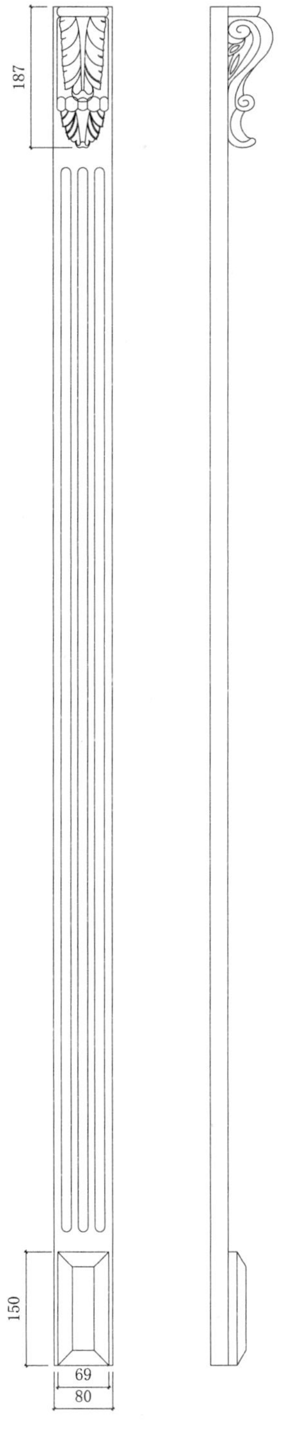

LMZ-027

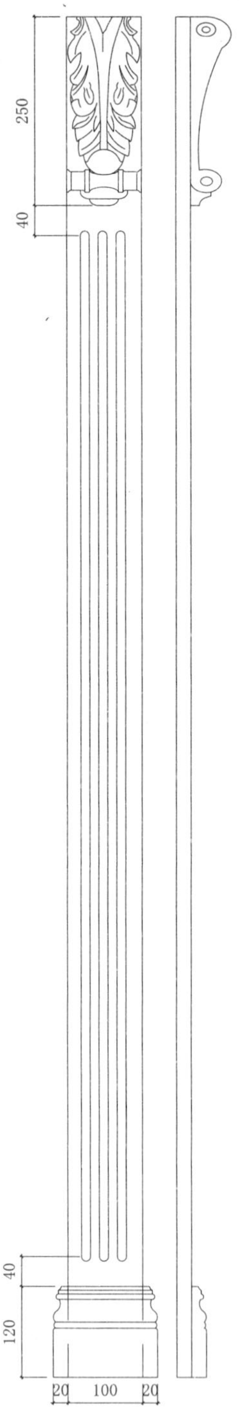

LMZ-028

LMZ-029

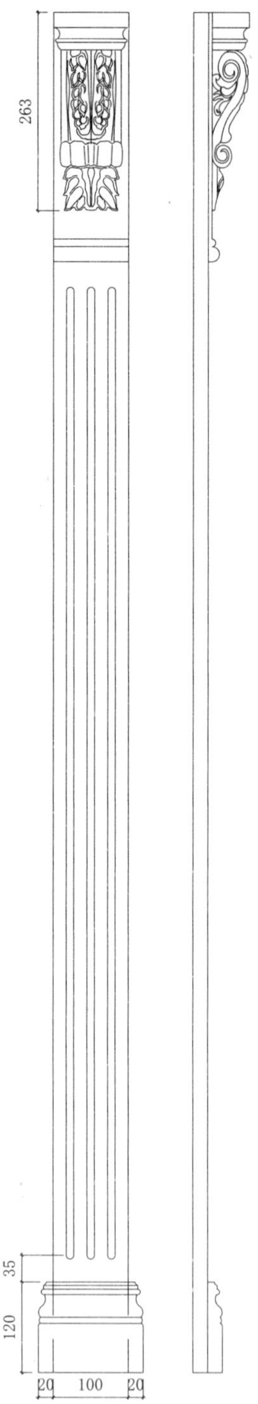

LMZ-030

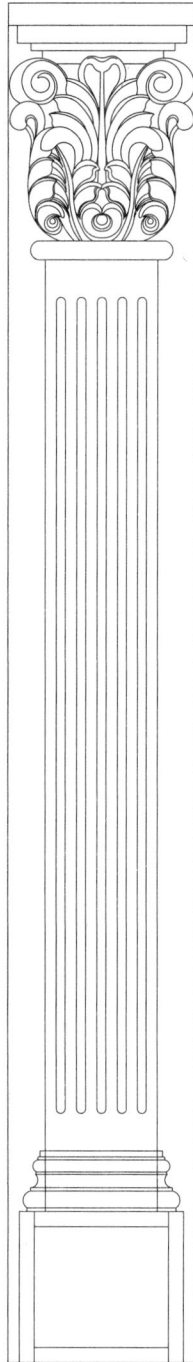

LMZ-031

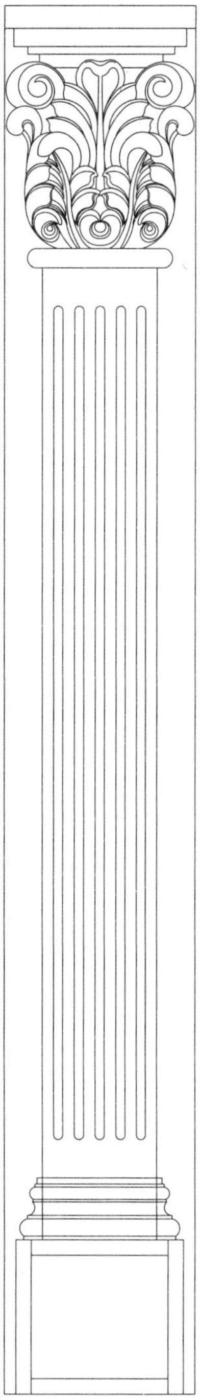

LMZ-032

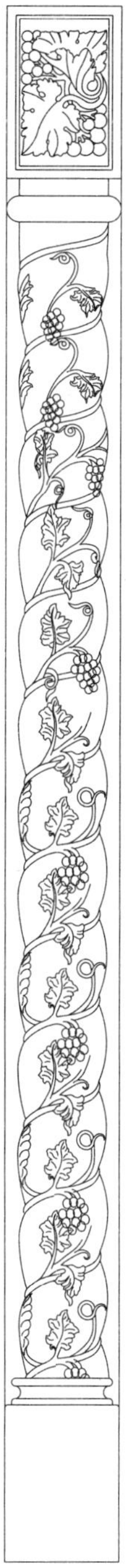

LMZ-033

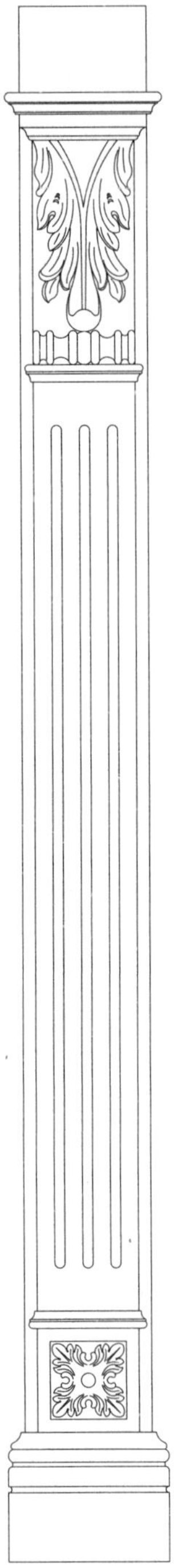

LMZ-034

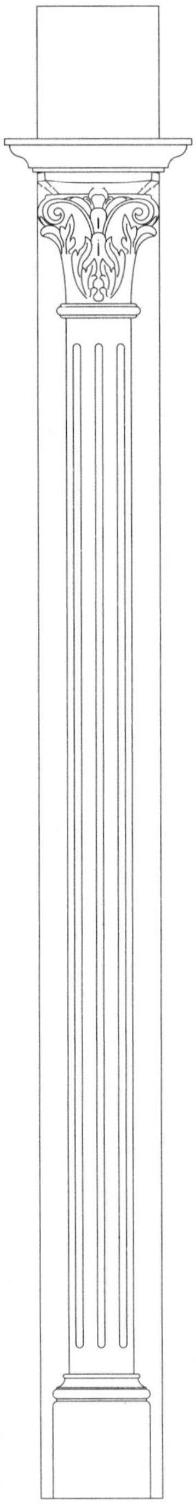

LMZ-035

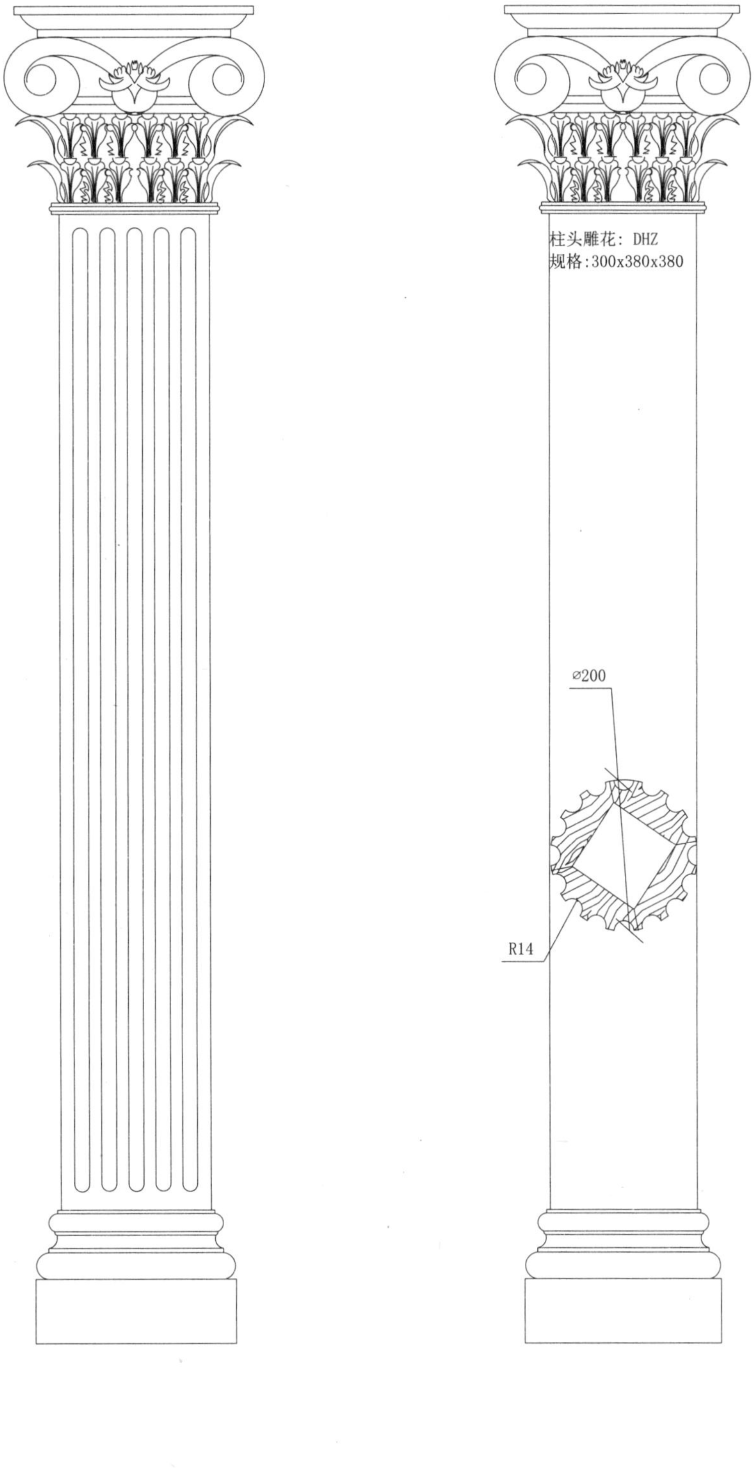
柱头雕花: DHZ
规格:300x380x380
⌀200
R14

LMZ-036

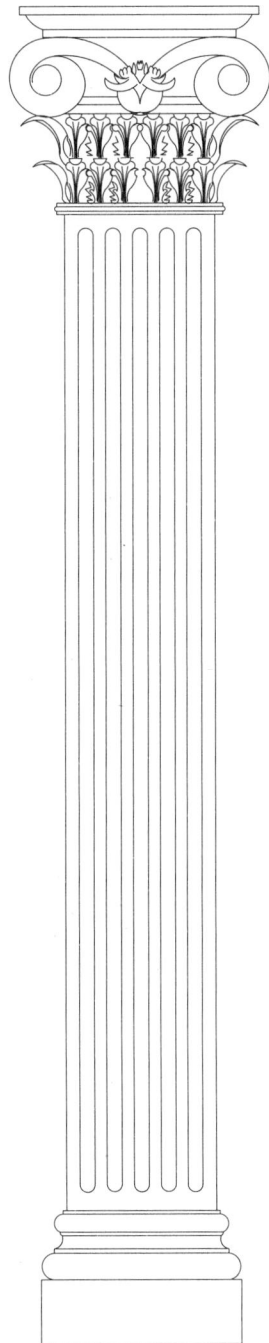

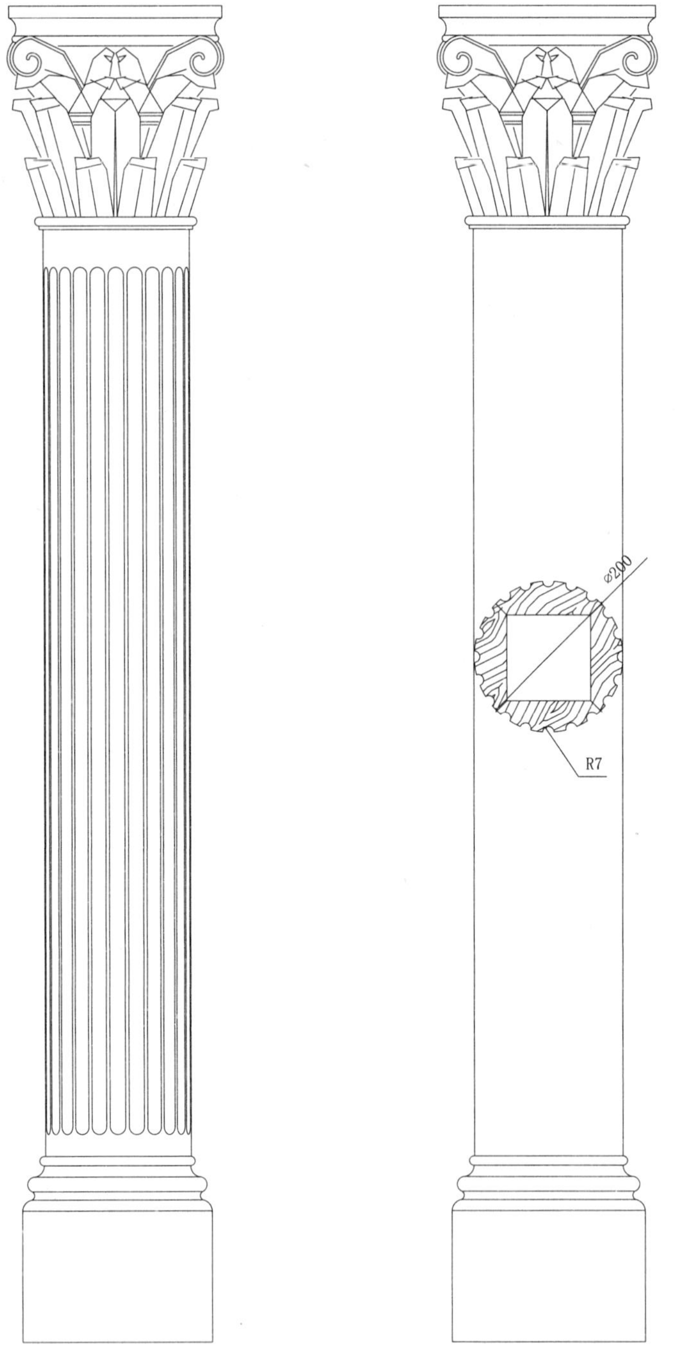

LMZ-037

第五节 罗马柱雕花（DH）

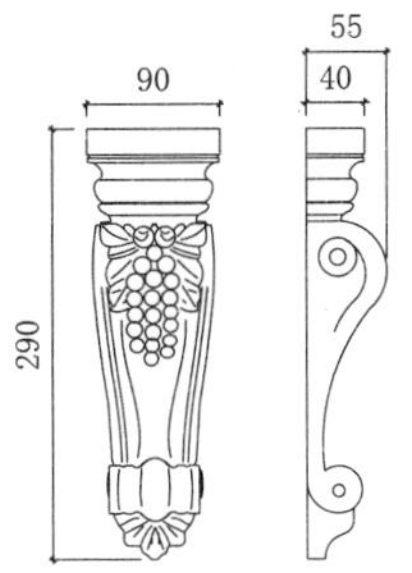

DH-001

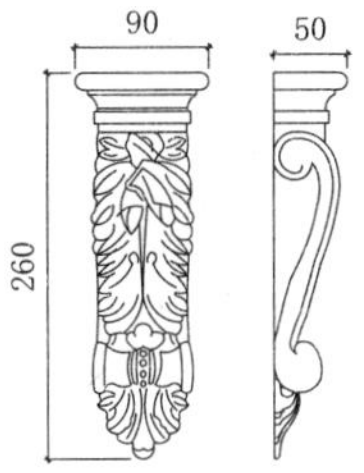

DH-002

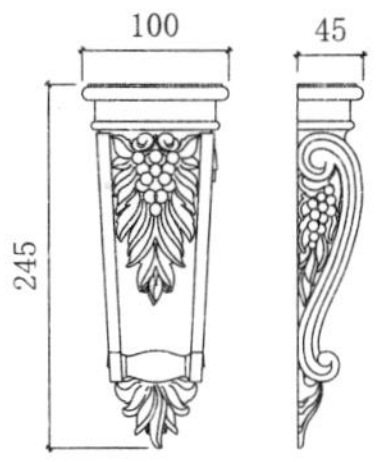

DH-003

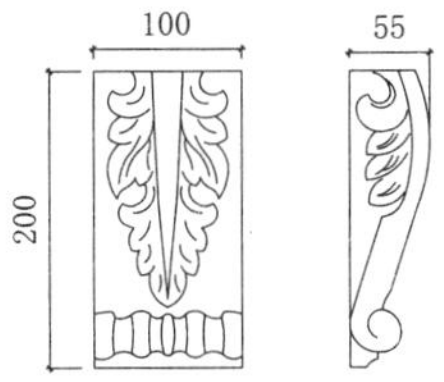

DH-004

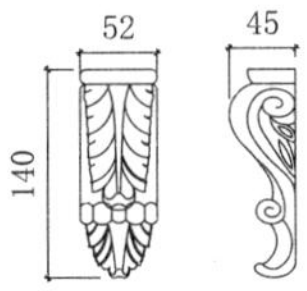

DH-005

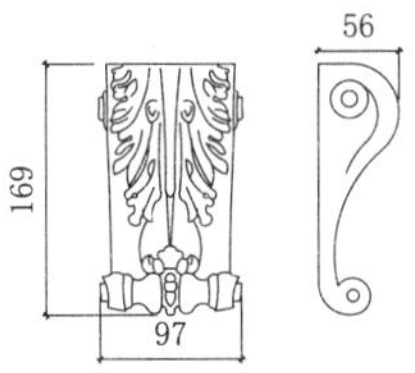

DH-006

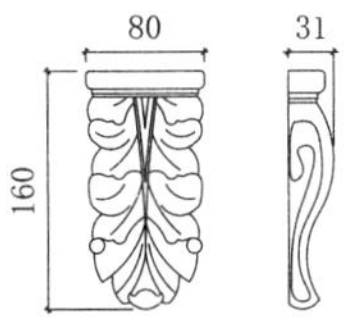

DH-007

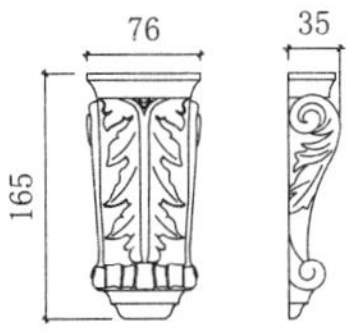

DH-008

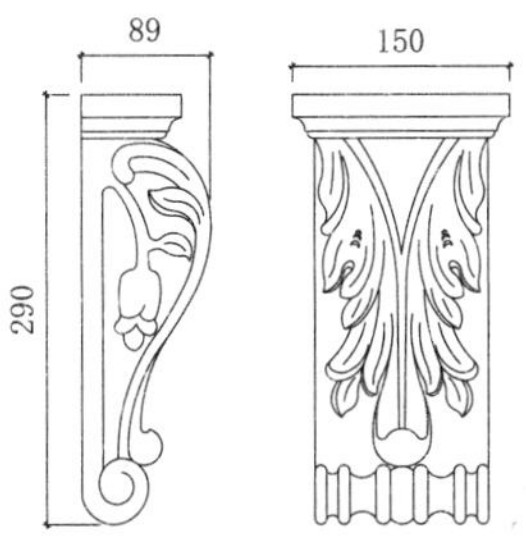

DH-009

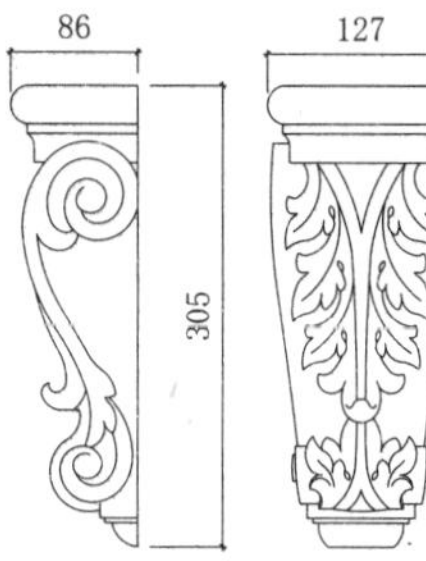

DH-010

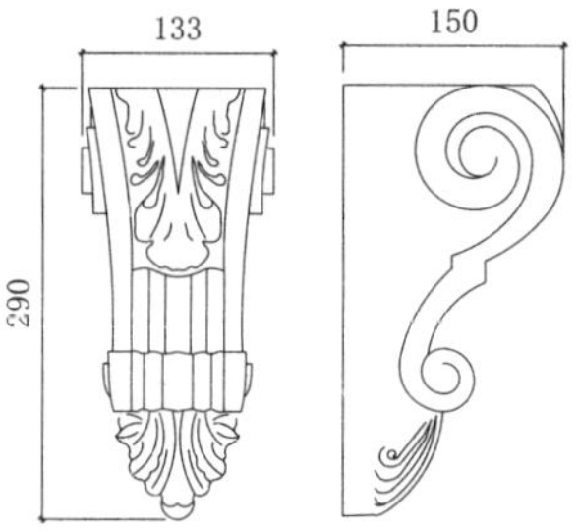

DH-011

DH-012

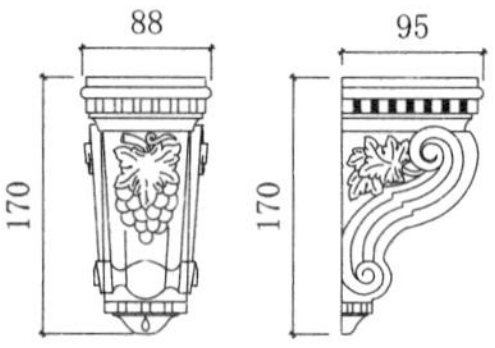

DH-013

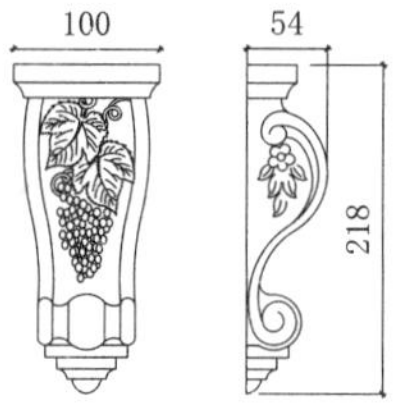

DH-014

DH-015

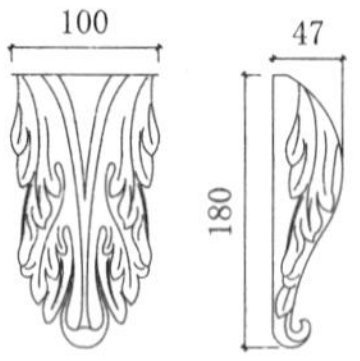

DH-016

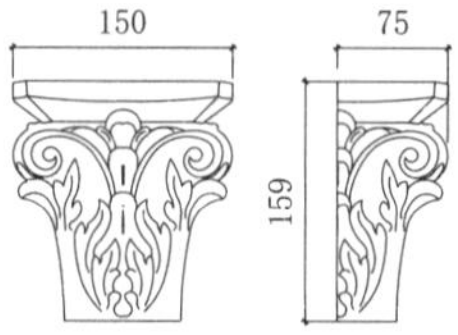

DH-017

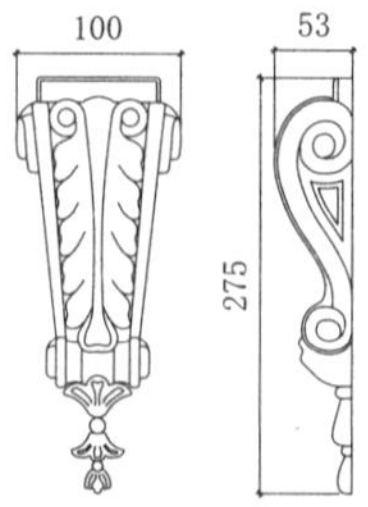

DH-018

ZSB-001

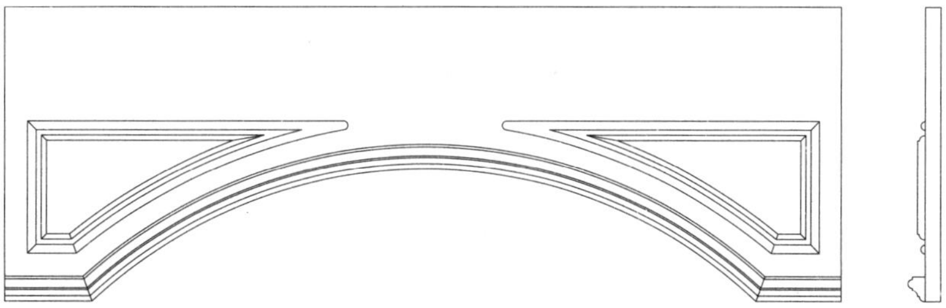

ZSB-002

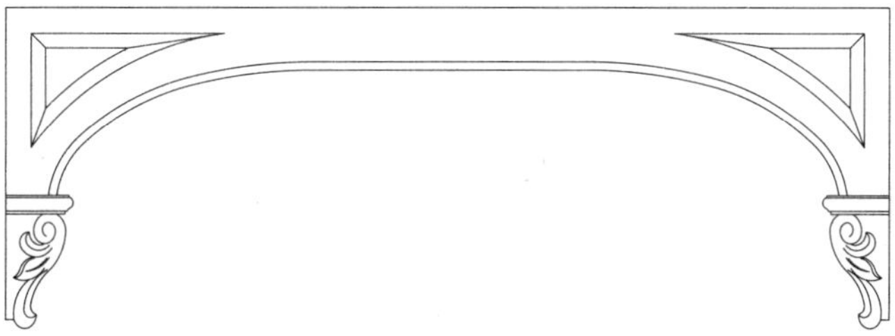

ZSB-003

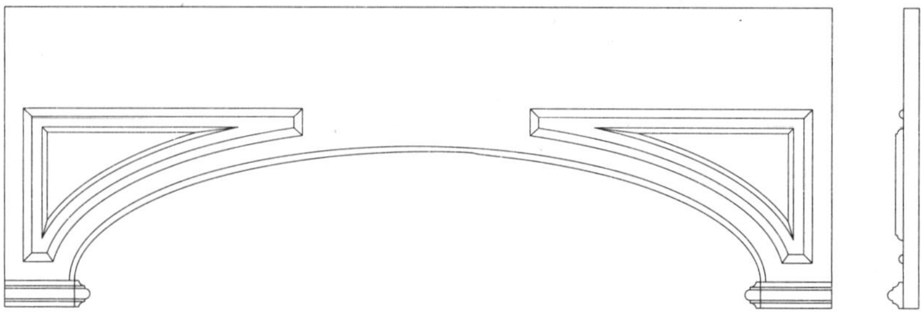

ZSB-004

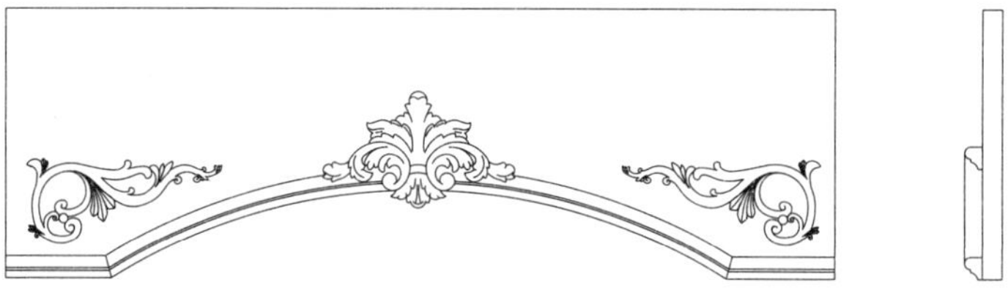

ZSB-005

ZSB-006

第七节 地脚线／顶线款式

1. 地脚线概述

地脚线主要用于柜体底部、墙裙板与地面之间的收口装饰性线条，可根据不同风格选择相应的地脚线，以丰富整体美感。

2. 地脚线标准件结构

1）地脚线标准结构件主要分为两种：柜体类地脚线结构、墙裙板类地脚线结构。

a. 柜体类地脚线结构；

b. 墙裙板类地脚线结构。

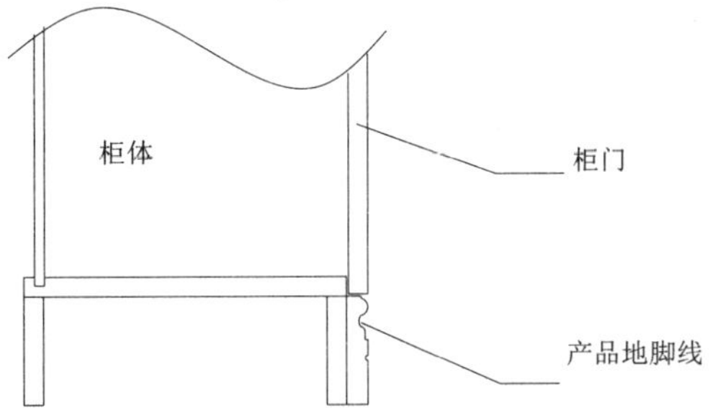

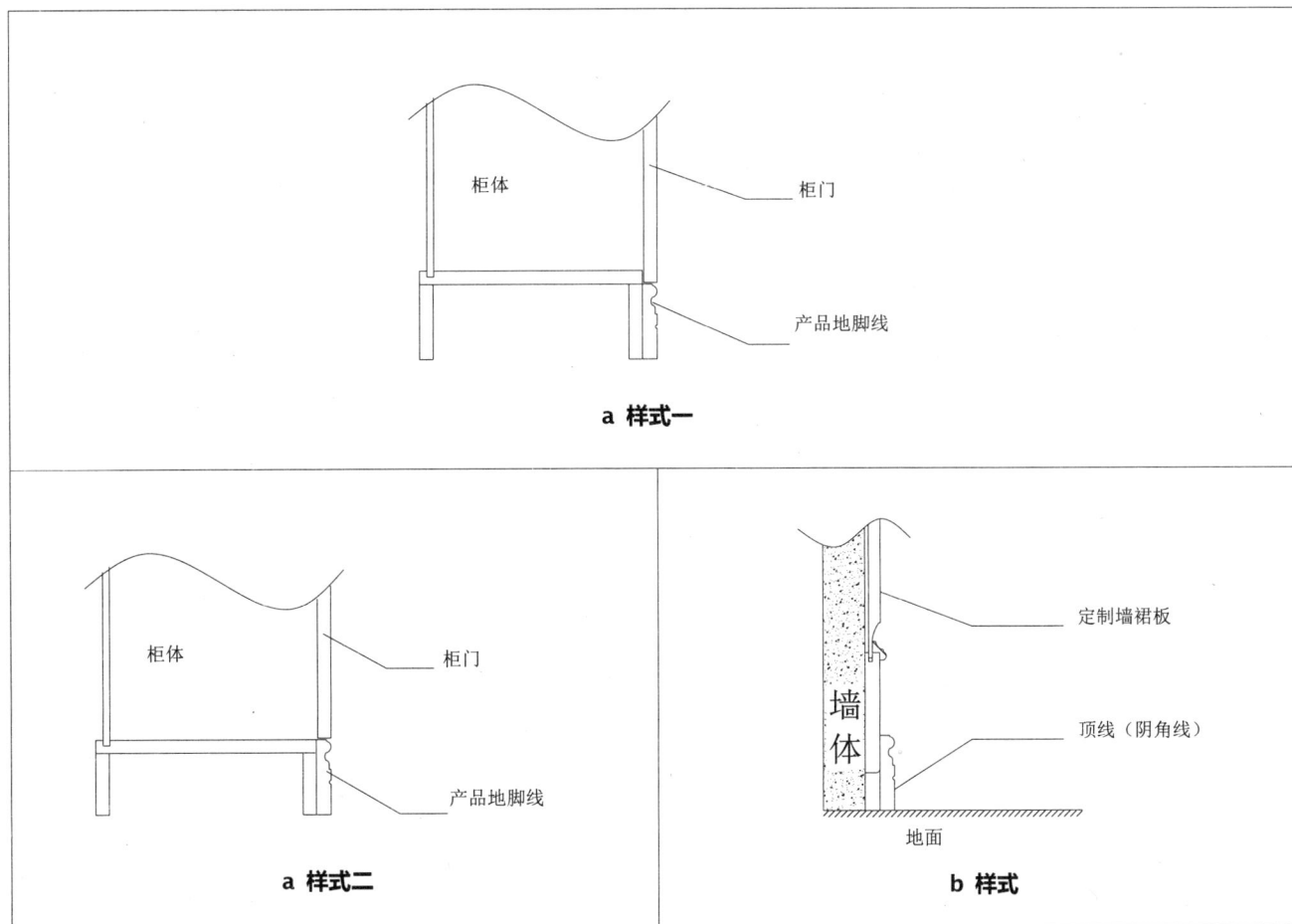

a 样式一

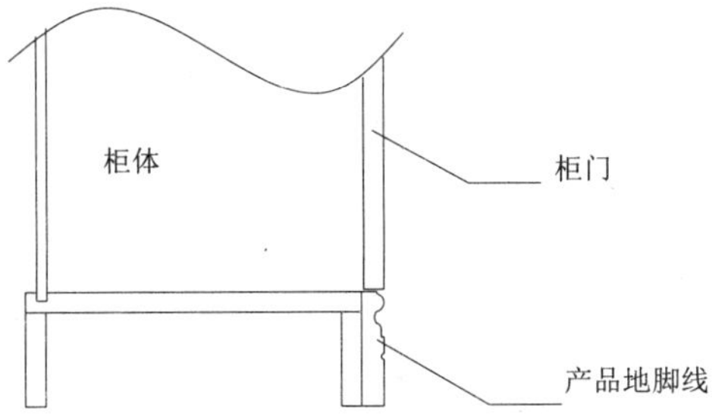

a 样式二

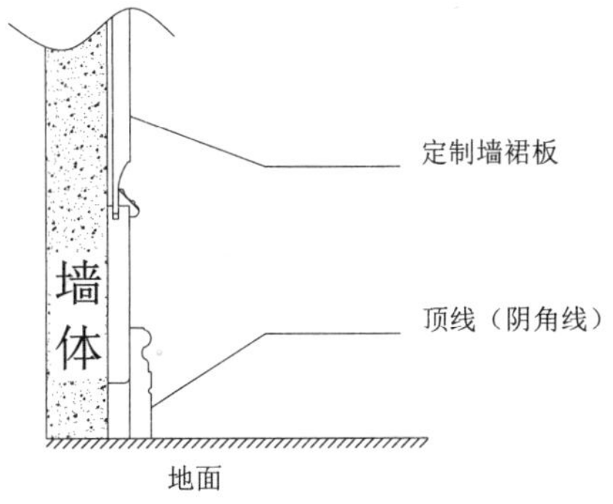

b 样式

2）地脚线安装工艺说明。

地脚线现场安装时，需要根据现场柜体长度确定顶线长度，且转角处需 45° 拼接，拼接完成后，拼接缝不能大于 2mm，无钉眼。

地脚线与柜体转角处安装示意图

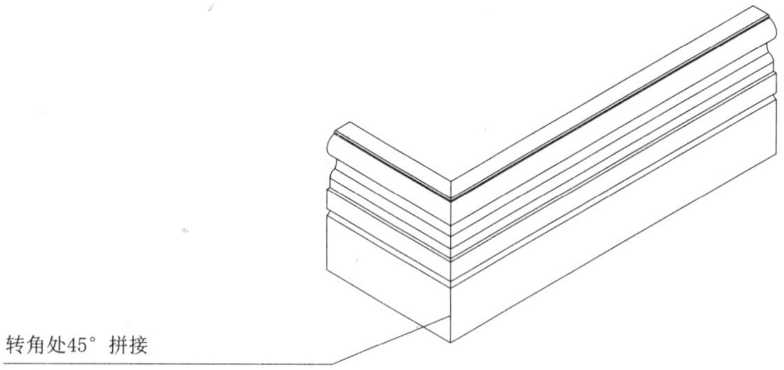

地脚线与柜体罗马柱转角处安装示意图

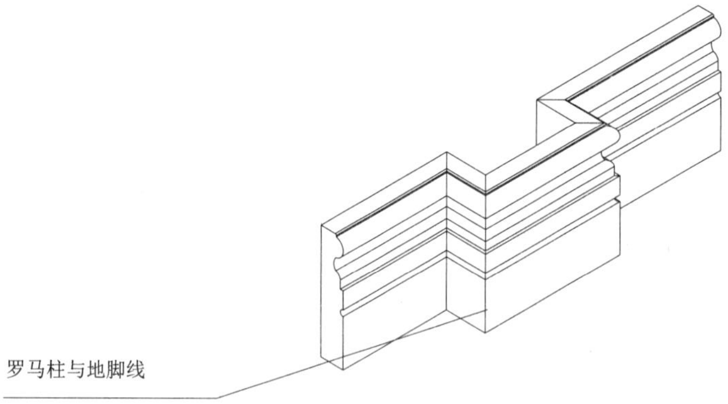

3. 顶线概述

顶线主要用于柜体顶部、墙裙板与吊顶之间的收口装饰性线条，可根据不同风格选择相应的顶线，以丰富整体美感。

4. 顶线标准件结构

1）顶线标准结构件主要分为两种：柜体类顶线结构、墙裙板类顶线结构。

a. 柜体类顶线结构；

b. 墙裙板类顶线结构。

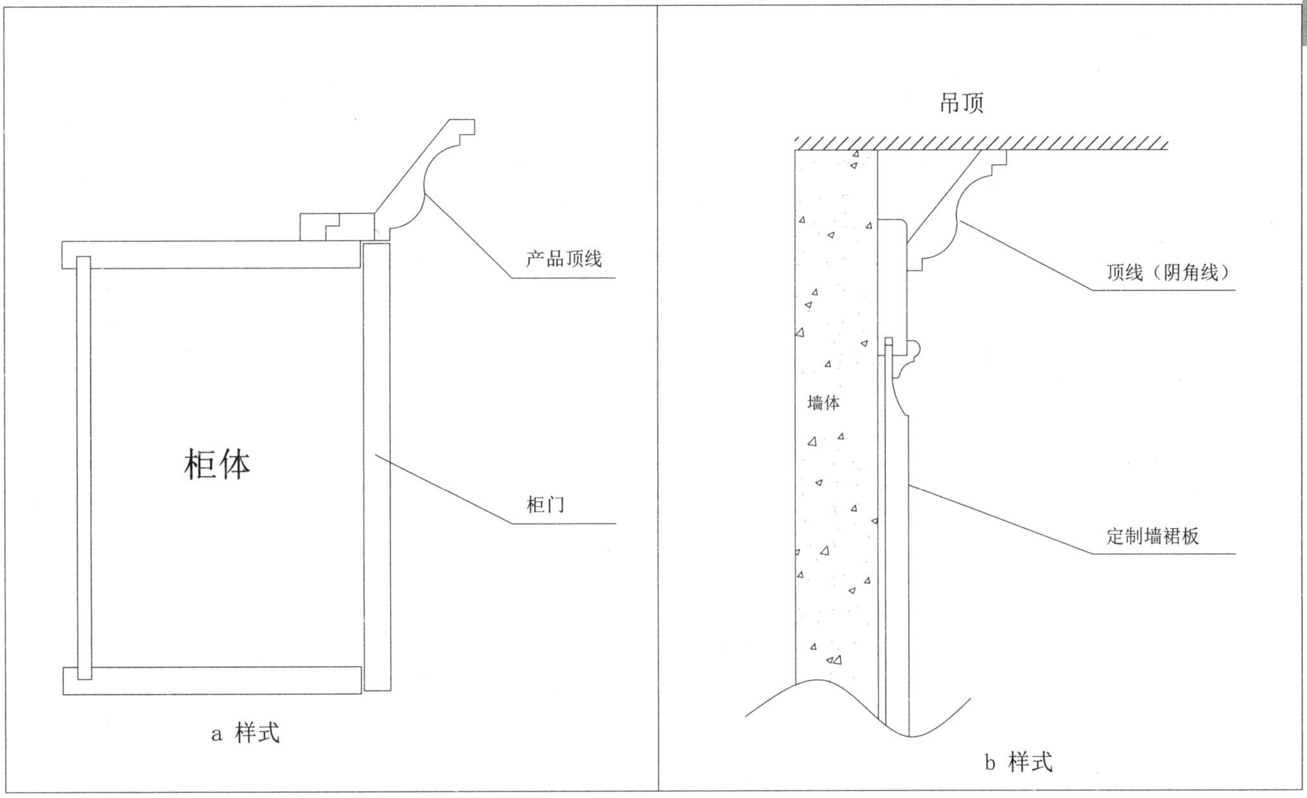

2）顶线安装工艺说明。

顶线现场安装时，需要根据现场柜体长度确定顶线长度，且顶线转角处需 45° 拼接，拼接完成后，拼接缝不能大于 2mm，无钉眼。

顶线与柜体转角处安装示意图

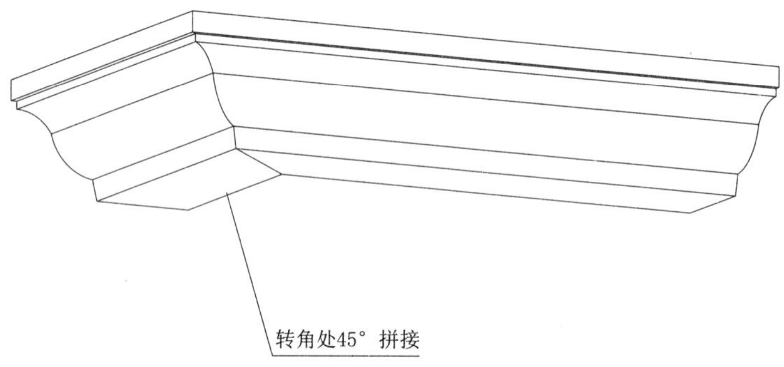

顶线与柜体罗马柱转角处安装示意图

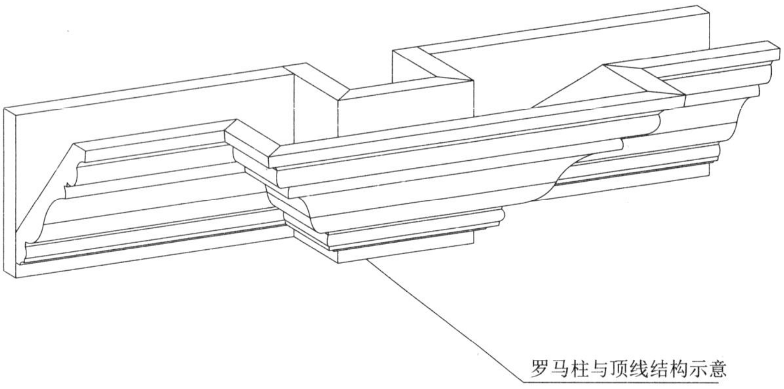

5. 踢脚线款式

规格：长*100*20

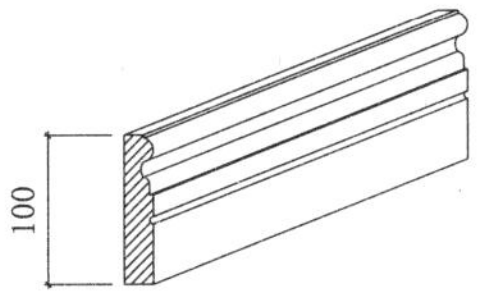

DJX-001

规格：长*110*18

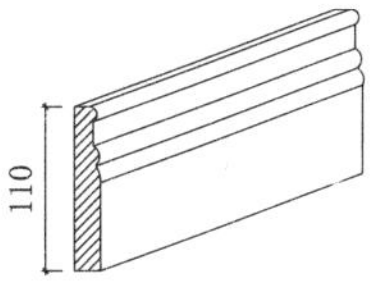

DJX-002

规格：长*120*23

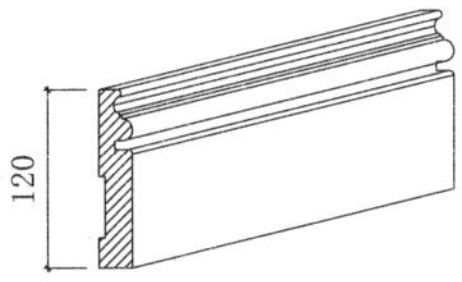

DJX-003

规格：长*110*18

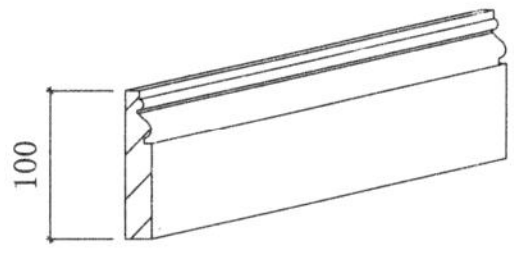

DJX-004

规格：长*150*23

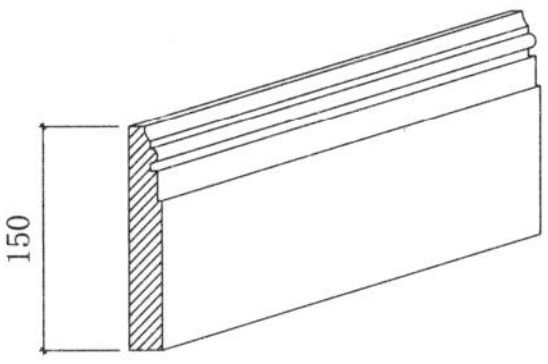

DJX-005

规格：长*150*18

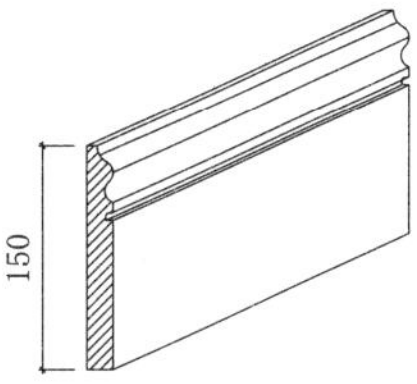

DJX-006

规格：长*120*18

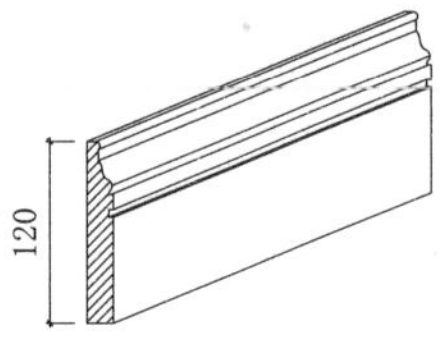

DJX-007

规格：长*120*18

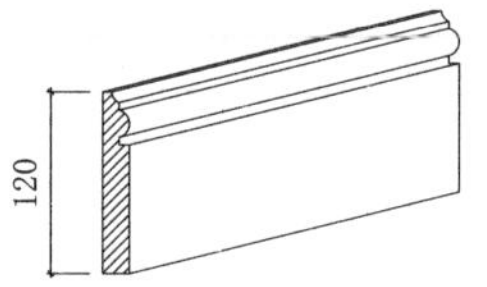

DJX-008

规格：长*180*21

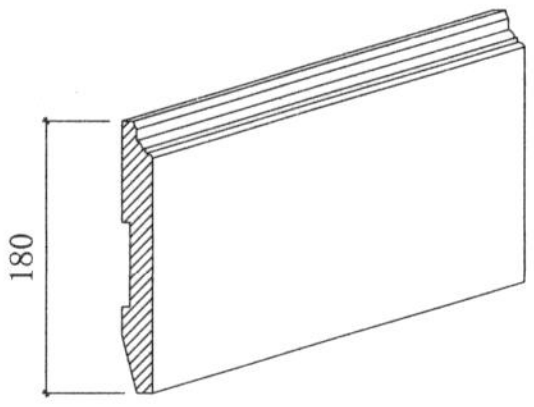

DJX-009

规格：长*180*18

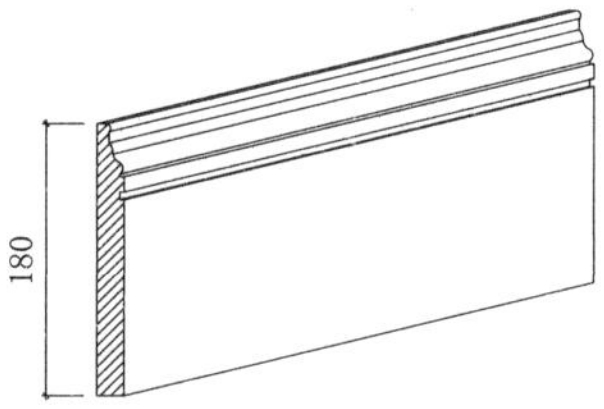

DJX-010

规格：长*180*38

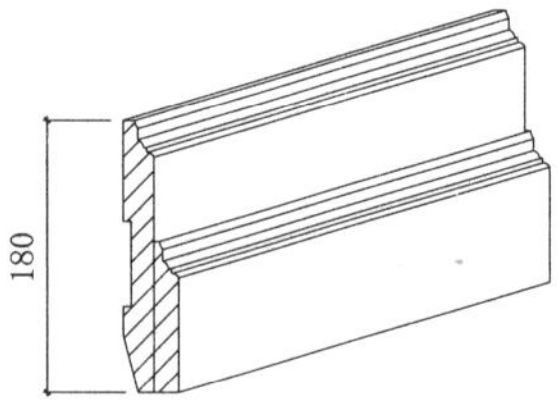

DJX-011

规格：长*150*18

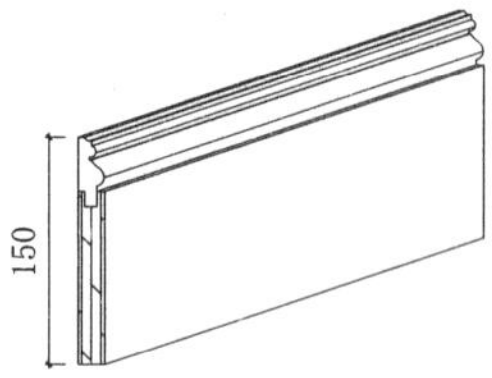

DJX-012

6. 顶线款式

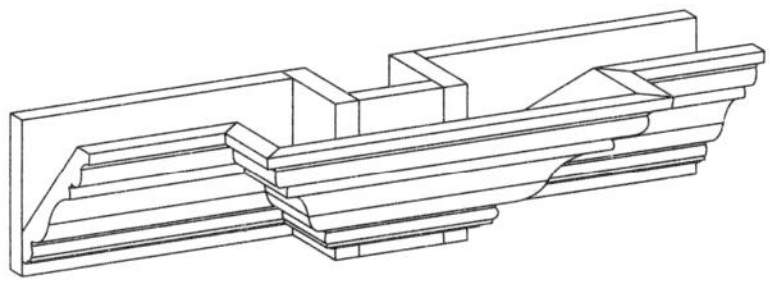

轴侧图

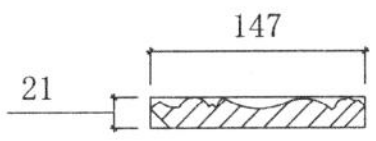
147
21

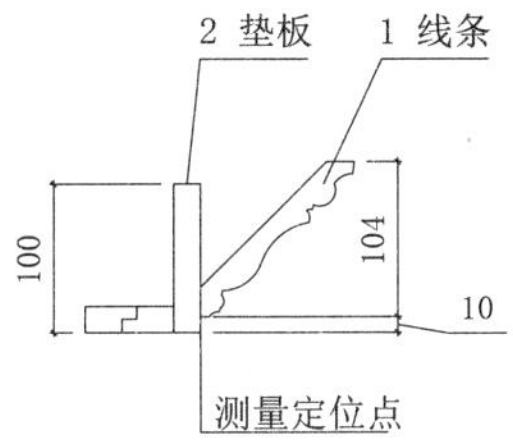
2 垫板
1 线条
100
104
10
测量定位点

板材示意图　结构装配图

DX-001

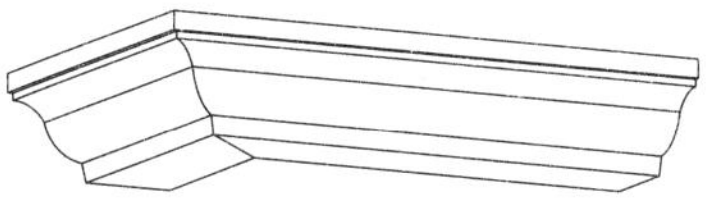

轴侧图

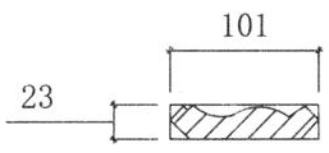
101
23

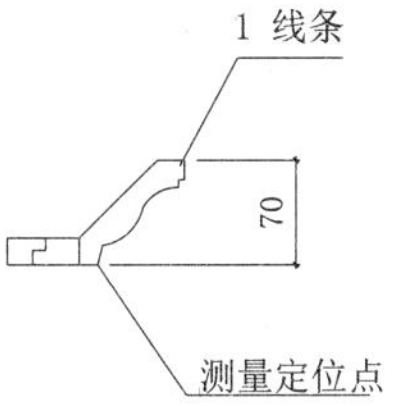
1 线条
70
测量定位点

板材示意图　结构装配图

DX-002

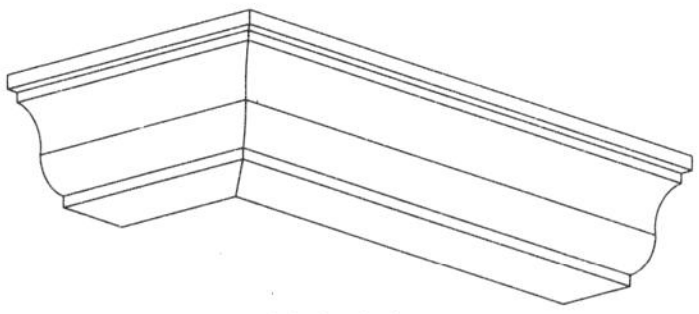

轴侧图

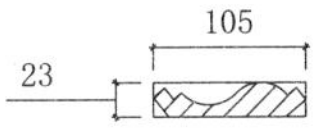
105
23

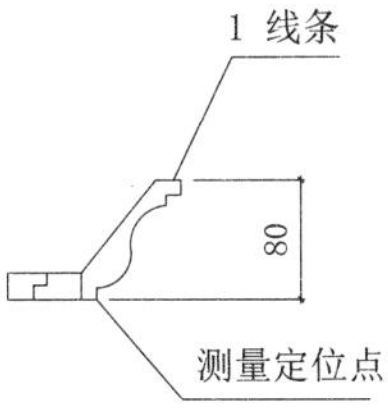
1 线条
80
测量定位点

板材示意图　结构装配图

DX-003

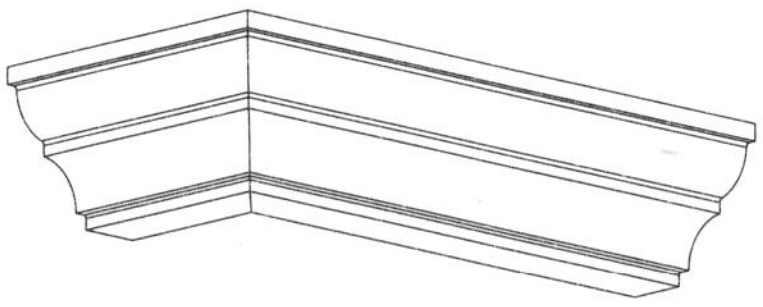

轴侧图

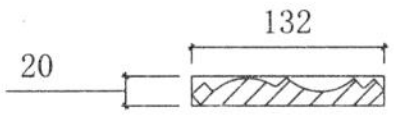
132
20

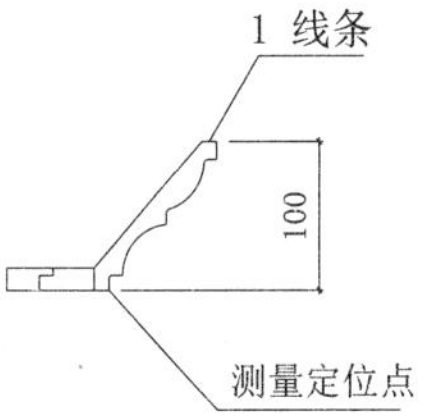
1 线条
100
测量定位点

板材示意图　结构装配图

DX-004

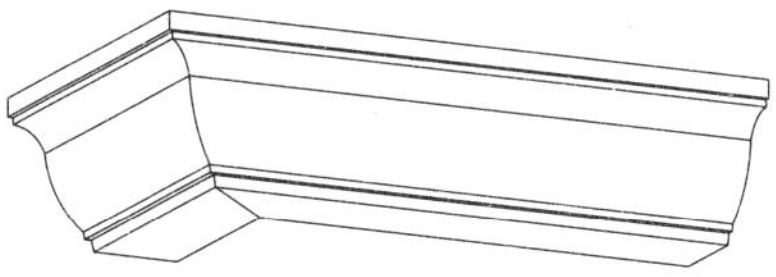

轴侧图

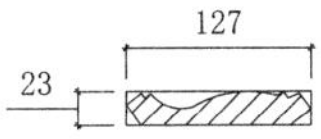
127
23

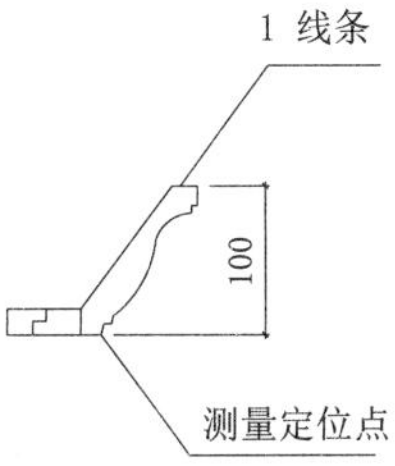
1 线条
100
测量定位点

板材示意图　结构装配图

DX-005

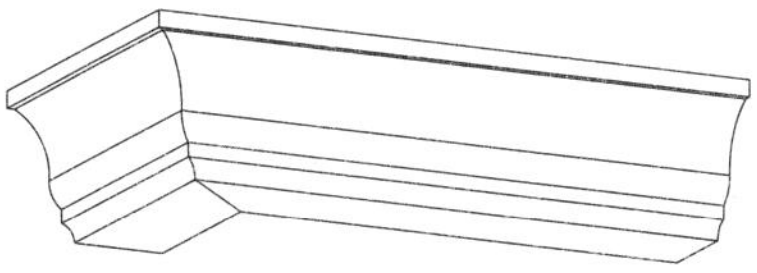

轴侧图

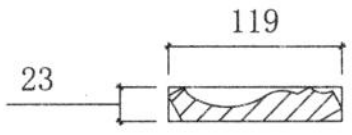
119
23

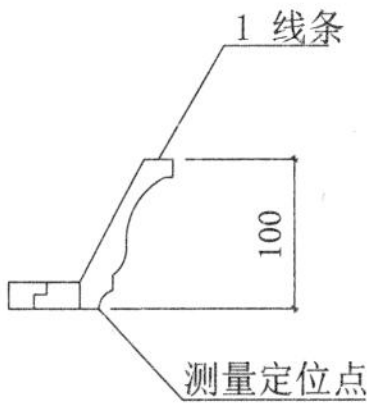
1 线条
100
测量定位点

板材示意图　结构装配图

DX-006

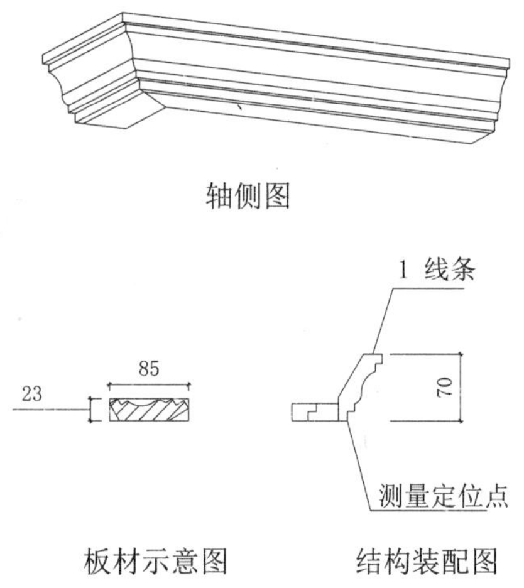
轴侧图
1 线条
85
23
70
测量定位点
板材示意图
结构装配图

DX-007

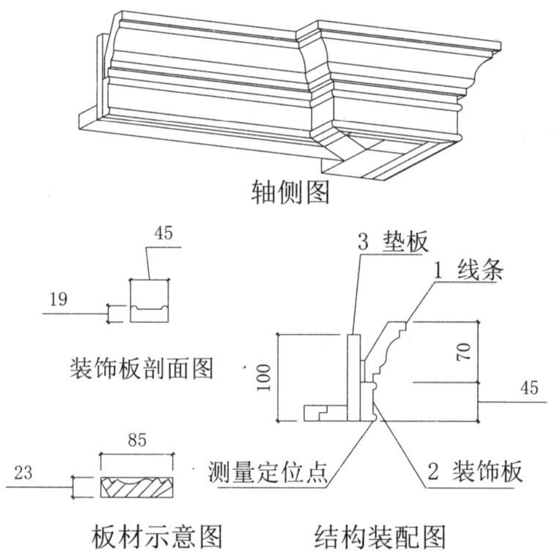
轴侧图
45
3 垫板
19
1 线条
装饰板剖面图
100
70
45
85
23
测量定位点
2 装饰板
板材示意图
结构装配图

DX-008

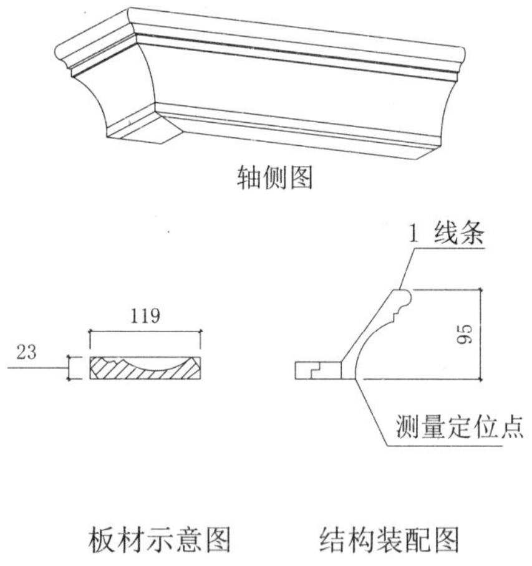
轴侧图
1 线条
119
23
95
测量定位点
板材示意图
结构装配图

DX-009

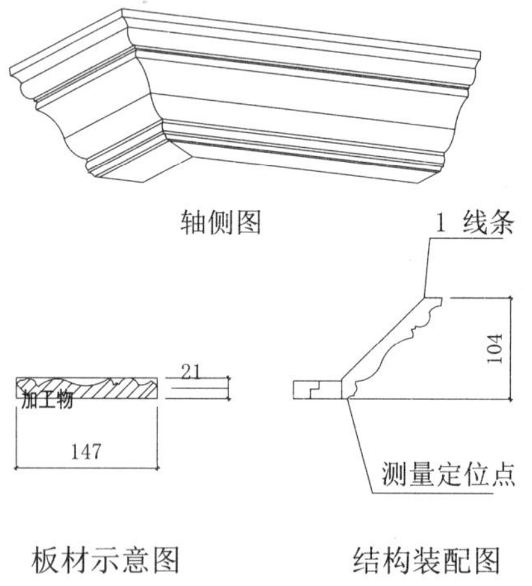
轴侧图
1 线条
21
加工物
104
147
测量定位点
板材示意图
结构装配图

DX-010

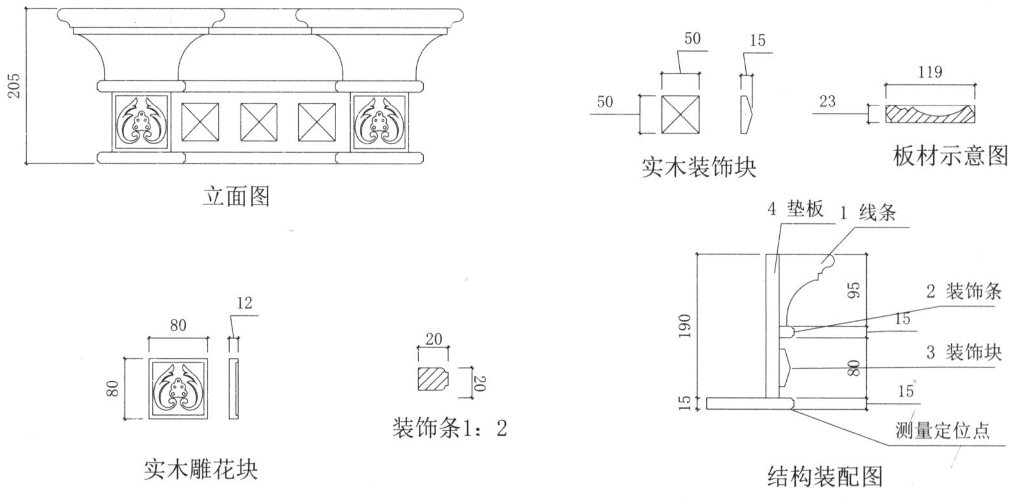
205
立面图
50
15
50
实木装饰块
119
23
板材示意图
4 垫板
1 线条
2 装饰条
95
190
15
3 装饰块
80
15
15
测量定位点
结构装配图
12
80
80
20
20
装饰条1：2
实木雕花块

DX-011

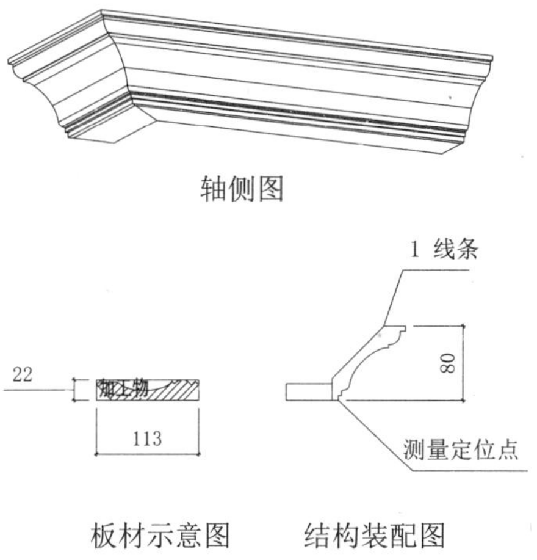

DX-012

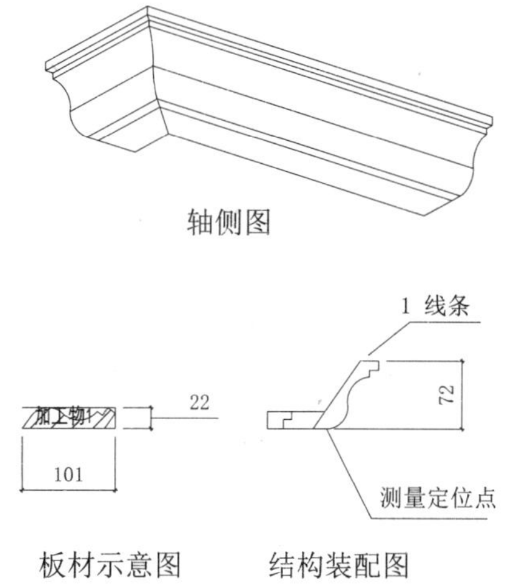

DX-013

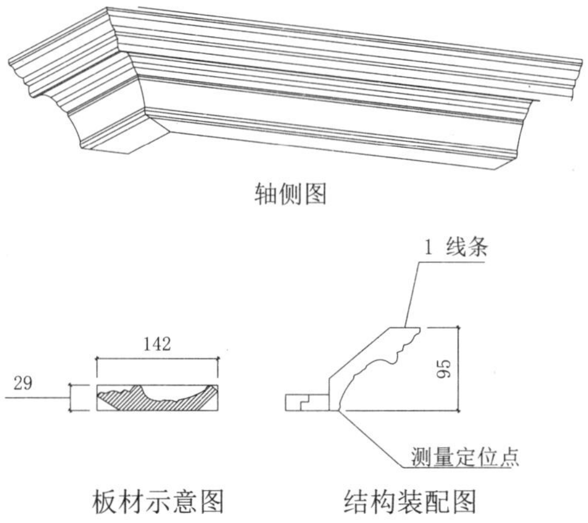

DX-014

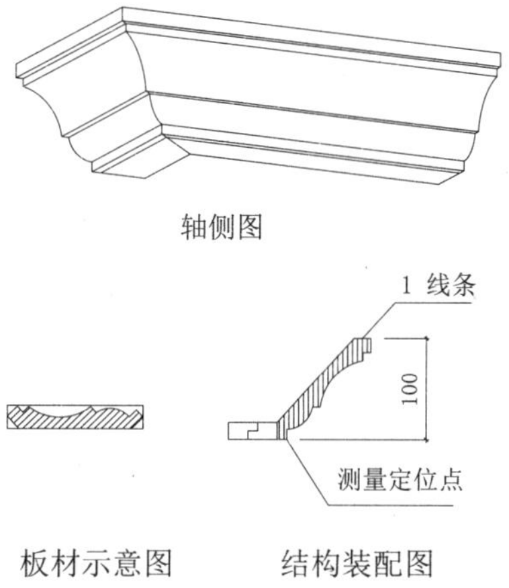

DX-015

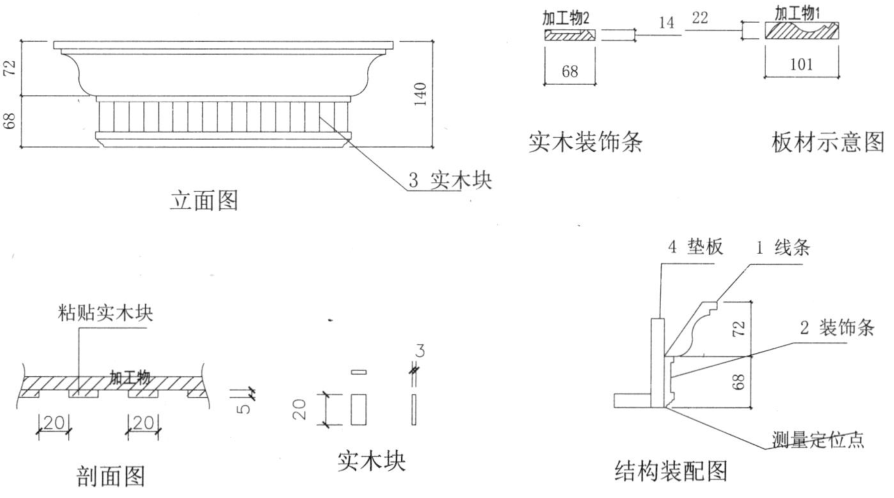

DX-016

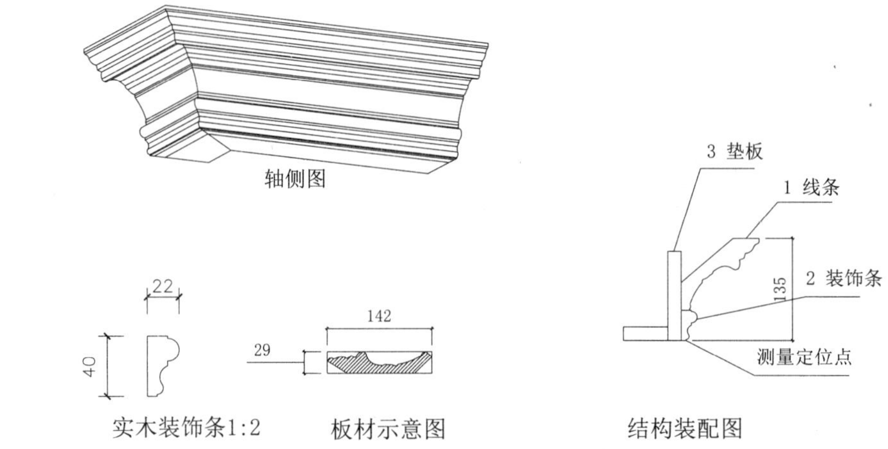
轴侧图
3 垫板
1 线条
2 装饰条
135
测量定位点
22
40
实木装饰条1:2
142
29
板材示意图
结构装配图

DX-017

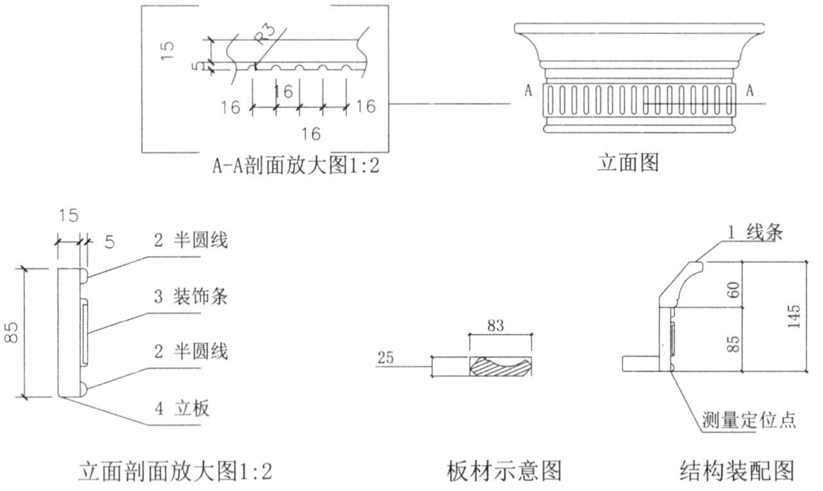
15
5
R3
16
16
16
16
A-A剖面放大图1:2
A
A
立面图
15
5
2 半圆线
3 装饰条
2 半圆线
4 立板
85
立面剖面放大图1:2
83
25
板材示意图
1 线条
60
85
145
测量定位点
结构装配图

DX-030

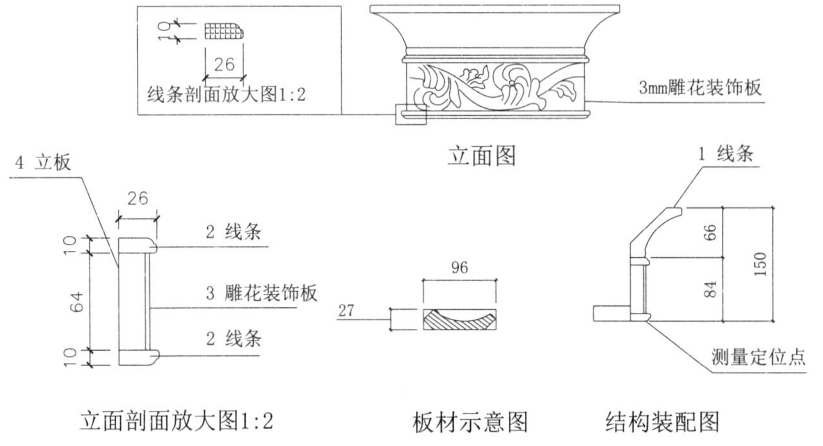
10
26
线条剖面放大图1:2
3mm雕花装饰板
立面图
4 立板
26
2 线条
3 雕花装饰板
2 线条
10
64
10
立面剖面放大图1:2
96
27
板材示意图
1 线条
66
84
150
测量定位点
结构装配图

DX-031

第八节 衣柜配件款式

1. 配件概述

衣柜内配件主要分为普通抽屉、格子抽（百宝抽）、裤抽、键盘抽屉、时尚抽屉、挂衣杆。

2. 配件设计标准

1）抽屉分为普抽、格子抽、裤抽及其他抽屉。

◆平开门柜内抽屉，抽屉两边需各做 36~50mm 宽的固定板，抽屉与固定板之间要有 2mm 缝隙，固定板与抽屉整体内退 80mm。

◆推拉门、平开门、无门衣柜最下面的抽屉与底板之间要有 3~5mm 缝隙，以防止抽屉无法正常使用。

① 普通抽屉：建议选择正面高度为 80mm，100mm，150mm 或 200mm，250mm 几个规格，具体根据柜体整体协调度选择。

◆设计标准宽度可根据实际尺寸调整（理论上抽屉尺寸不建议超过 600mm 宽）；

◆设计标准深度 D：可参考柜体深度选择合适的抽屉深度（理论上抽屉尺寸不建议超过 450mm 宽）；

◆抽屉安装位置最高点不能超过 1000mm。

② 格子抽：抽屉正面总高为 60mm，80mm，100mm 几个规格，无需安装拉手，抽屉侧板做半径 40mm 圆角，单个格子在 80~120mm，也可在普通抽屉内安装格子抽盒。

③ 裤抽：裤抽最底端到柜体尽空高度不低于 650mm，若安装在平开门衣柜内，刚抽屉两侧需各做 60mm 宽的固定板，无柜门开放式衣柜可不做固定板。

④ 其他抽屉：主要有键盘抽屉、时尚抽屉、密码抽屉等；具体尺寸请根据实际产品内空间设定。

2）抽屉滑轨（300mm 以下则选用两节轨道）。

◆柜体厚度在 500mm 以上，安装长度 450mm 的抽屉滑轨；

◆柜体厚度在 430~500mm，安装长度 400mm 的抽屉滑轨；

◆柜体厚度在 380~420mm，安装长度 350mm 的抽屉滑轨；

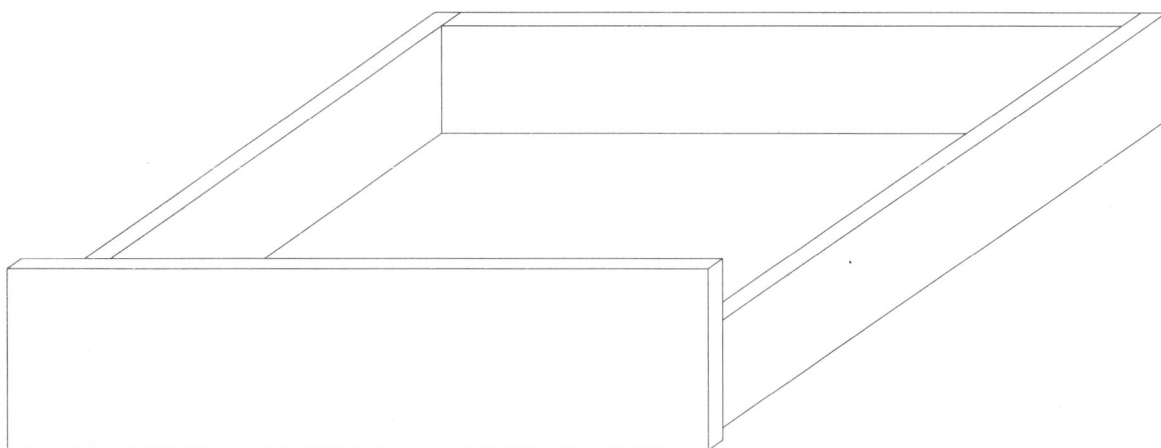

◆柜体厚度在 320~370mm，安装长度 300mm 的抽屉滑轨；

◆柜体厚度在 280~310mm，安装长度 250mm 的抽屉滑轨（无阻尼器两节轨）；

◆柜体厚度在 280mm 以下，不能安装抽屉滑轨。

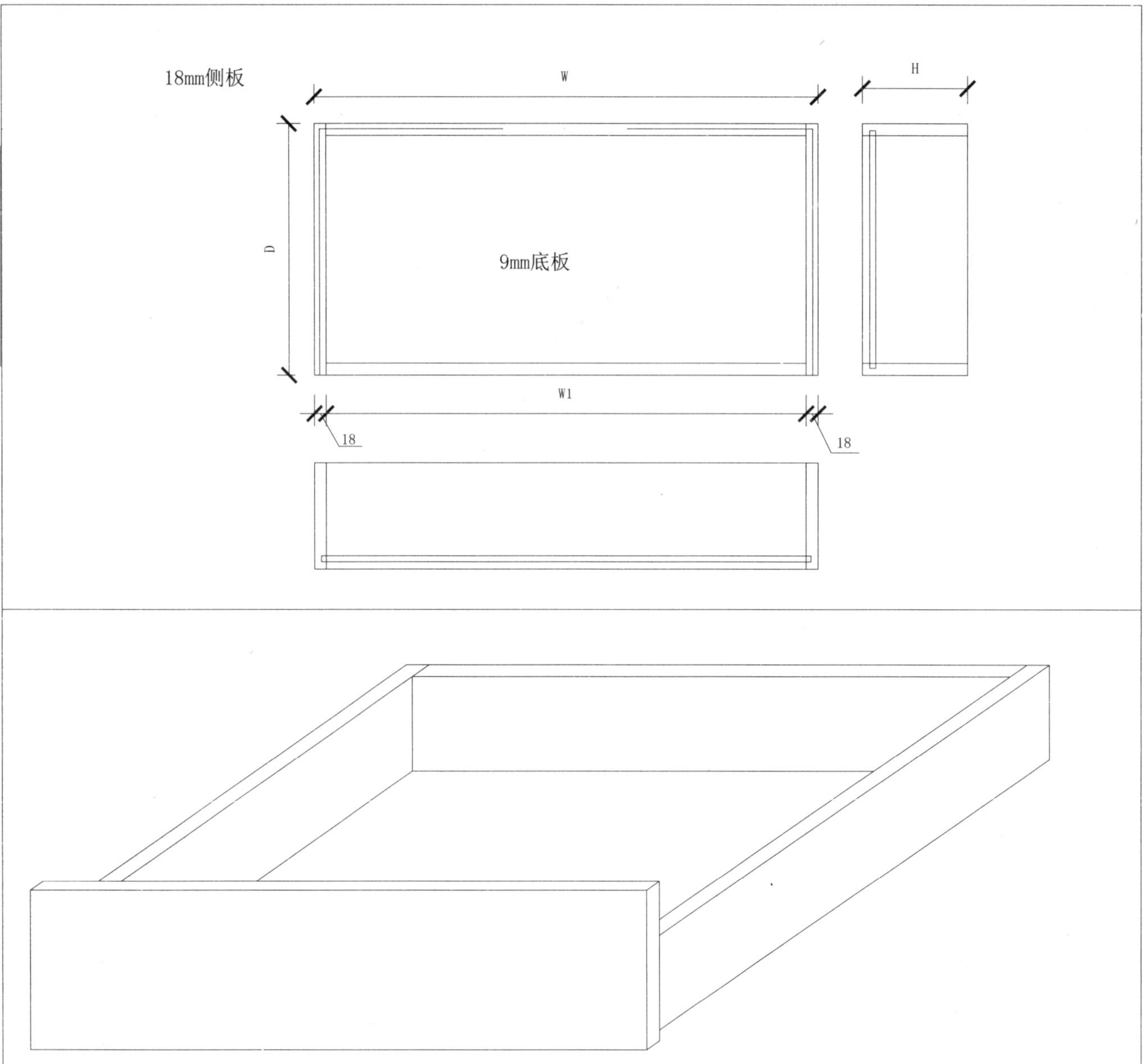
18mm侧板
W
H
D
9mm底板
W1
18
18

名称：原木内抽盒

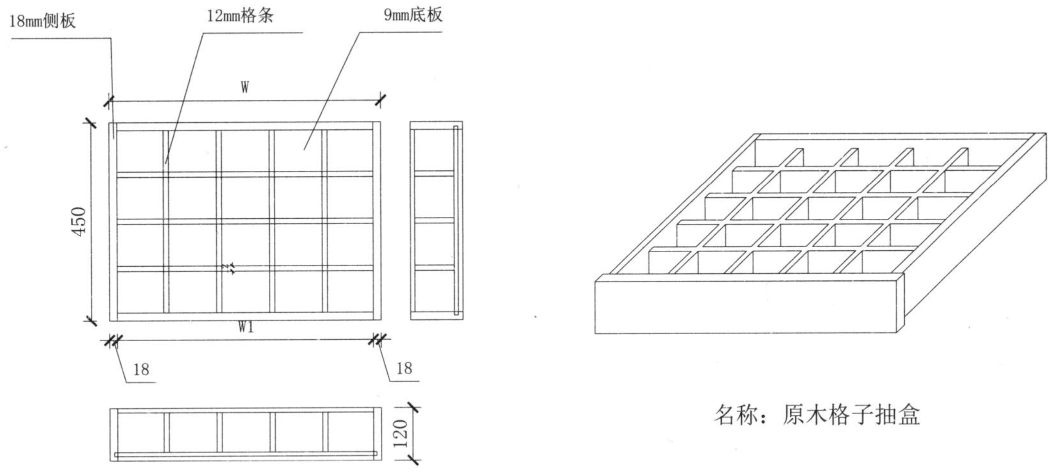
18mm侧板
12mm格条
9mm底板
W
450
W1
18
18
120

名称：原木格子抽盒

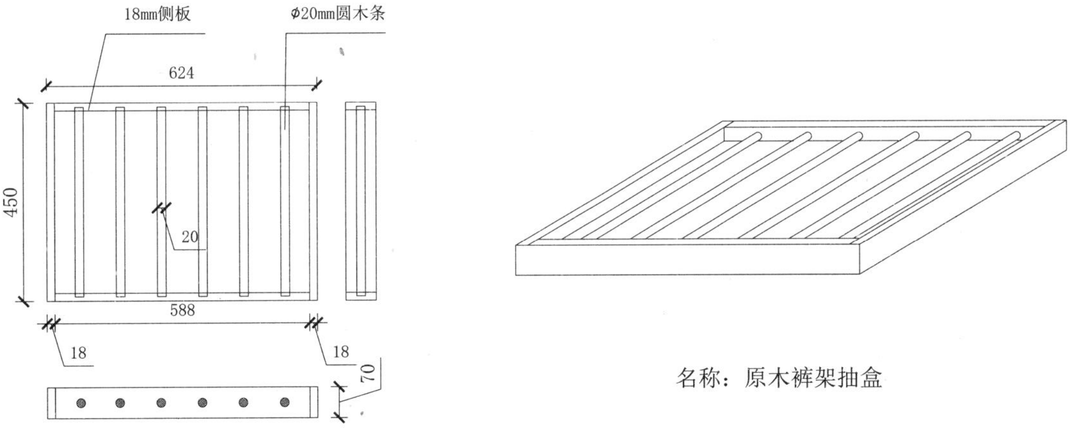
18mm侧板
Φ20mm圆木条
624
450
20
588
18
18
70

名称：原木裤架抽盒

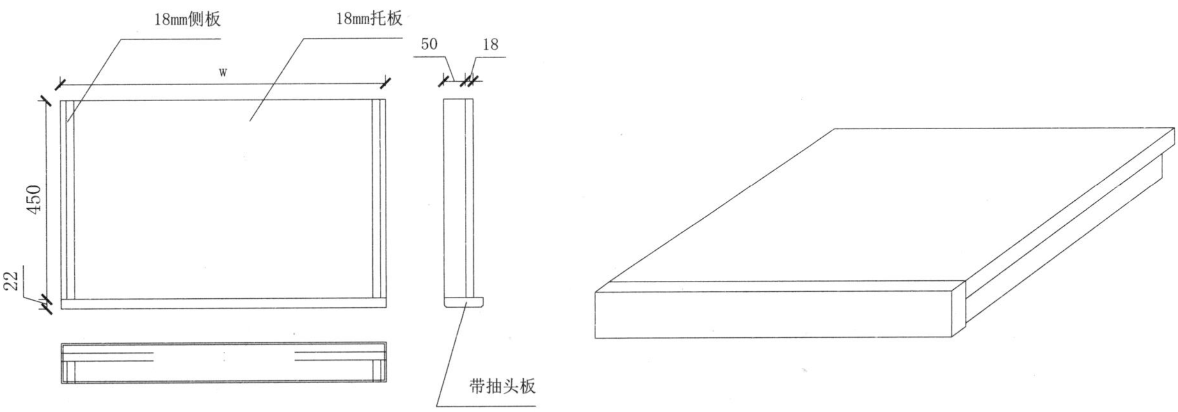
18mm侧板
18mm托板
50
18
W
450
22
带抽头板

名称：原木键盘抽

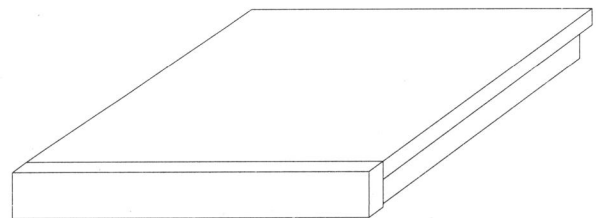

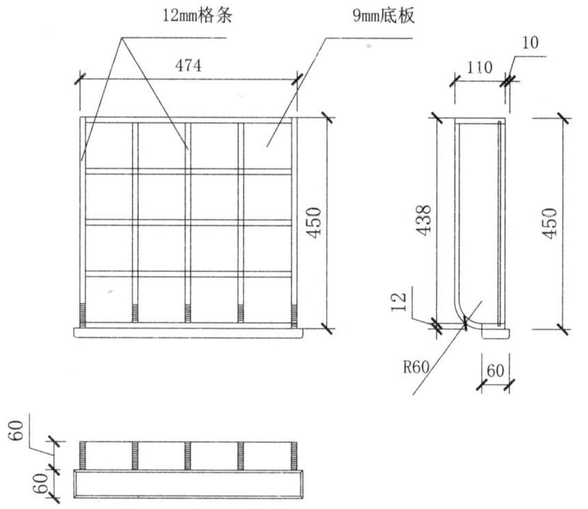
12mm格条
9mm底板
474
110
10
450
438
450
12
R60
60
60
60

名称：自带抽头板原木格子抽

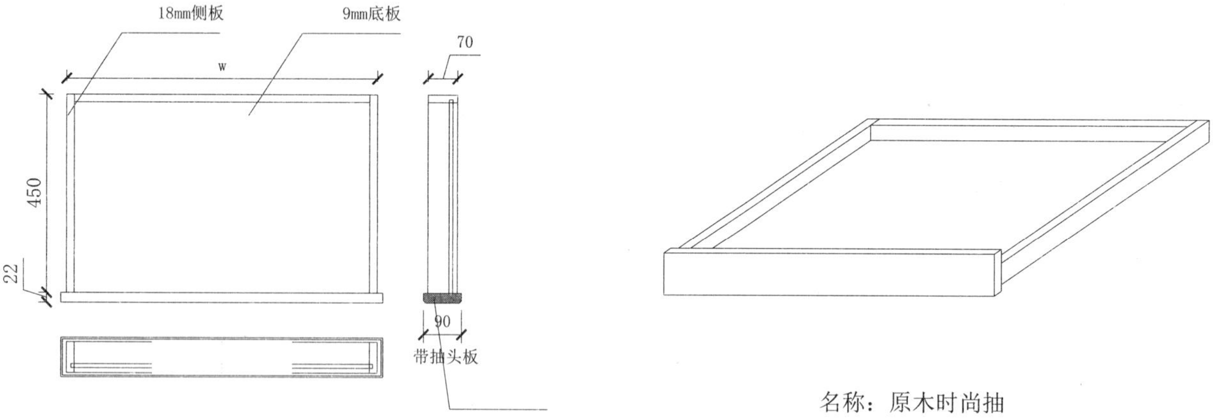
18mm侧板
9mm底板
w
70
450
22
90
带抽头板

名称：原木时尚抽

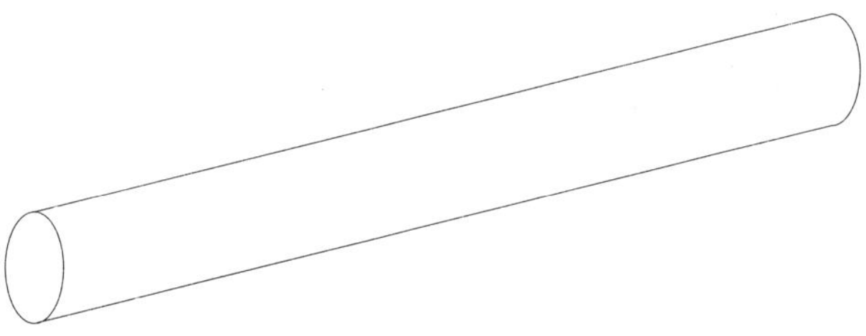

名称：挂衣杆（图已放大）

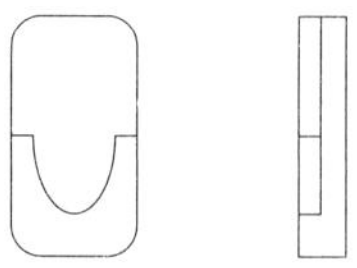

名称：衣托（图已放大）

推拉门、开放式衣柜格子抽、裤架抽组合应用(600mm/800mm/900mm/1000mm宽共四种规格)

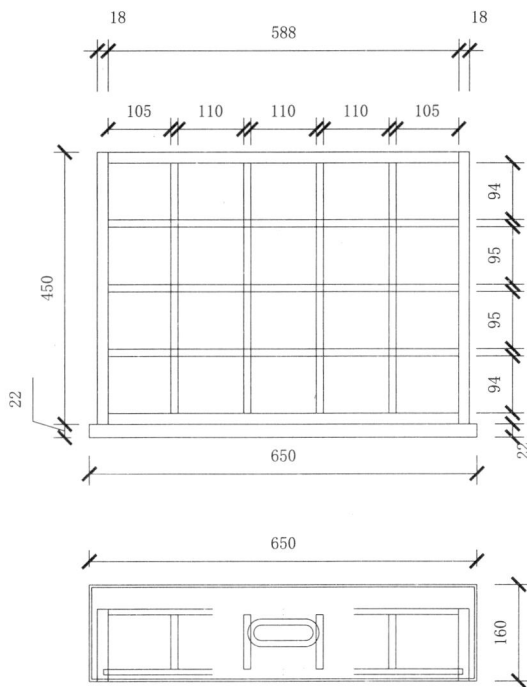

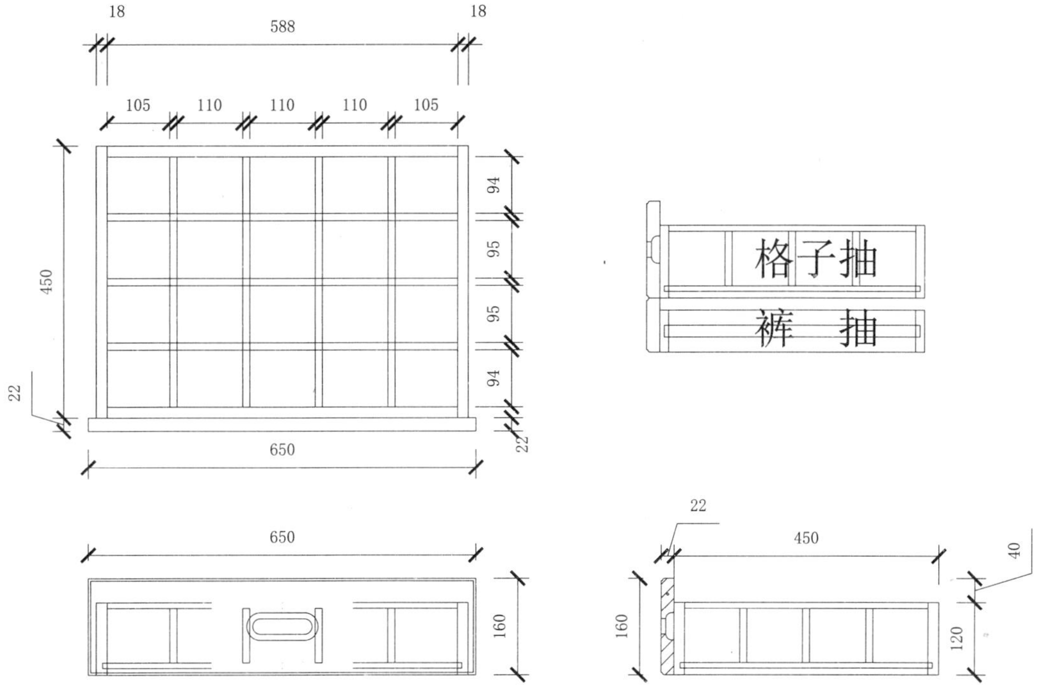

格子抽

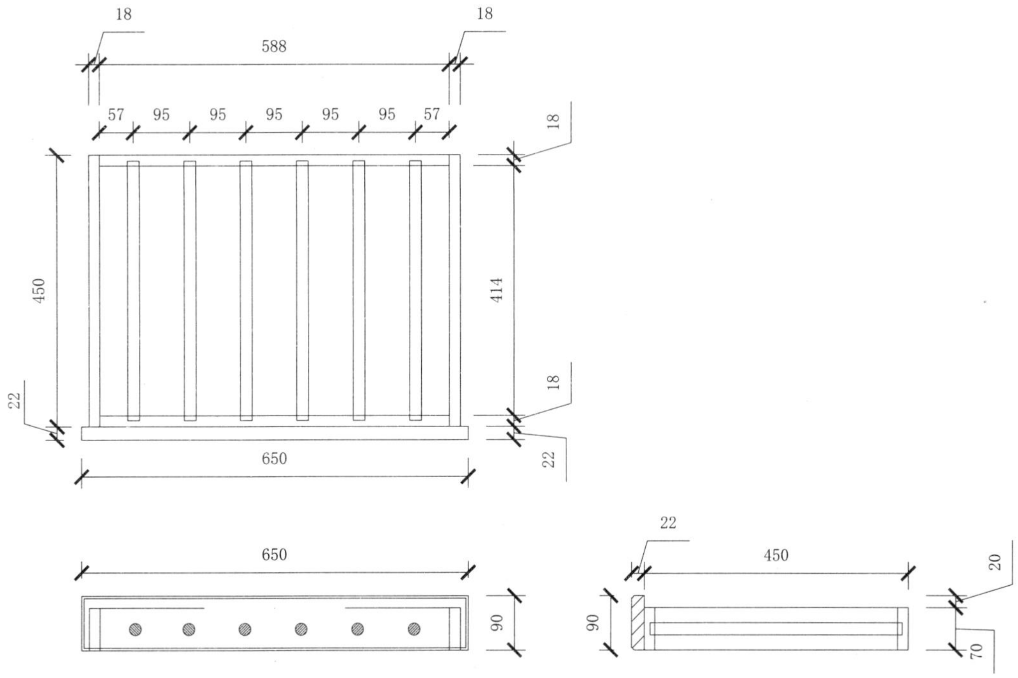

裤架抽

平开门衣柜格子抽、裤架抽组合应用(600mm/800mm/900mm/1000mm宽共四种规格)

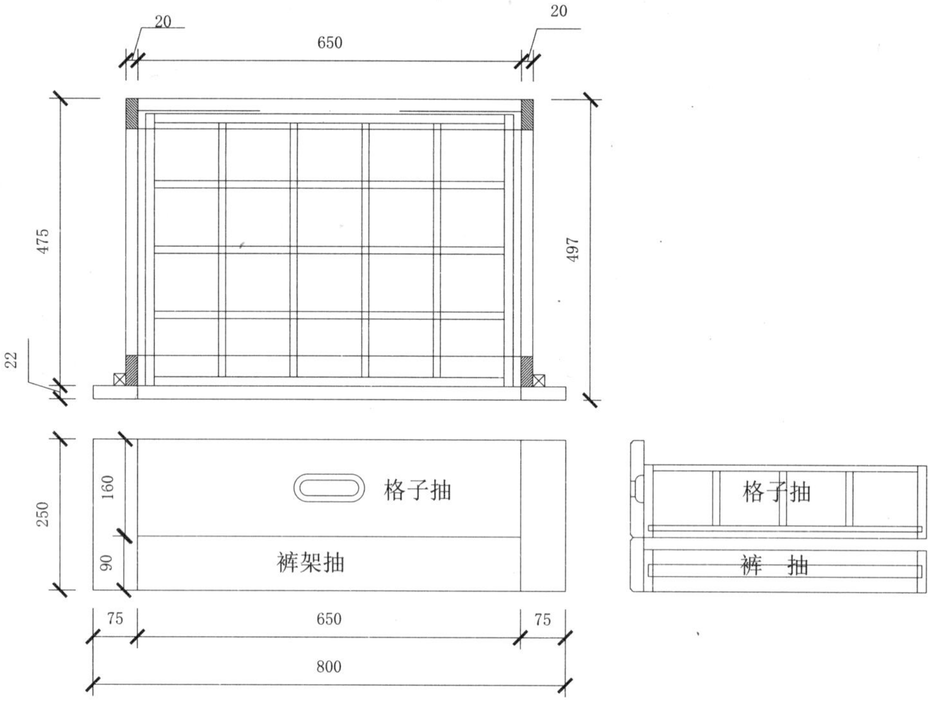
20
650
20
475
497
22
250
160
90
格子抽
裤架抽
75
650
75
800
格子抽
裤 抽

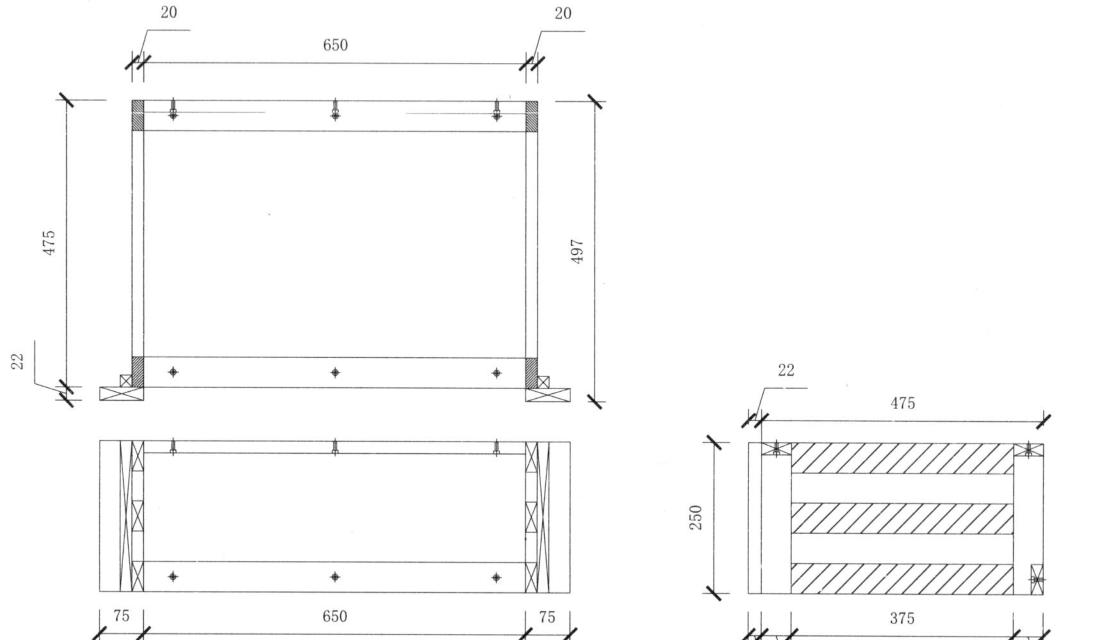
20
650
20
475
497
22
75
650
75
22
475
250
375
22 50
50

抽屉架

第二章 活动柜

第一节 电视柜基本知识

电视柜主要是用来摆放电视的。随着人民生活水平的提高，与电视相配套的电器设备相继出现，导致电视柜的用途从单一向多元化发展，不再是单一的摆放电视用途，而是集电视、机顶盒、DVD、音响设备、碟片等产品收纳和摆放，更兼顾展示的用途。

此外，电视柜依据结构分类，可分为：地柜式、组合式等类型。

◆地柜式电视柜

地柜式的电视柜其形状大体上和地柜类似，也是现在家居生活中使用最多、最常见的电视柜。地柜式的电视柜的最大优点就是能够起到很不错的装饰效果，无论是放在客厅还是放在卧室中，它都会占用极少的空间起到最好的装饰效果。

◆组合式电视柜

组合式电视柜是传统地柜式电视柜的一种升华产品，也是近年来最受消费者喜欢的电视柜，组合式电视柜的特点就在于组合二字，组合式电视柜可以和酒柜、装饰柜、地柜等家居柜子组合在一起形成独具匠心的视听柜。

◆电视柜的高度及尺寸设计

电视柜的高度应让使用者就坐后的视线正好落在电视屏幕的中心。一般沙发坐面高度是 40cm，坐面到眼部高度距离是 66cm，加起来就是 106cm，这就是所谓的人体视线高度，也就是用来测算电视柜的高度是否符合健康高度的标准。如果没有特殊的需求，电视柜的高度加上电视机中心高度最好不要超过这个高度。

另外，卧室类电视柜高度也应参考此类尺寸标准。通常电视柜的尺寸设计要比电视机长三分之二，在高度上最好在 40~60cm 之间最佳。电视柜设计尺寸高度不宜太高也不宜太低，应该以便于观看为基准。

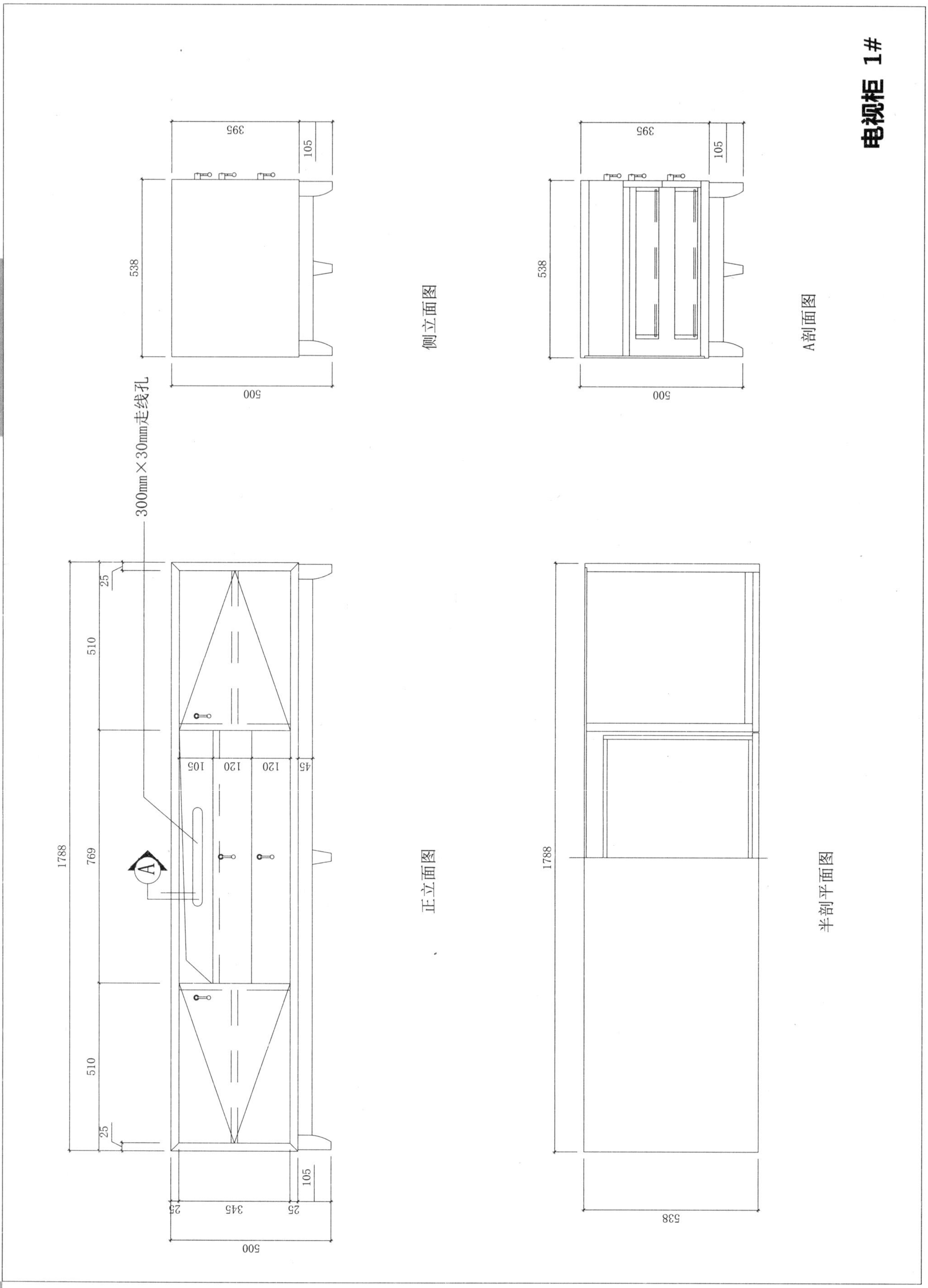
电视柜 1#
395
105
538
500
侧立面图
A剖面图
300mm×30mm走线孔
25
510
769
1788
105
120
120
45
A
345
正立面图
半剖平面图

电视柜 2#

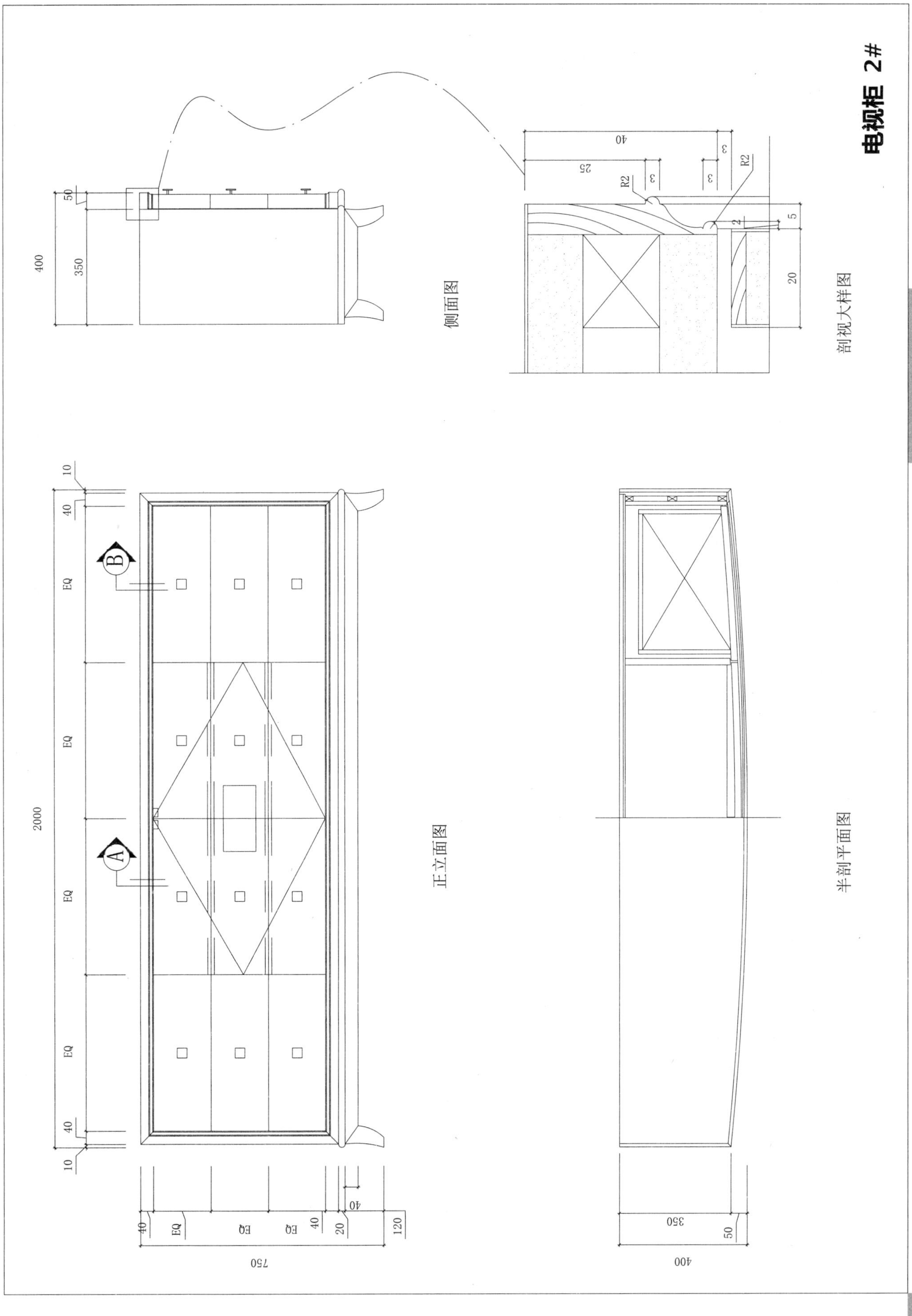
侧面图
剖视大样图
正立面图
半剖平面图
400
350
50
2000
EQ
EQ
EQ
EQ
10
40
40
10
750
40
EQ
EQ
EQ
40
20
120
40
400
350
50
40
25
3
3
3
R2
R2
2
5
20
A
B

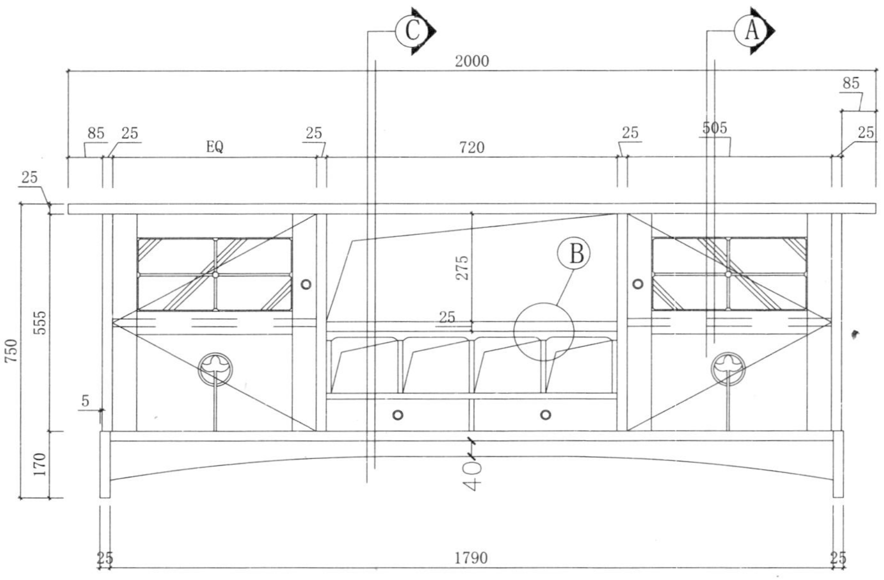

正立面图

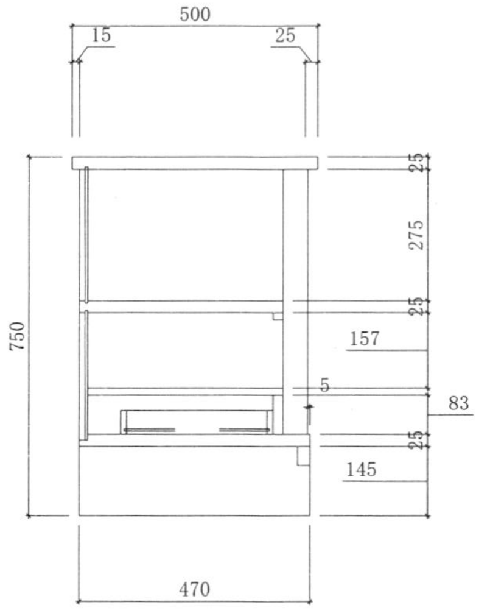

C-C剖面图

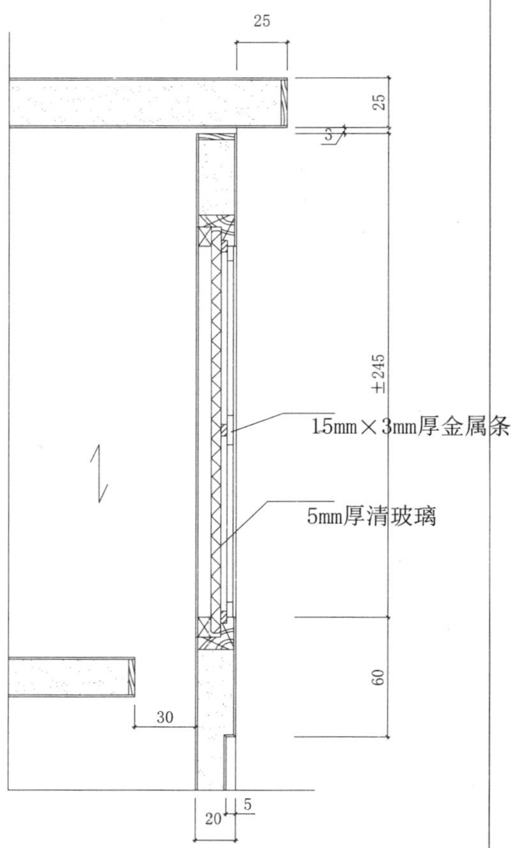

A剖视大样图

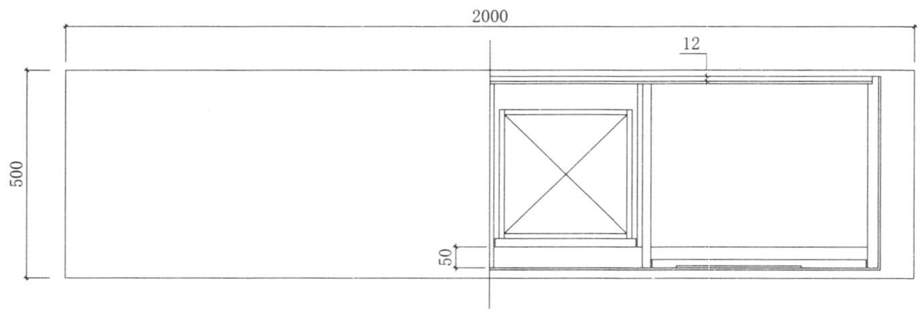

半剖平面图

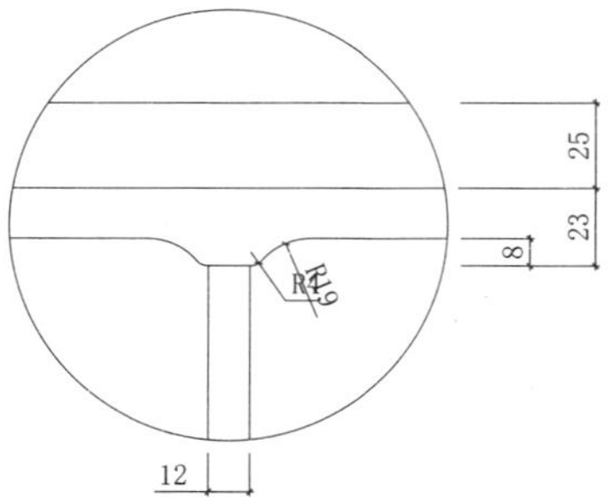

C大样图

电视柜 3#

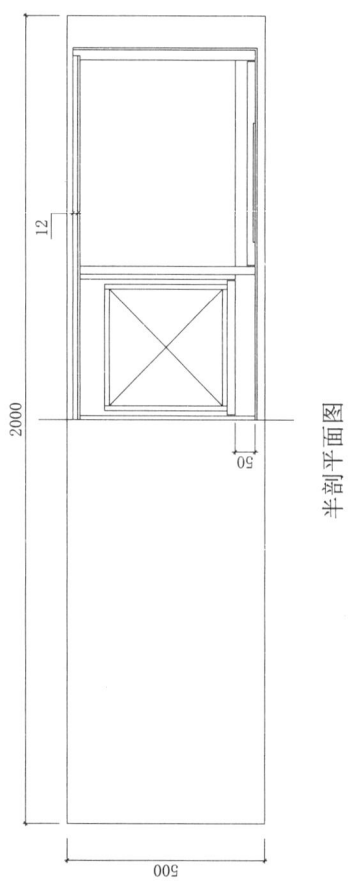

电视柜 4#

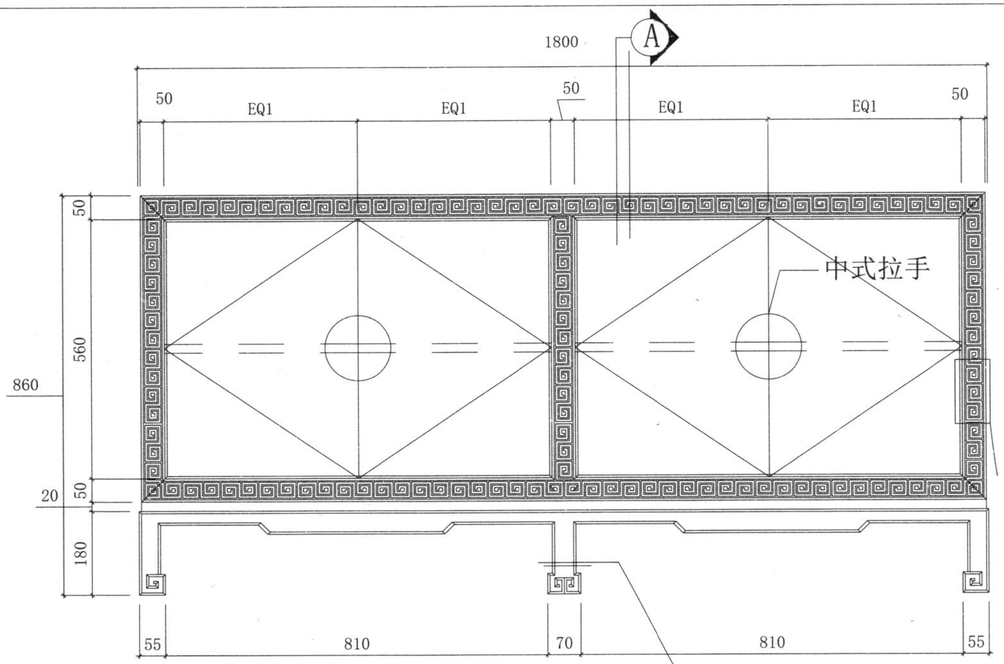

1800
50
EQ1
EQ1
50
EQ1
EQ1
50
中式拉手
860
50
560
50
20
180
55
810
70
810
55

正立面图

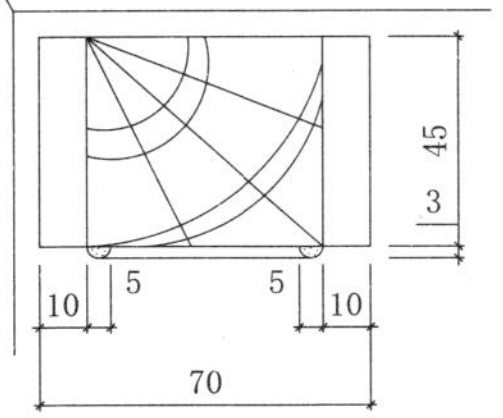

45
3
10
5
5
10
70

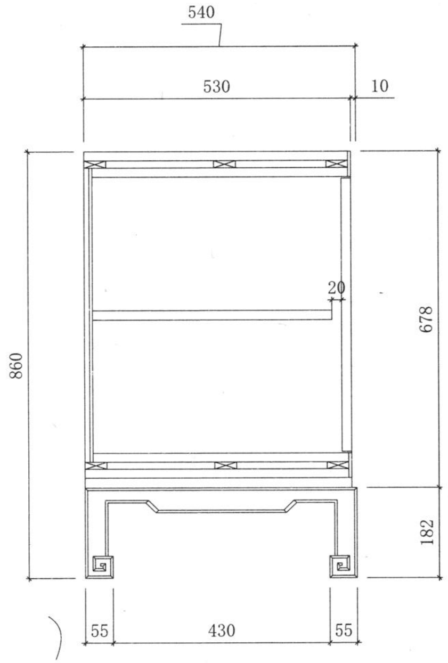

540
530
10
860
20
678
182
55
430
55

A-A剖面图

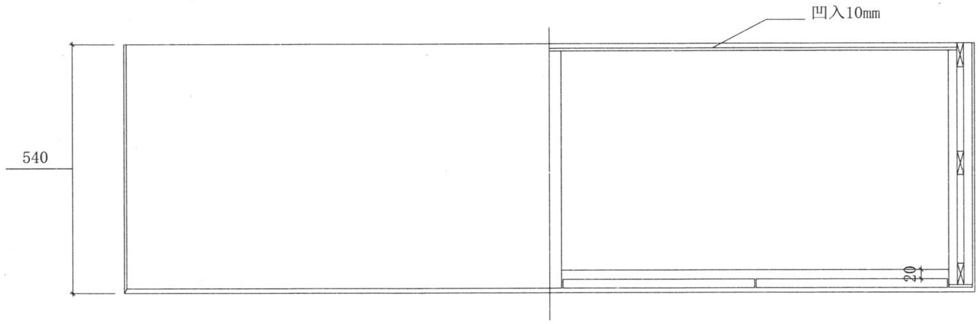

凹入10mm
540
20

半剖平面图

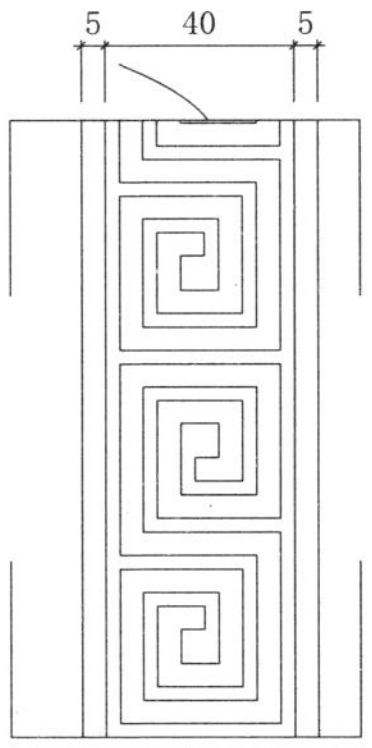

5
40
5

回形纹 1:5

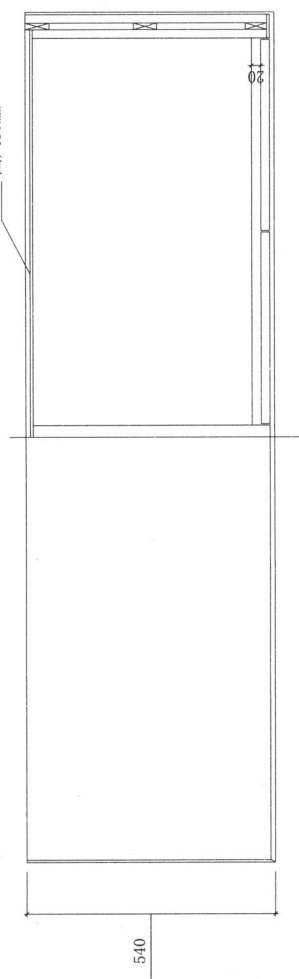

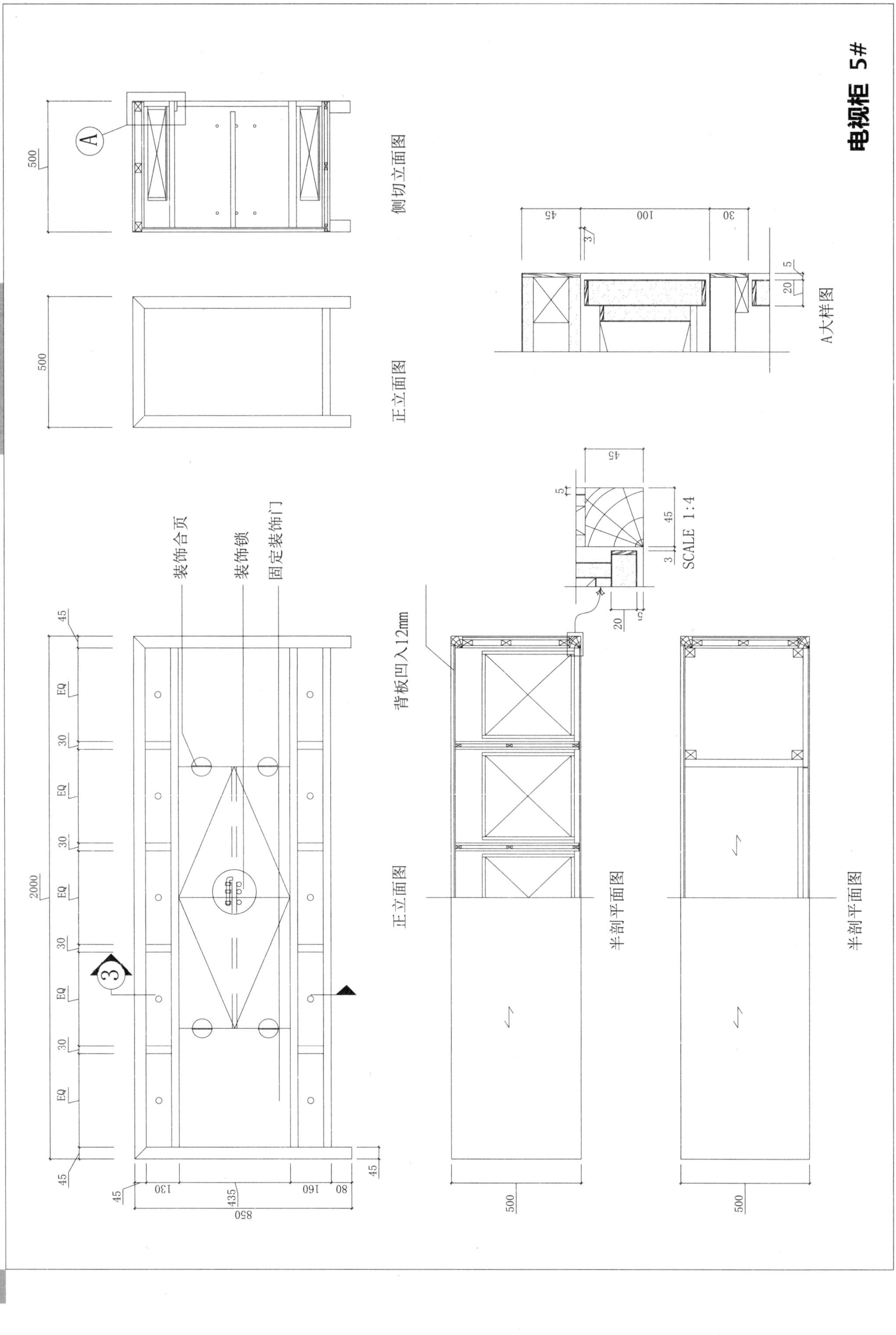
电视柜 5#
侧切立面图
正立面图
A大样图
SCALE 1:4
背板凹入12mm
装饰合页
装饰锁
固定装饰门
正立面图
半剖平面图
半剖平面图

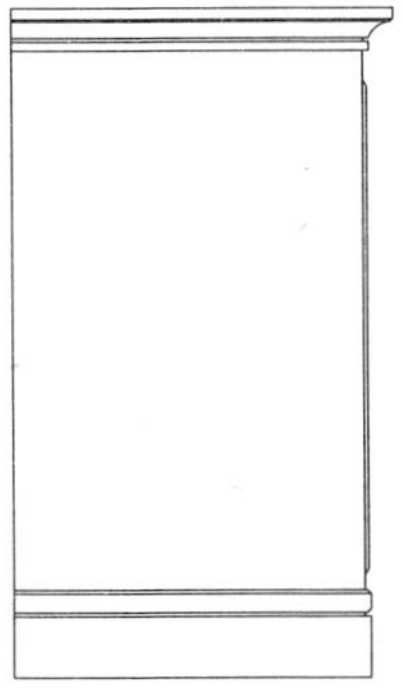

侧立面图

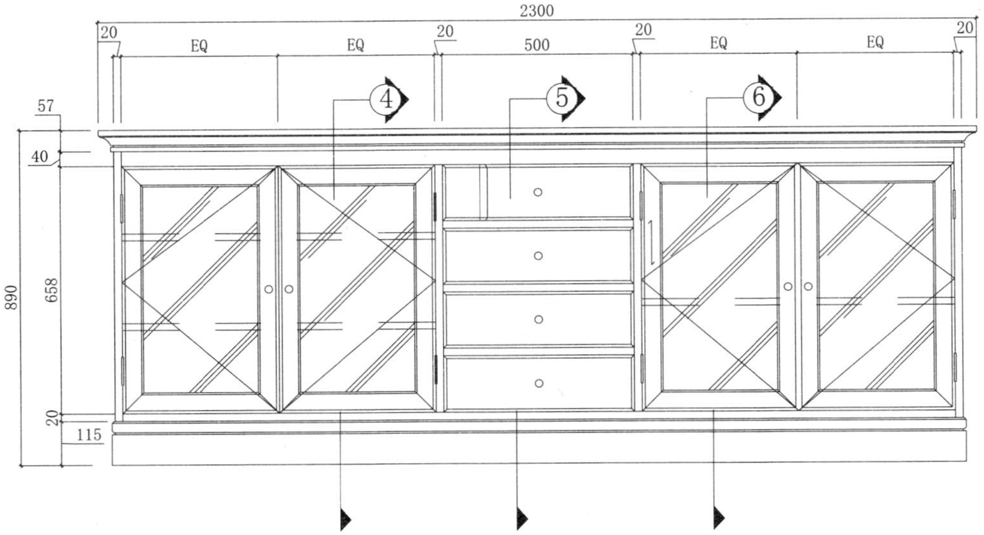

正立面图

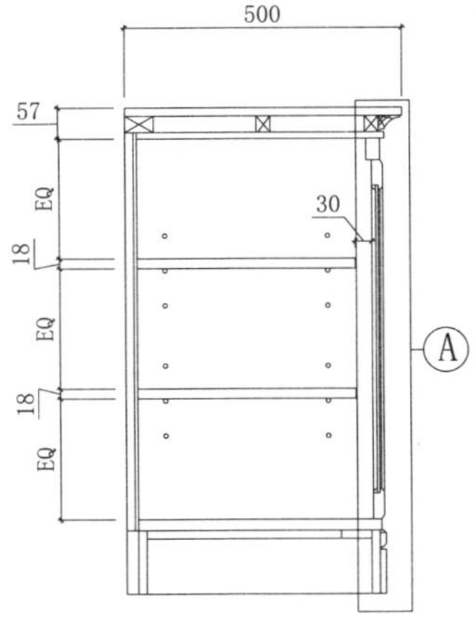

4侧切立面图

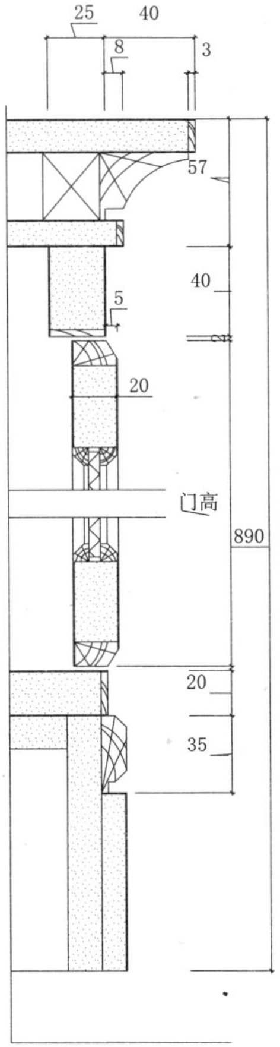

A大样图

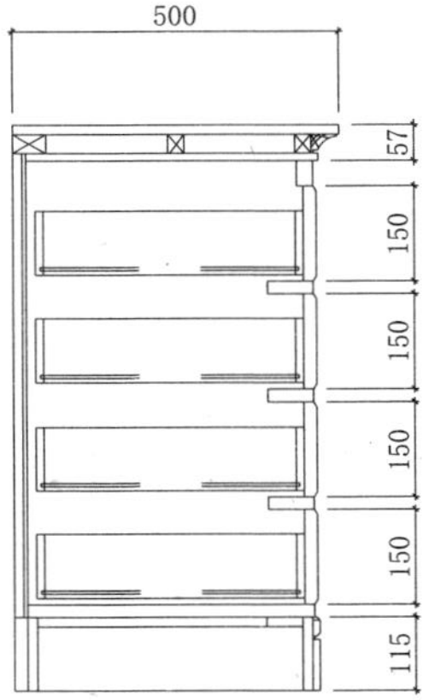

5侧切立面图

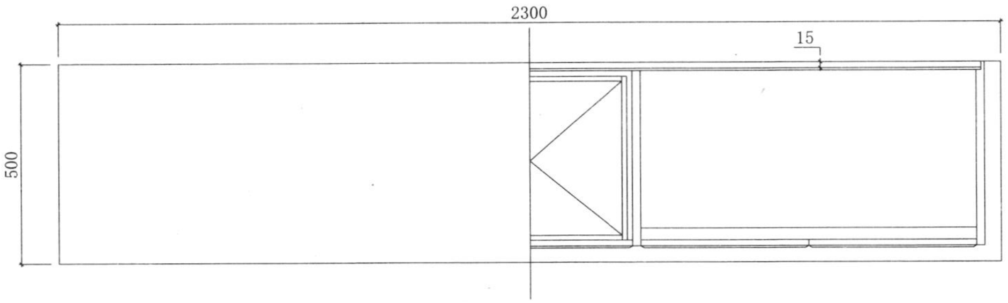

半剖平面图

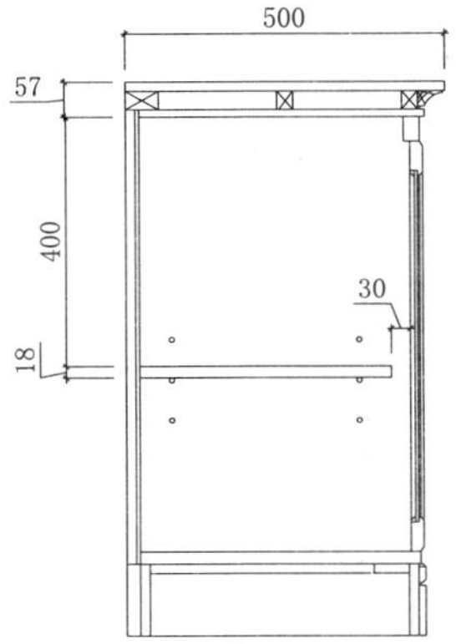

6侧切立面图

电视柜 6#

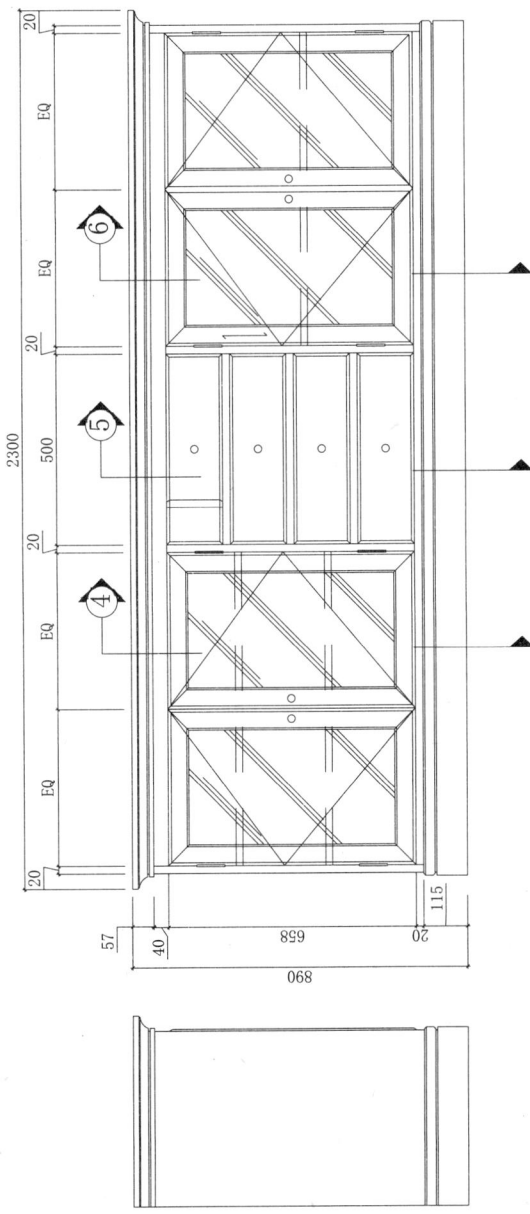

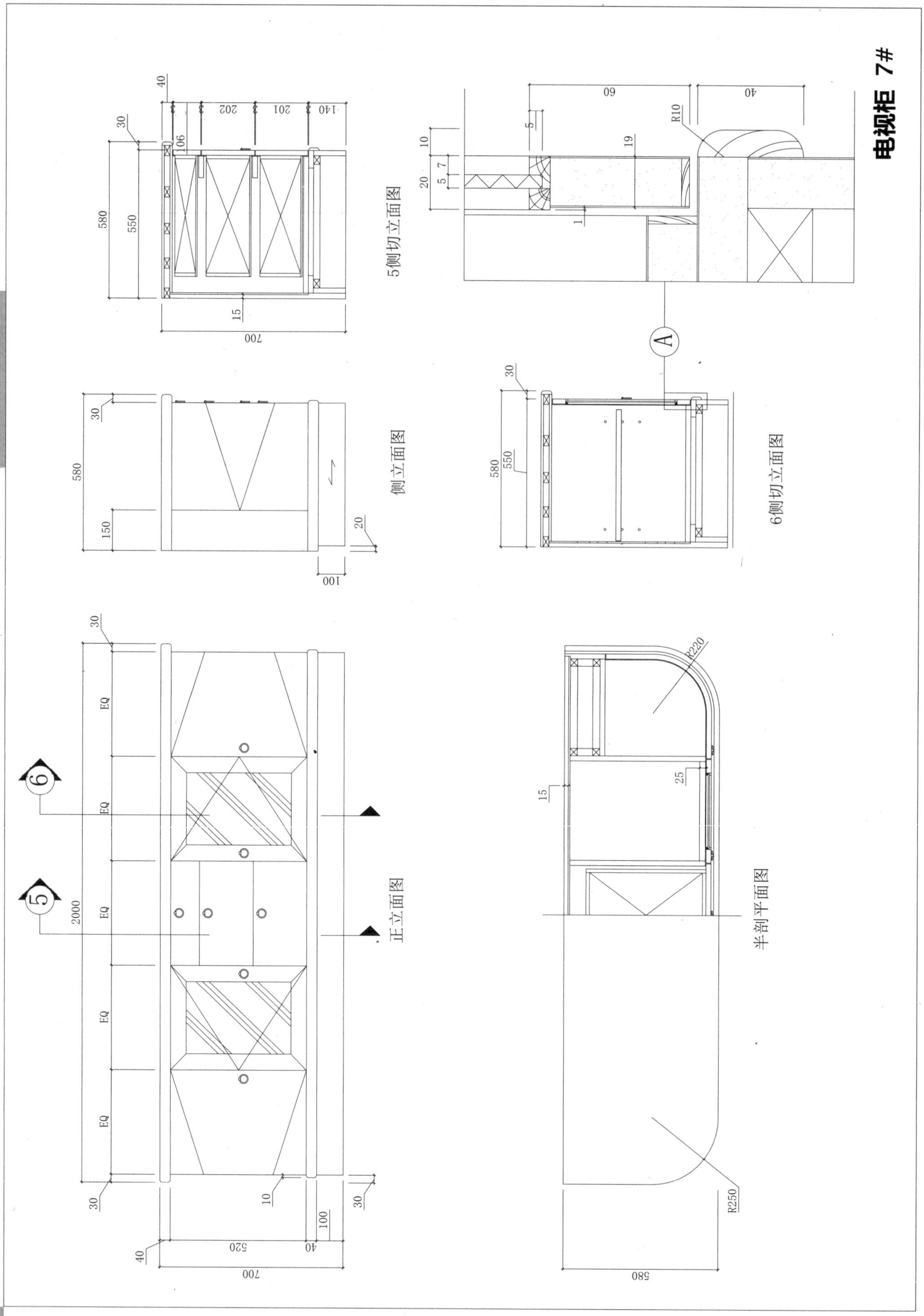
电视柜 7#
5侧切立面图
侧立面图
6侧切立面图
正立面图
半剖平面图
A
R10
R220
R250
2000
EQ
700
580
550
520

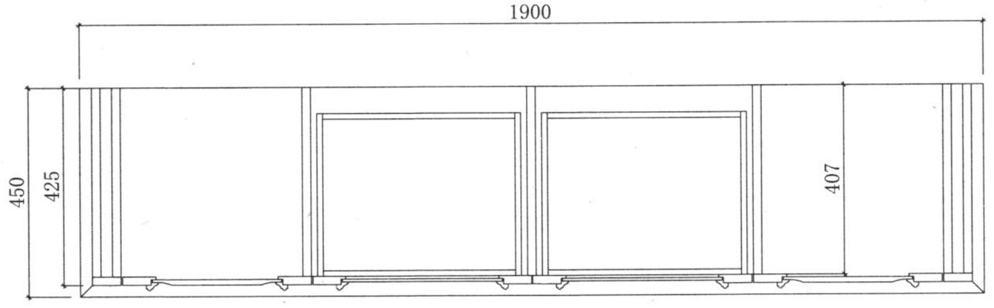
1900
450
425
407

电视柜俯视图

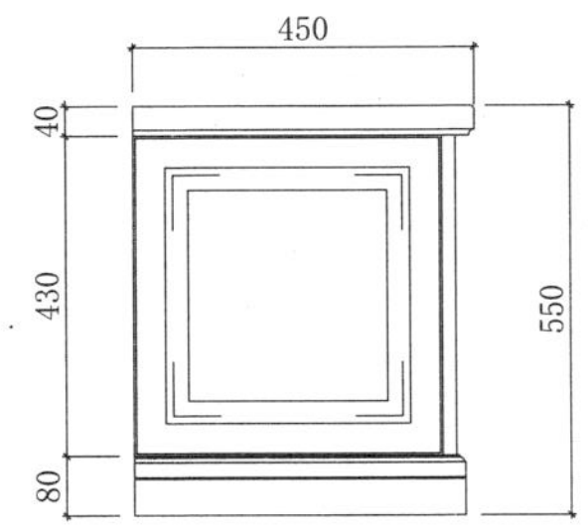
450
40
430
80
550

电视柜侧视图

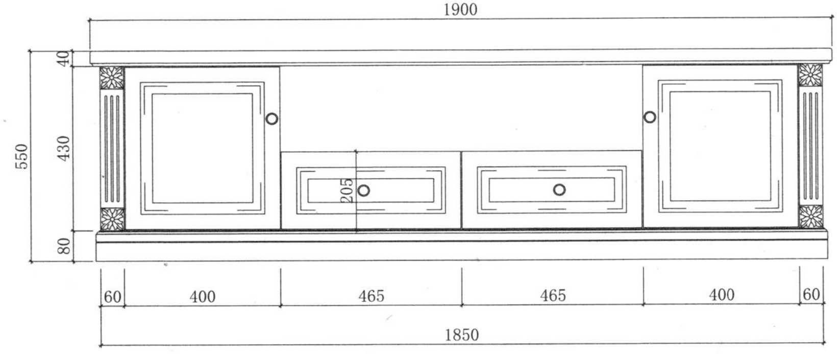
1900
550
40
430
80
205
60
400
465
465
400
60
1850

电视柜立面图

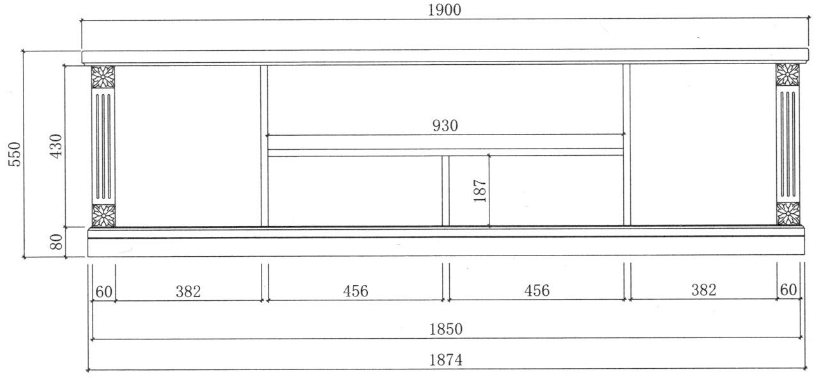
1900
550
430
80
930
187
60
382
456
456
382
60
1850
1874

电视柜内视图

电视柜 8#

电视柜 9#

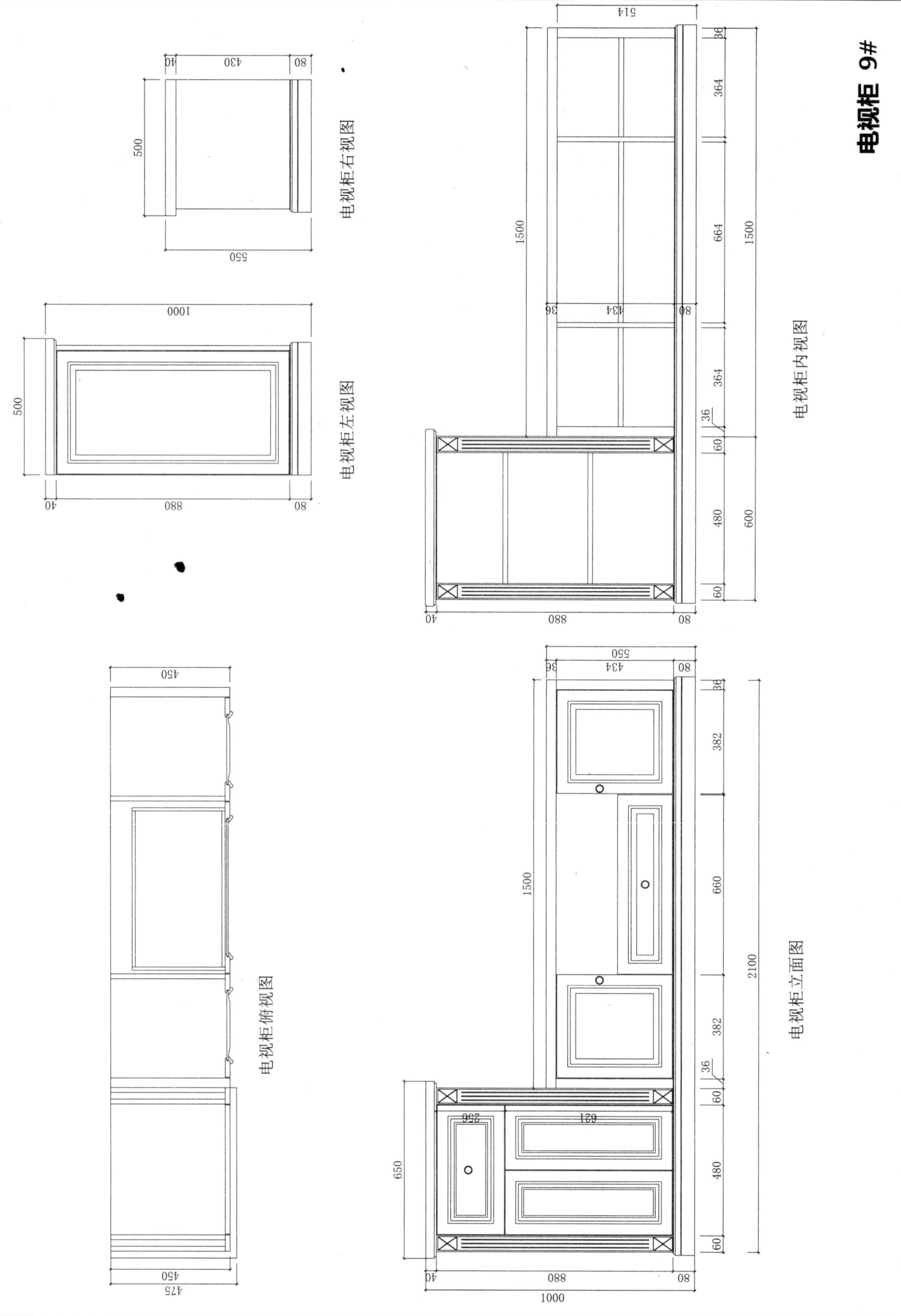

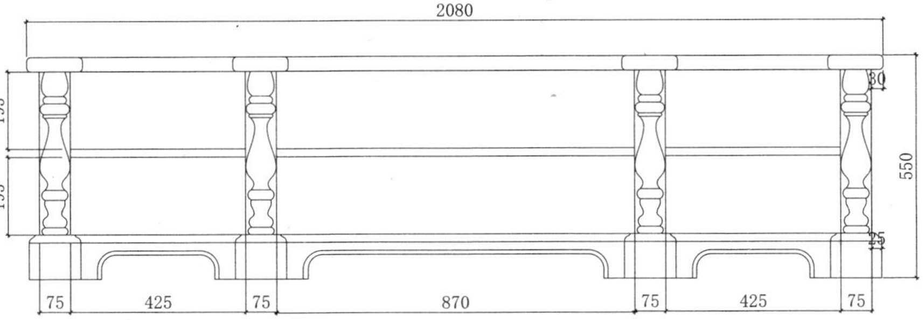

结构图

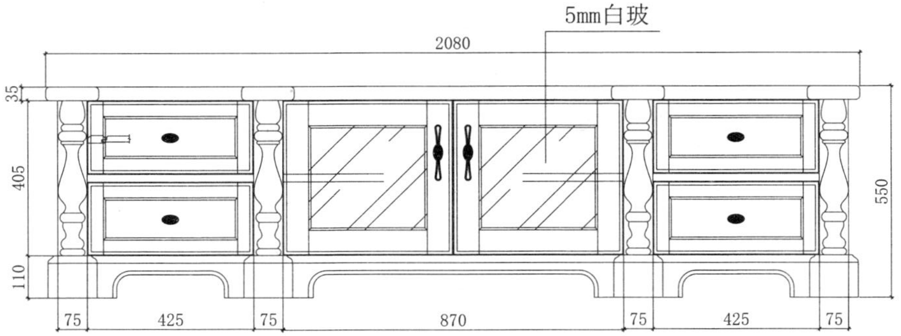

立面

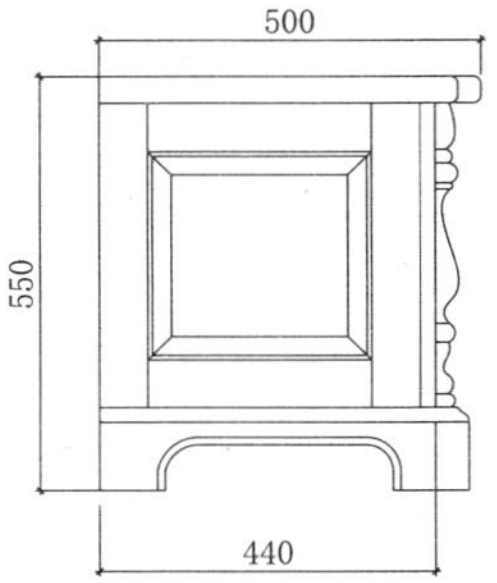

侧面

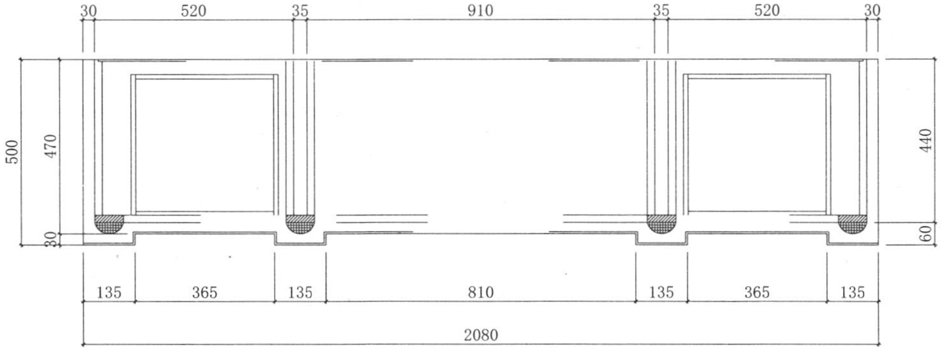

平面

电视柜 10#

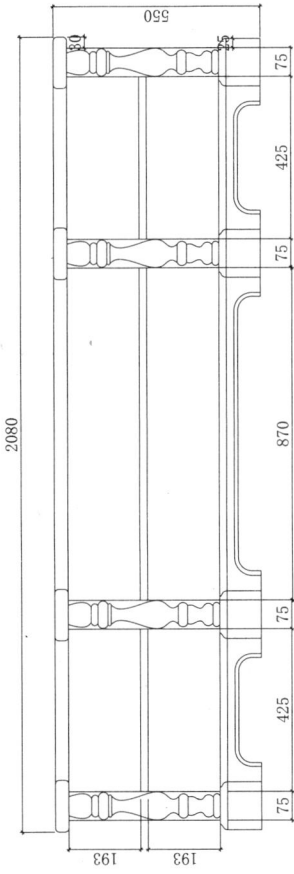

活动柜

电视柜 11#

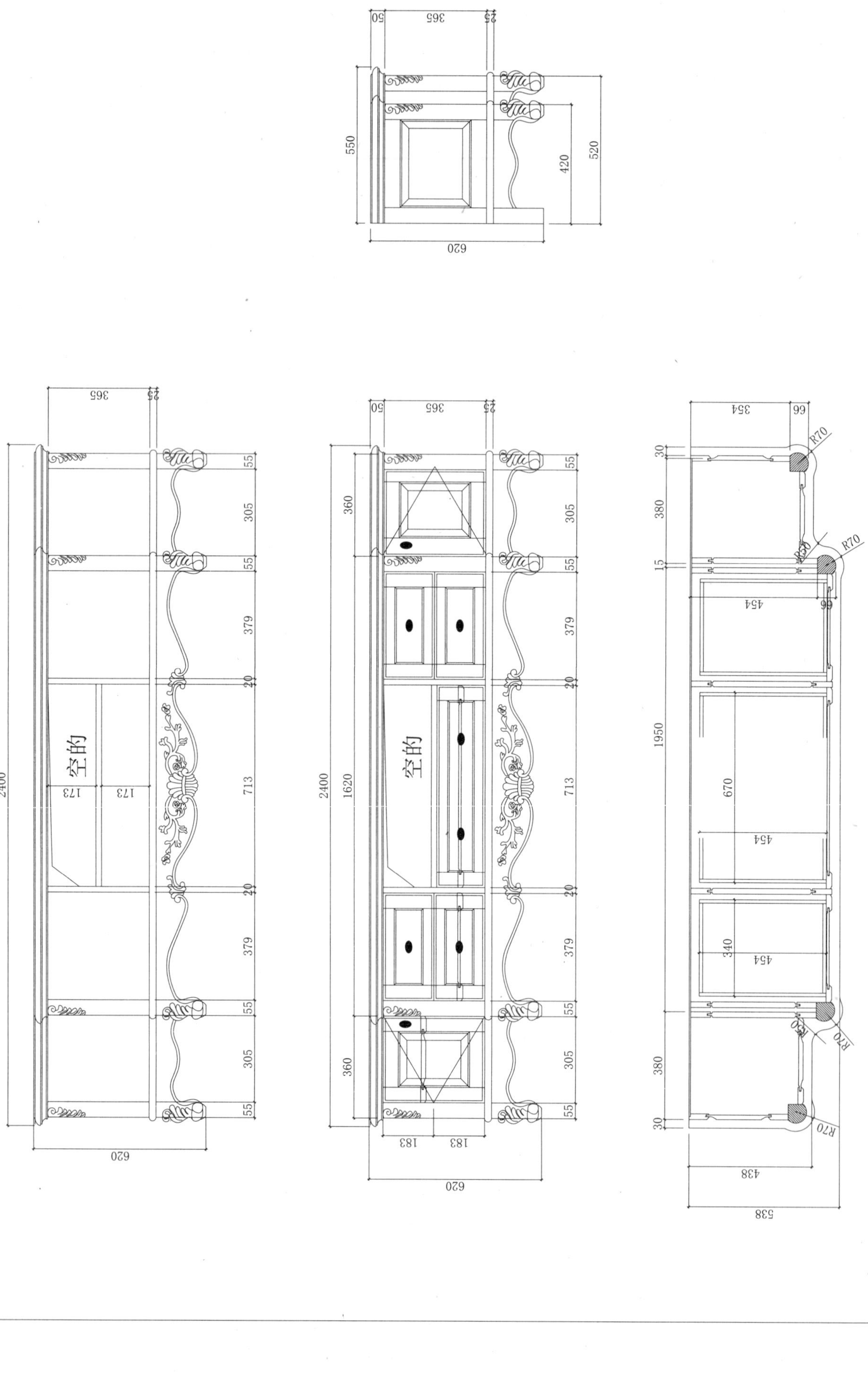

第三节 床及床头柜基本知识

1）按照床的材质分类，大体可以分为实木床、人造板床、金属床、藤艺床等等，实木床造型丰富，色泽漂亮；人造板板式床，简约时尚；金属床造型多样；藤艺床环保自然，带有鲜明的地域特色。

2）根据床的造型分类，一般可以分为架子床、罗汉床、拔步床、高低屏床及圆形床等。架子床：即四柱床，床四角有立柱，柱间有矮围子，柱上端承床顶，下有底座。高低屏床：床的两端有屏风，一高一低，叫高低屏床。现在有些高低屏床只有高屏，而无低屏，即人头靠的一端有床屏，而脚靠的一端无凸出的屏风。圆形床：整体外形像个几何圆的床。与方形床相比，圆形床显得格外活泼，有个性，不拘束缚，上、下床又较方便；且圆形床没有棱角，不会磕碰伤小孩。

3）按床使用功能分，可分为单用床、两用床和多用床。单用床：主要用于睡卧的床。两用床：能满足坐、卧两用的床。多用床：能满足坐、卧、储物、摆放饰品等多种用途的床。

4）最后，可进行更细的分类，如按铺面的数量、宽度及材料等。按铺面的数量分类可分为单层床、双层床和多层床。根据床的铺面宽度，可把床分为单人床和双人床。根据国标家具标准，单人床的宽度一般为720~1200mm，双人床的宽度一般为1350~1800mm。

5）床的种类

①沙发床：是可以变形的家具，可以根据不同的室内环境要求和需要对家具本身进行组装。可以变化成沙发，拆解开就可以当床使用。是现代家具中比较方便小空间的家具，是沙发和床的组合。

②双层床：上下床铺设计的床，是一般居家空间最常使用的，不仅节省空间，容纳的空间也多了。当一人搬出时，上铺便可成为放置杂物的好用处。

③平板床：由基本的床头板、床尾板、骨架为结构的平板床，是一般最常见的式样。虽然简单，但床头板、床尾板，却可营造不同的风格；具流线线条的雪橇床，是其中最受欢迎的式样。若觉得空间较小，或不希望受到限制，也可舍弃床尾板，让整张床感觉更大。

④日床：在欧美较常见，外型类似沙发，却有较深的椅垫，提供白天短暂休憩之用。与其他种类床不同的是，日床通常摆设在客厅或休闲视听室，而非晚间睡眠的卧室。

⑤四柱床：最早来自欧洲贵族使用的四柱床，让床有最宽广的浪漫遐想。古典风格的四柱上，有代表不同风格时期的繁复雕刻；现代乡村风格的四柱床，可籍由不同花色布料的使用，将床布置的更加活泼、更具个人风格。

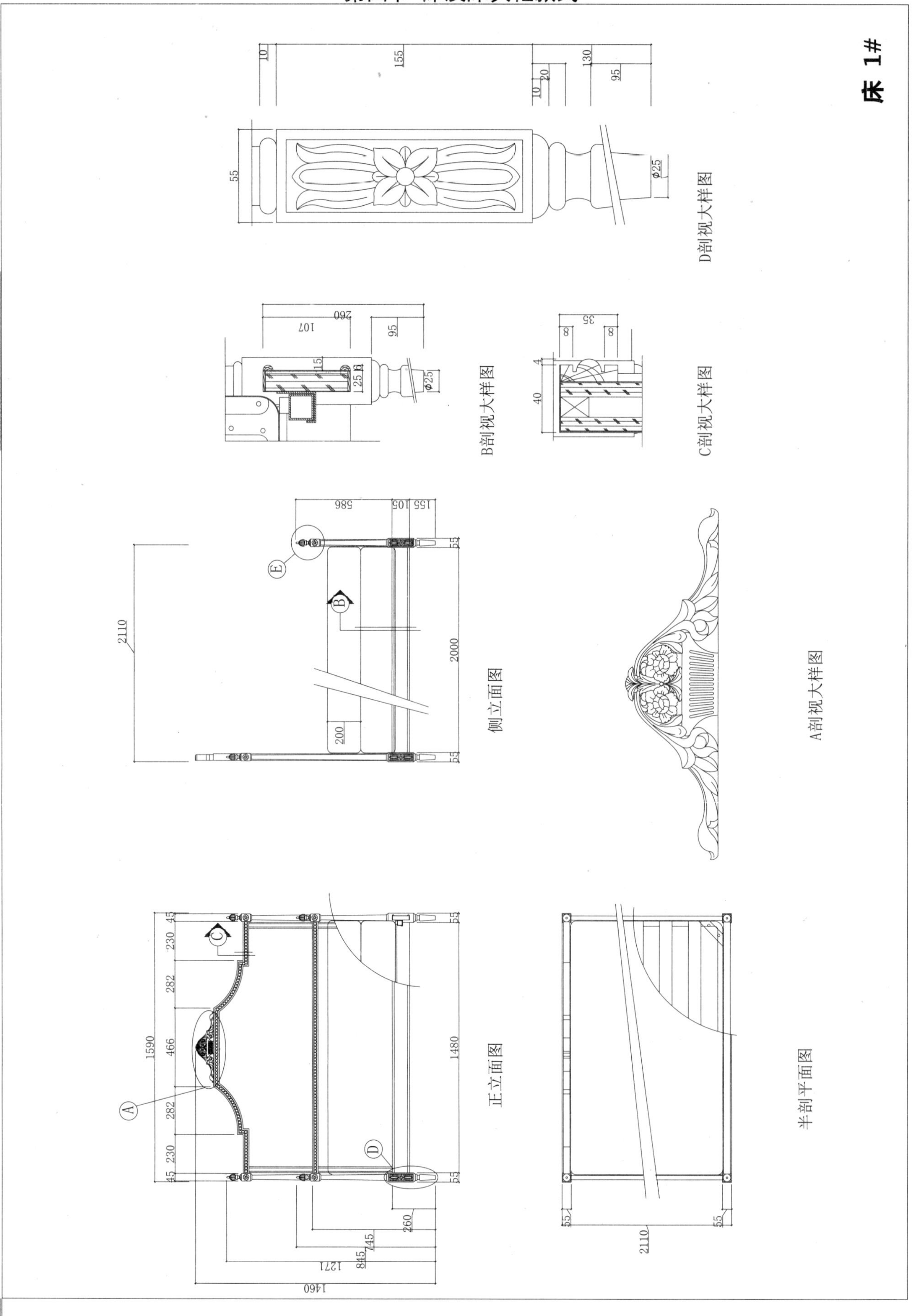
床 1#
D剖视大样图
B剖视大样图
C剖视大样图
侧立面图
A剖视大样图
正立面图
半剖平面图

床 2#

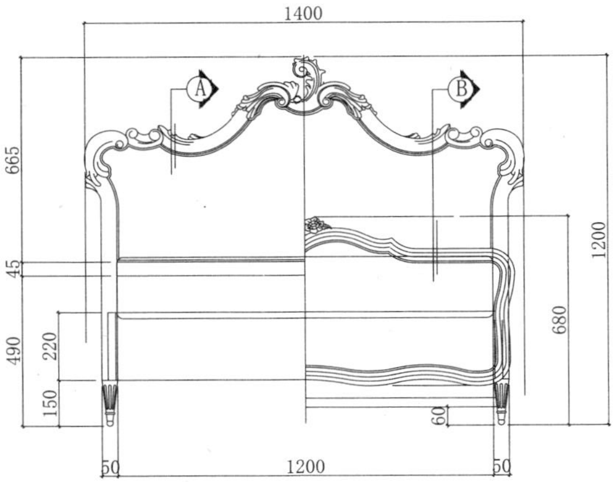

半剖正立面图

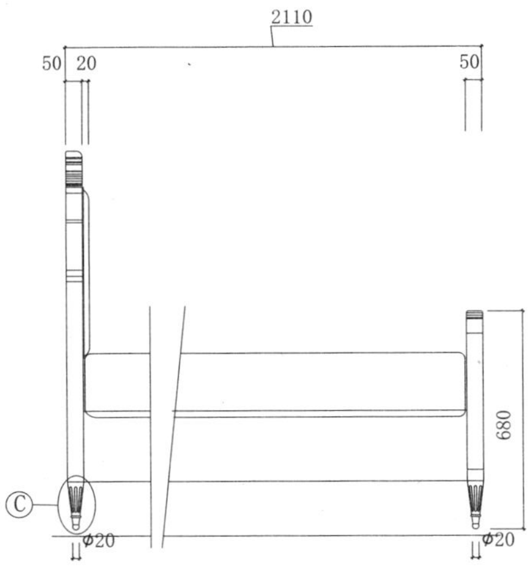

侧立面图

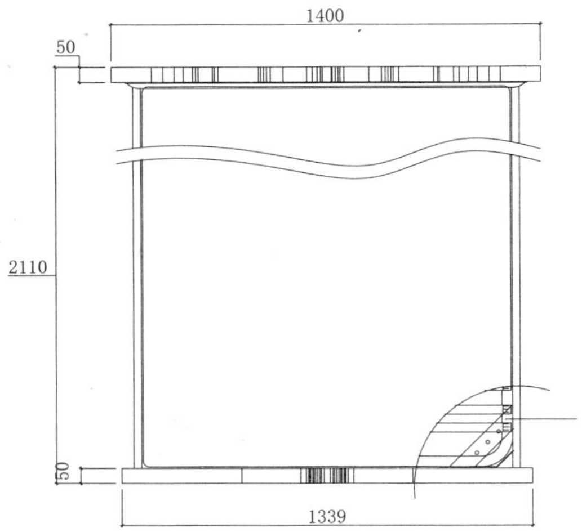

半剖平面图

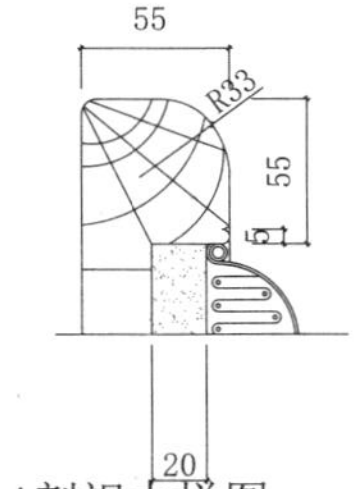

A剖视大样图

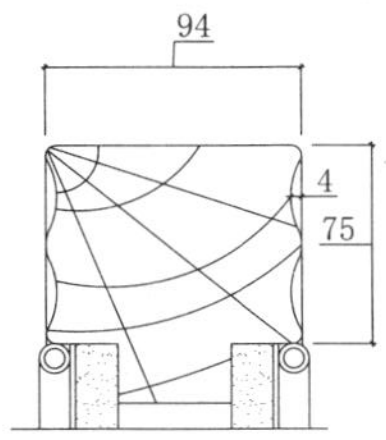

B剖视大样图

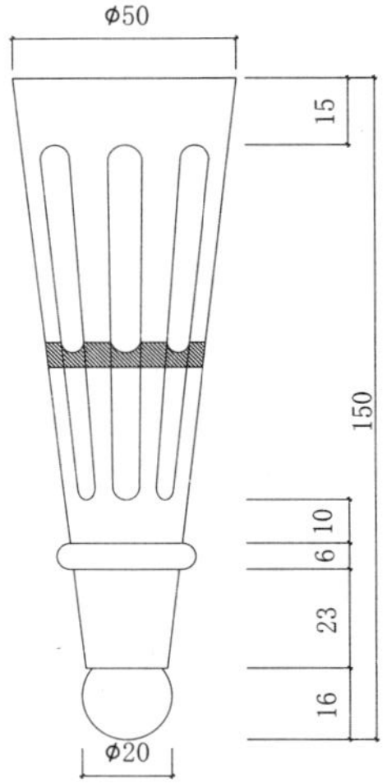

C剖视大样图

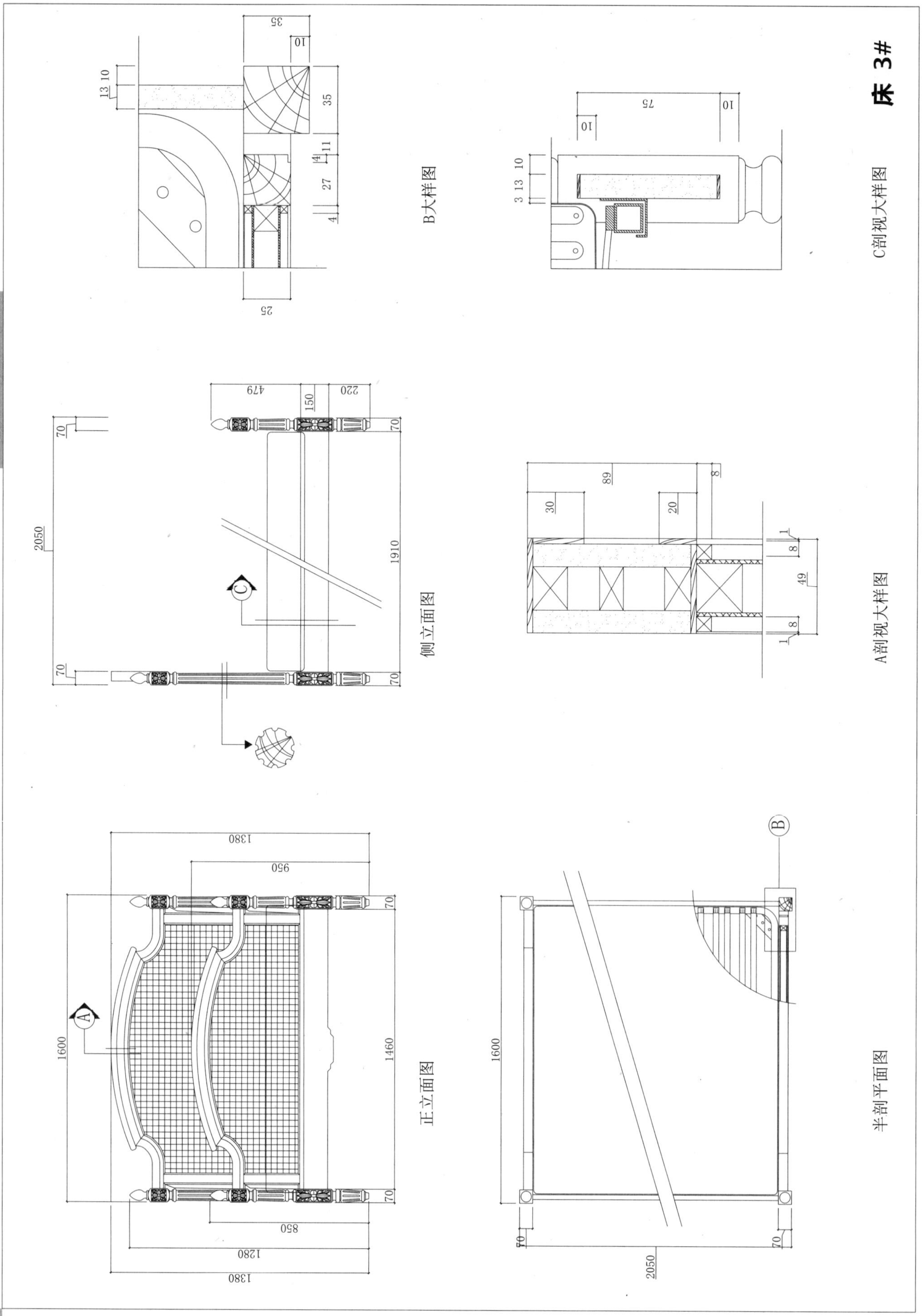
床 3#
正立面图
侧立面图
半剖平面图
A剖视大样图
B大样图
C剖视大样图

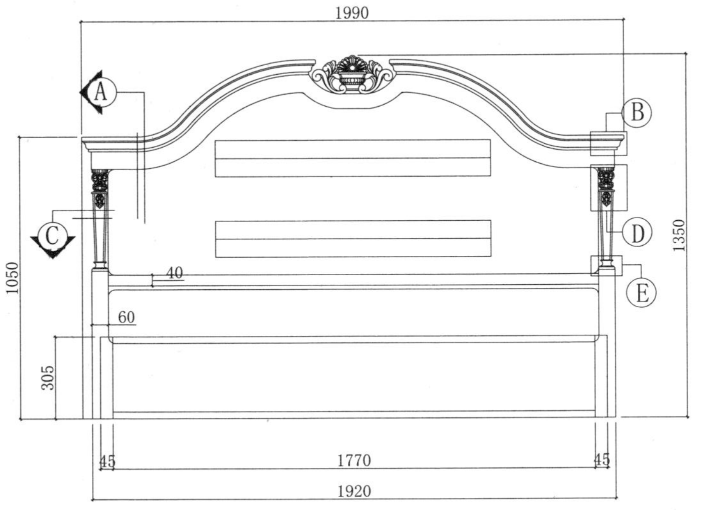

正立面图

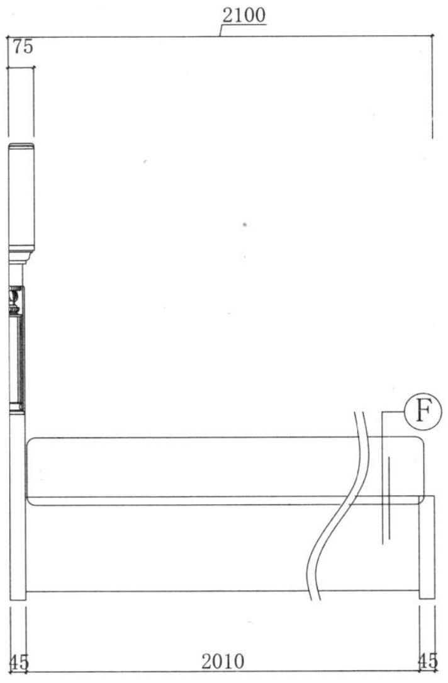

侧立面图

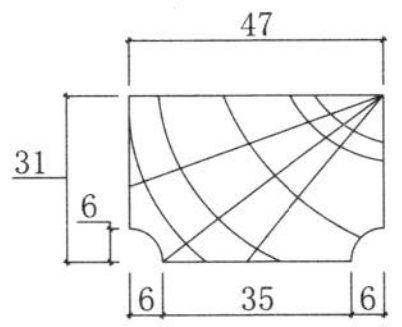

C剖视大样图

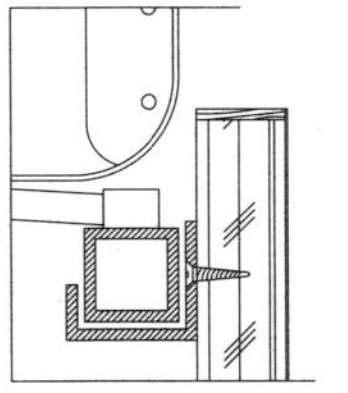
F剖视大样图

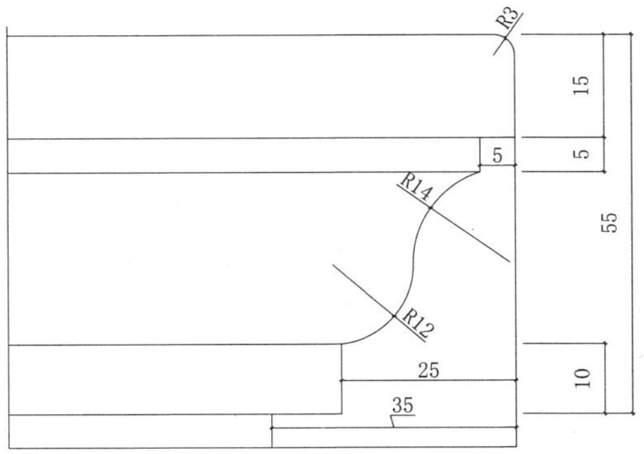

B大样图

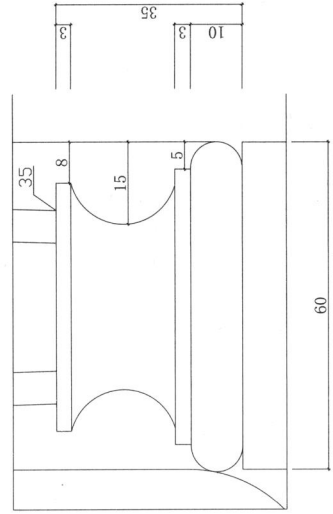

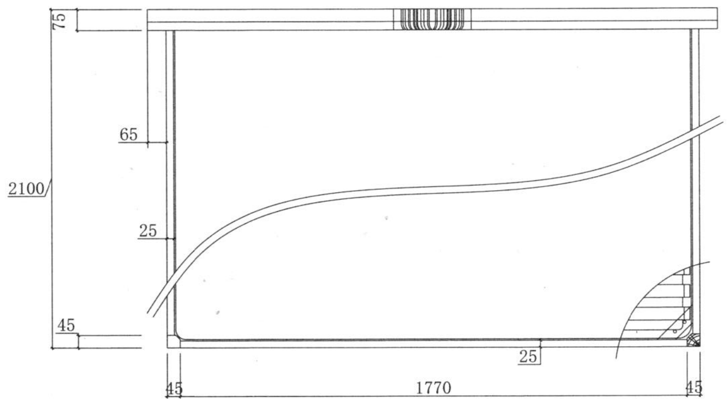

平面图

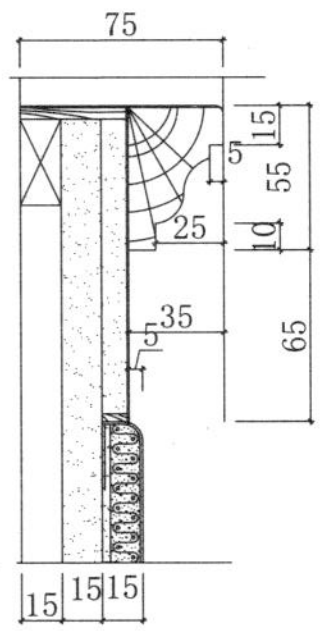

A剖视大样图

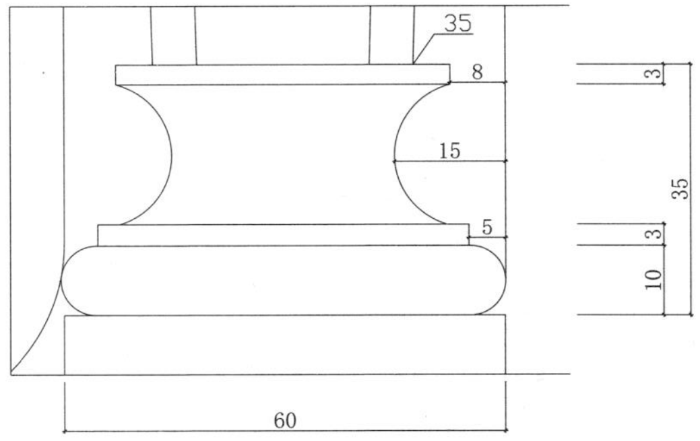

E大样图

床 4#

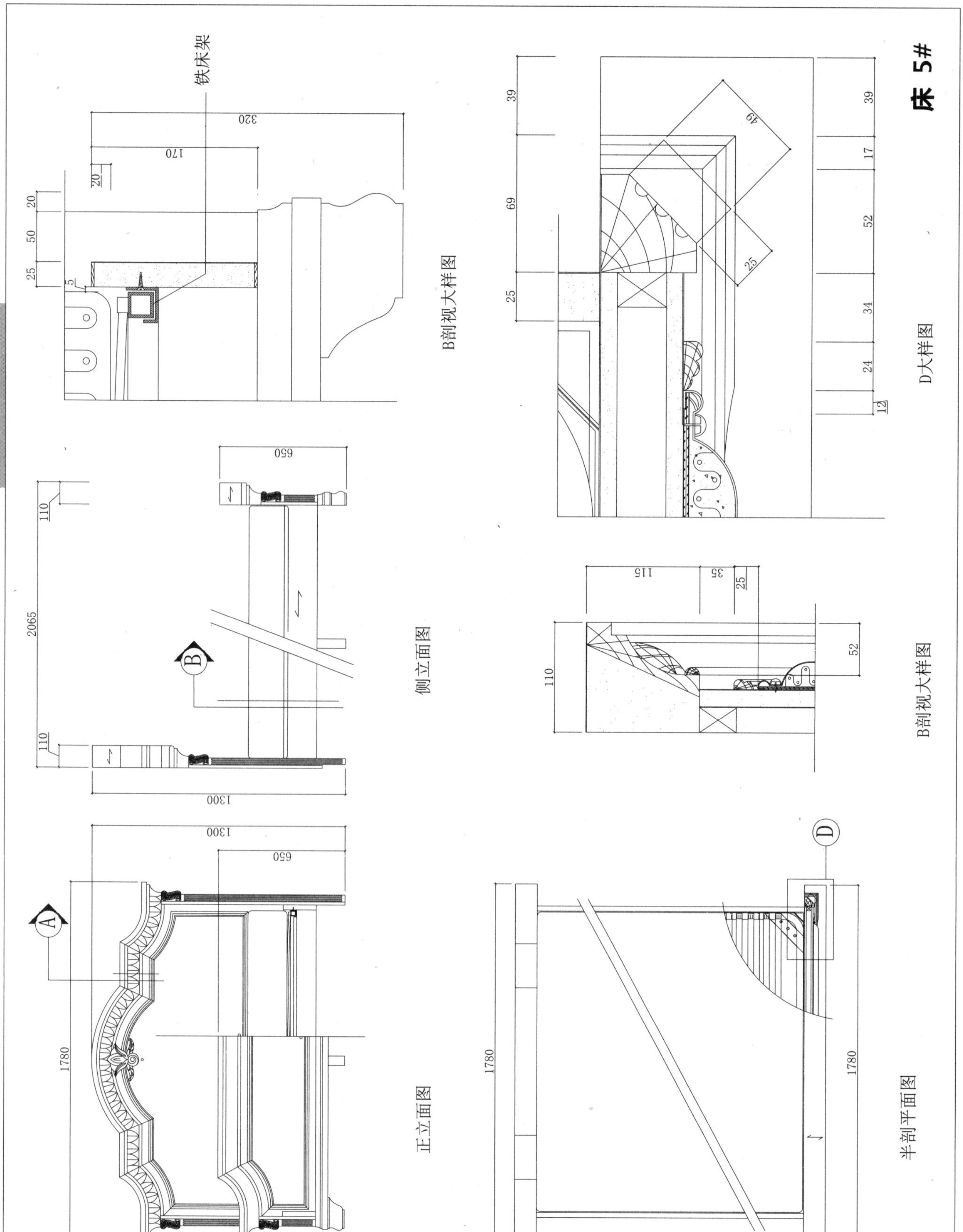
床 5#
铁床架
B剖视大样图
D大样图
侧立面图
B剖视大样图
正立面图
半剖平面图
A
B
D
320
170
20
20
50
25
5
39
69
25
49
25
39
17
52
34
24
12
650
110
2065
110
1300
115
35
25
110
52
1300
650
1780
540
1045
1780
1780
110
110
2065

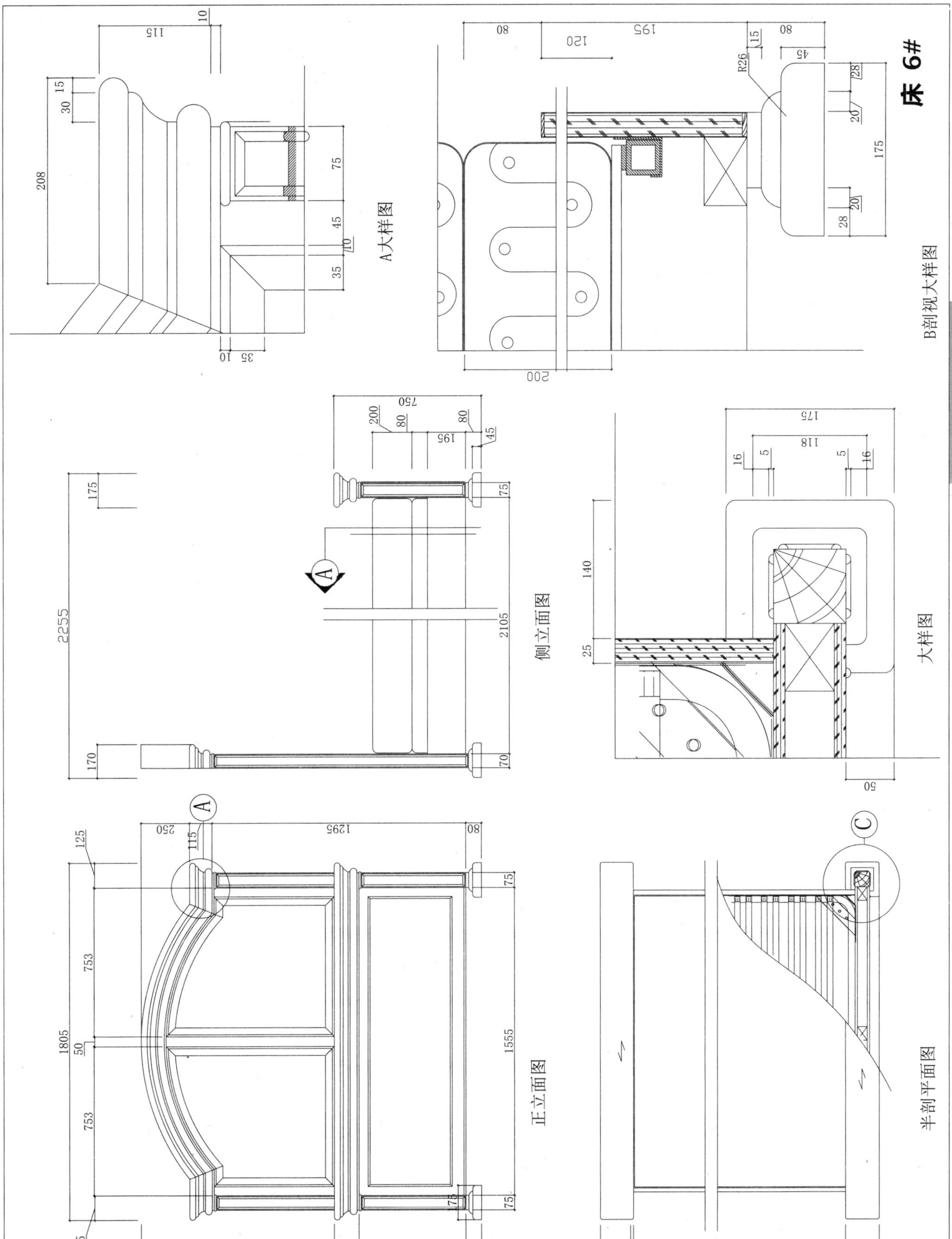
床 6#
A大样图
B剖视大样图
侧立面图
大样图
正立面图
半剖平面图

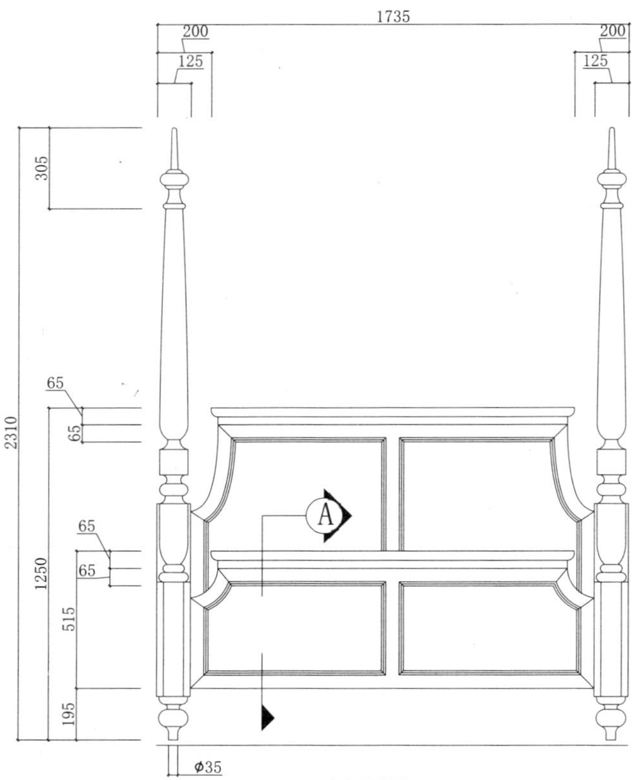

正立面图

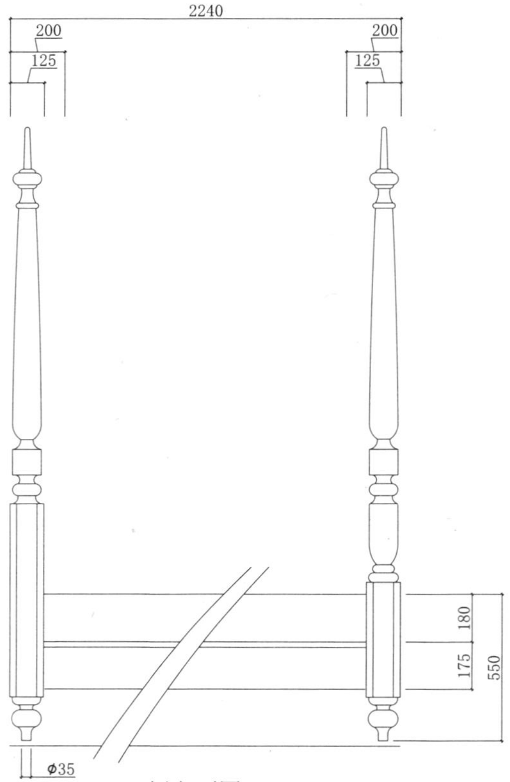

侧立面图

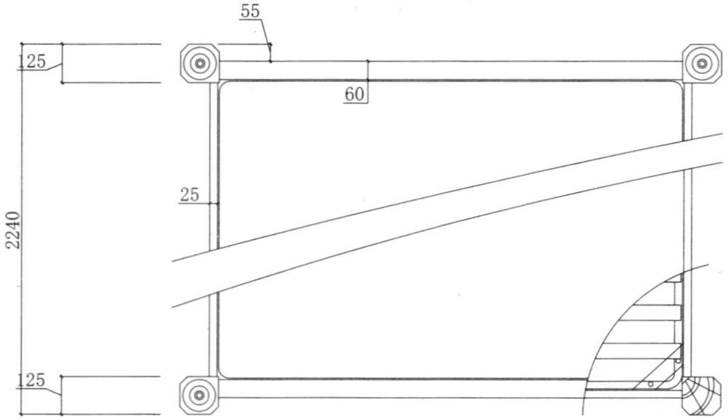

平面图

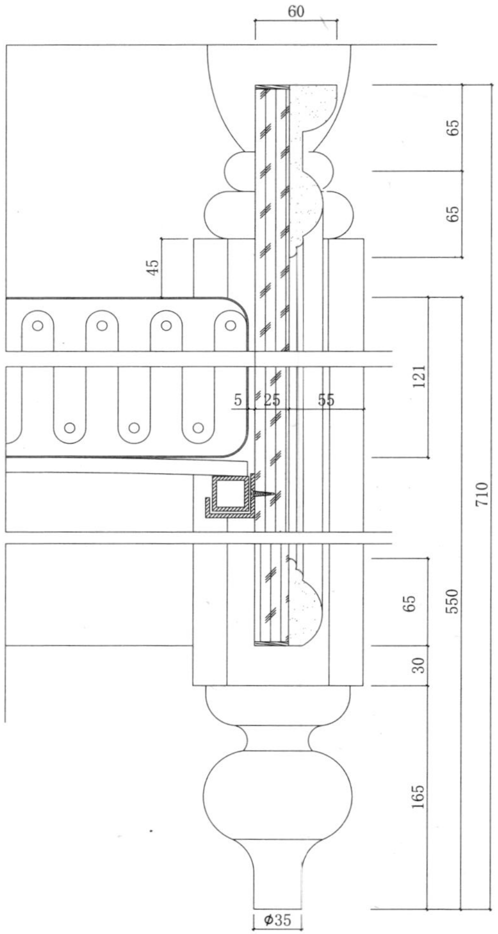

A剖视大样图

床 7#

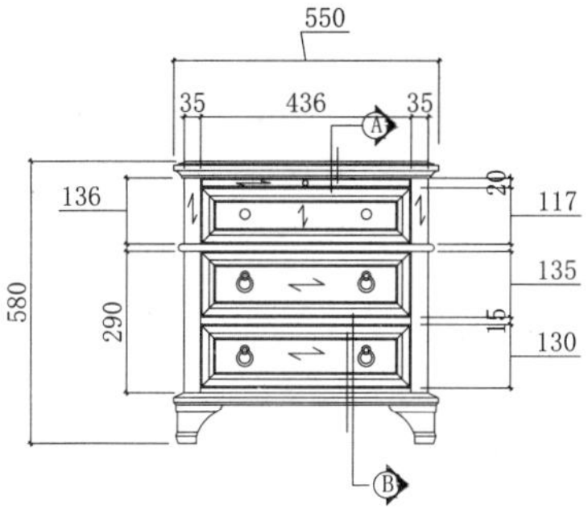

正立面图

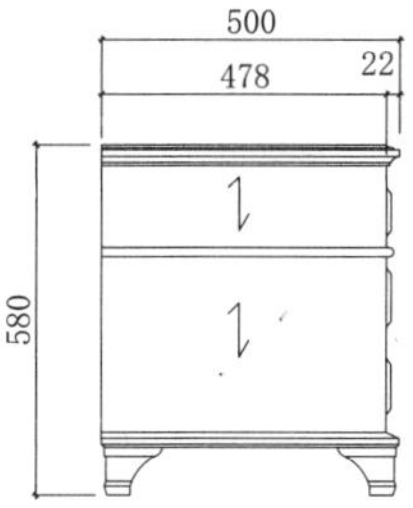

侧立面图

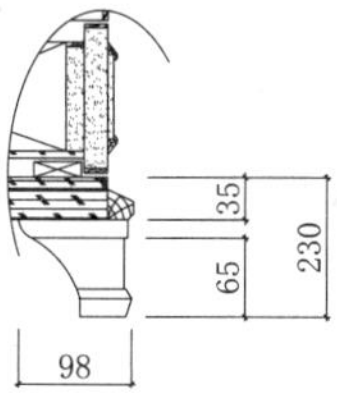

B 大样图

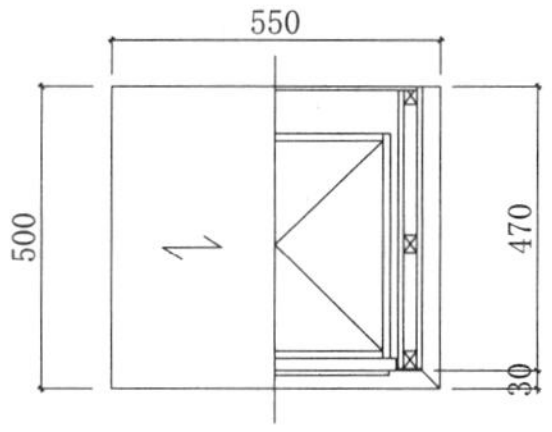

半剖平面图

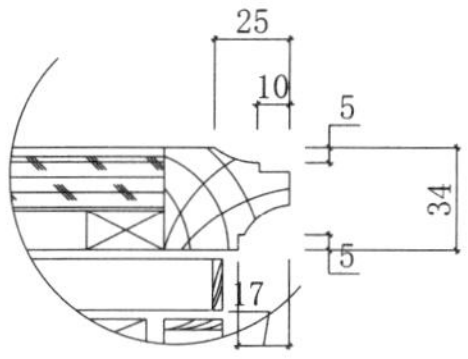

A 大样图

床头柜 1#

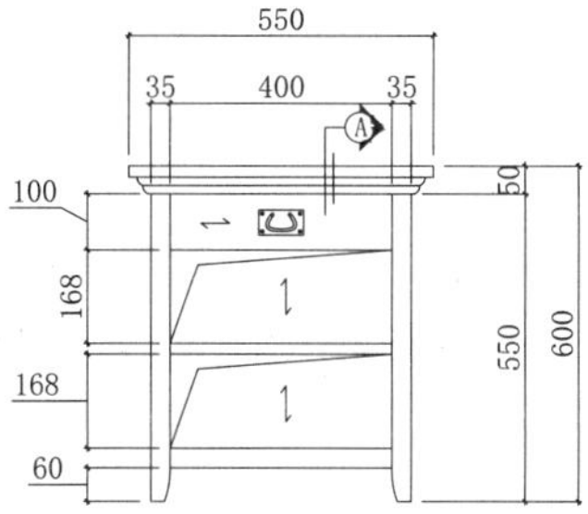

正立面图

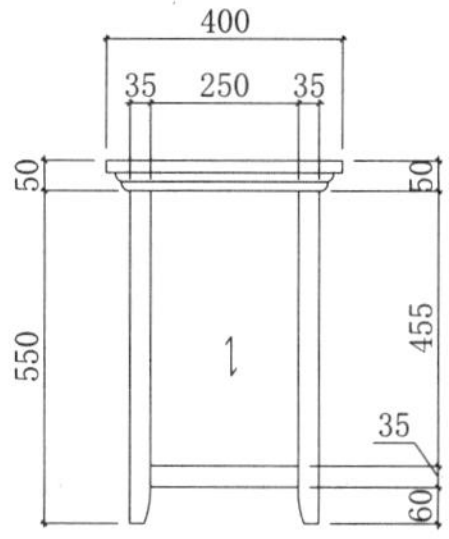

侧立面图

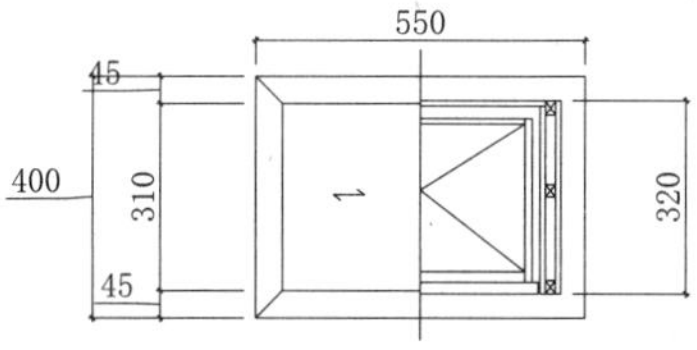

半剖平面图

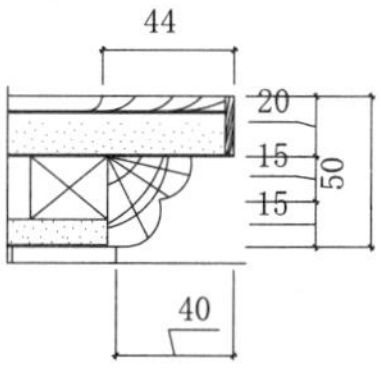

A剖视大样图

床头柜 2#

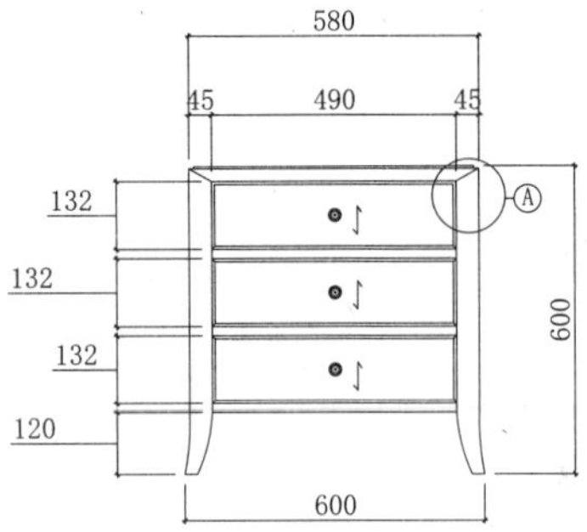

正立面图

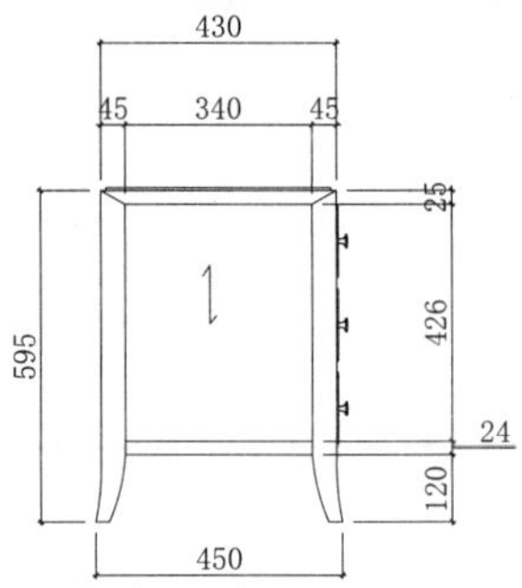

侧立面图

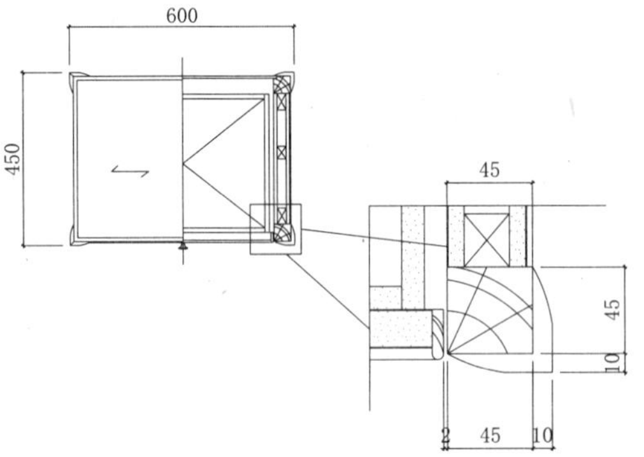

半剖平面图

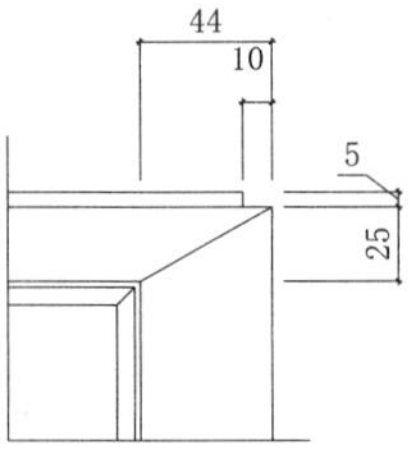

A大样图

床头柜 3#

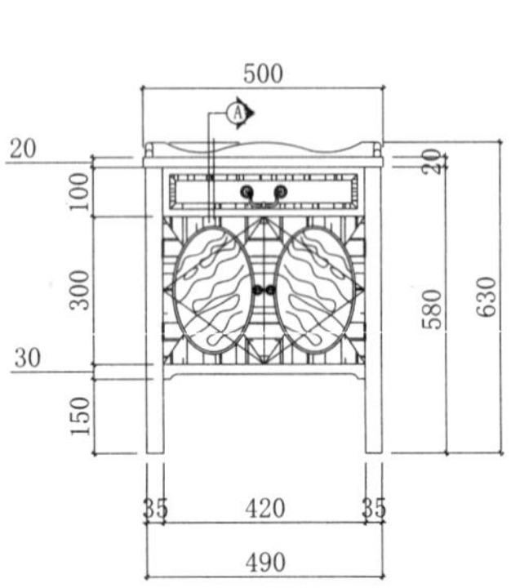

正立面图

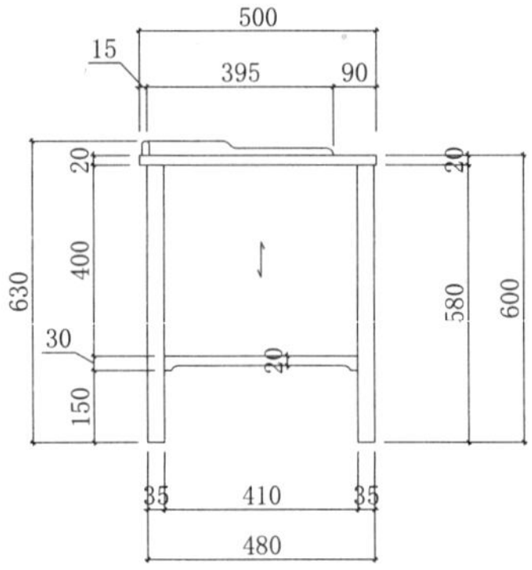

侧立面图

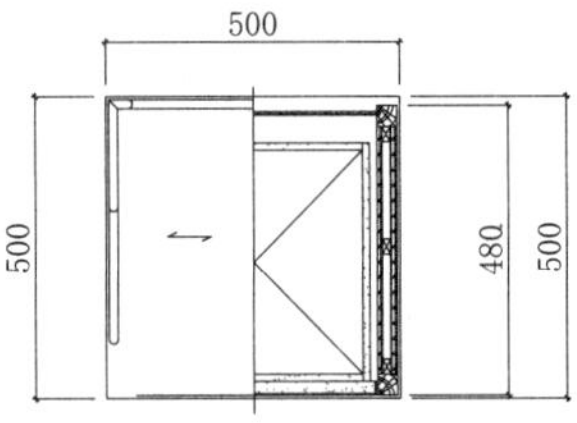

半剖平面图

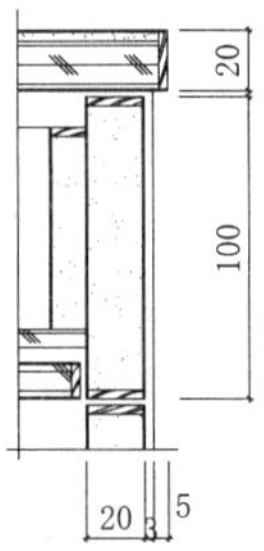

A剖视大样图

床头柜 4#

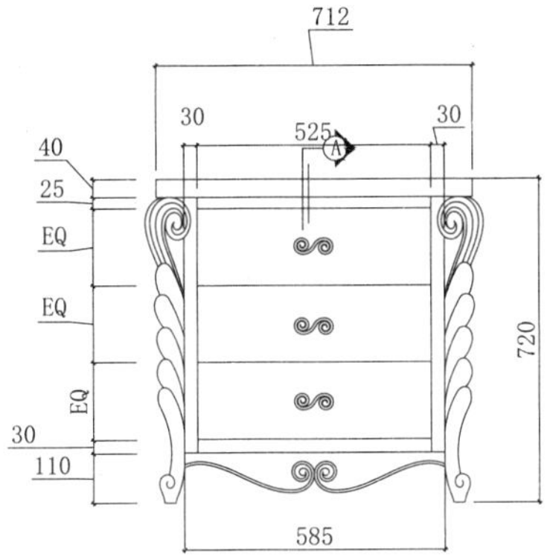

正立面图

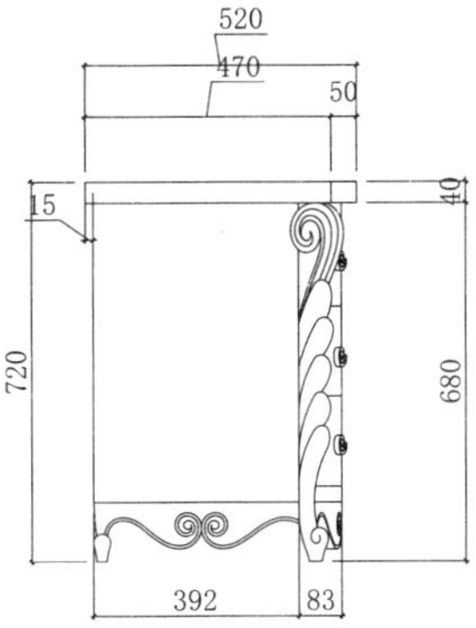

侧立面图

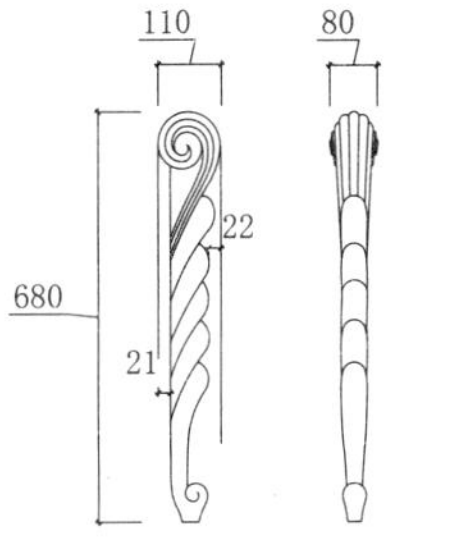

脚正、侧立面图

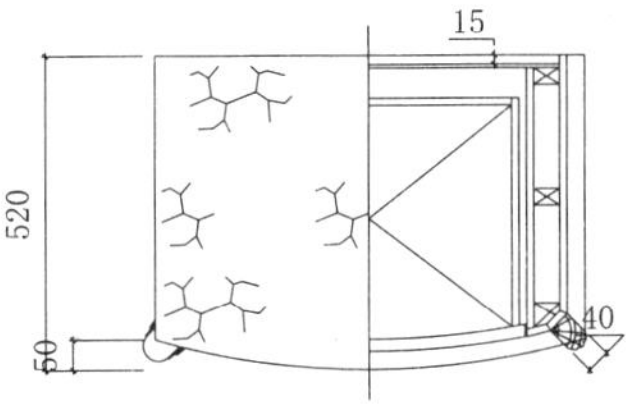

半剖平面图

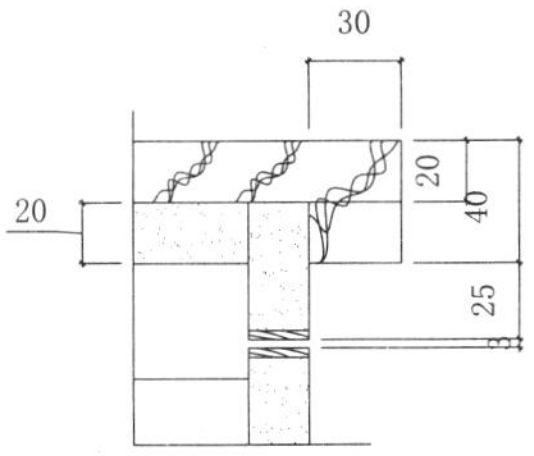

A剖视大样图

床头柜 5#

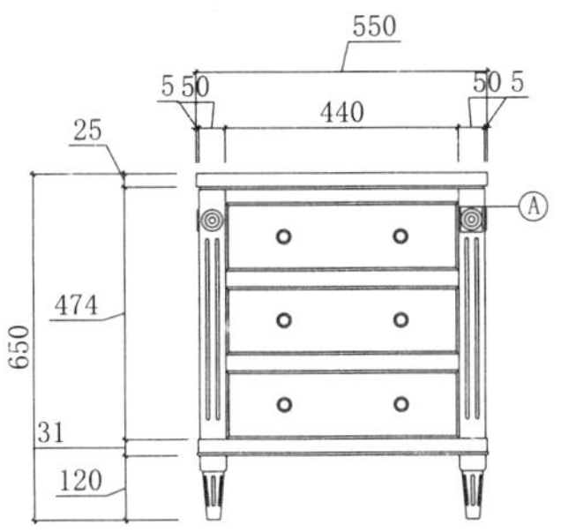

正立面图

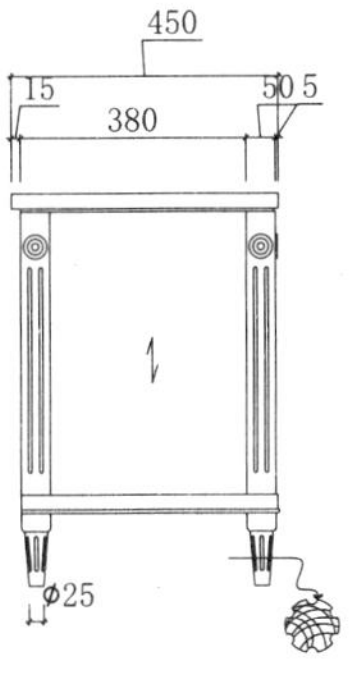

侧立面图

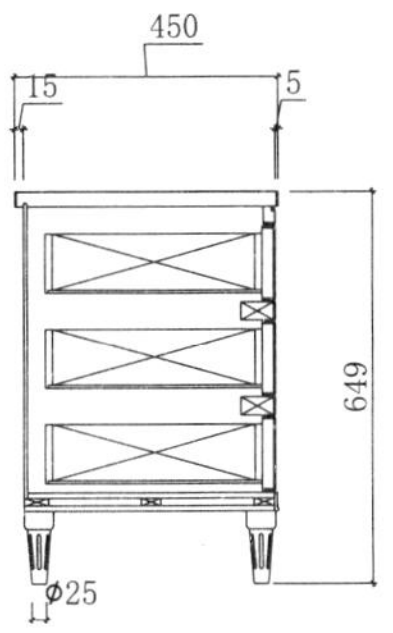

侧切立面图

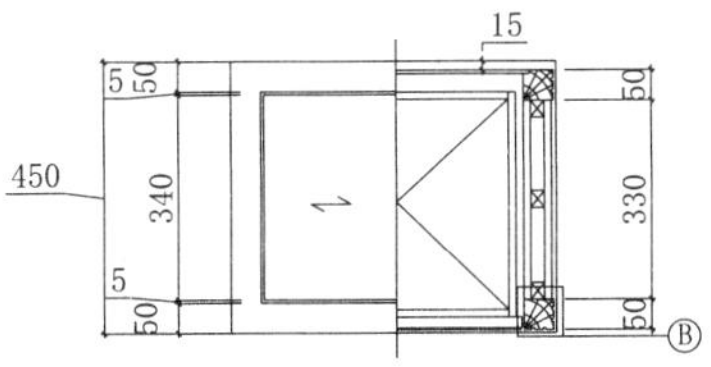

半剖平面图

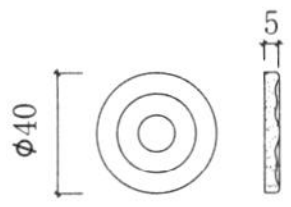

A剖视大样图

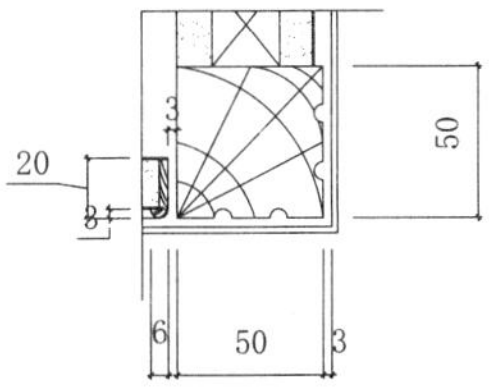

B剖视大样图

床头柜 6#

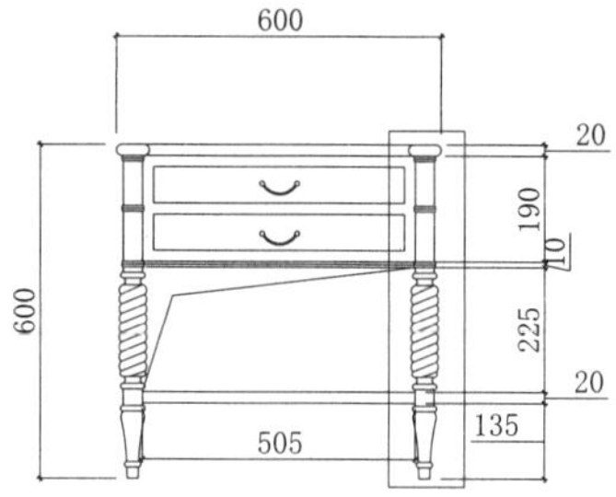

正立面图

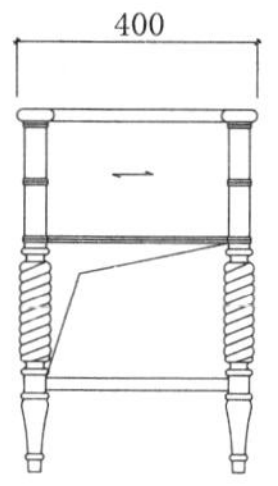

侧立面图

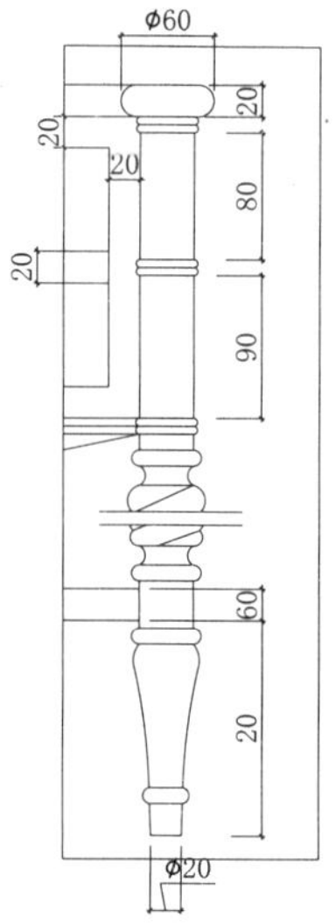

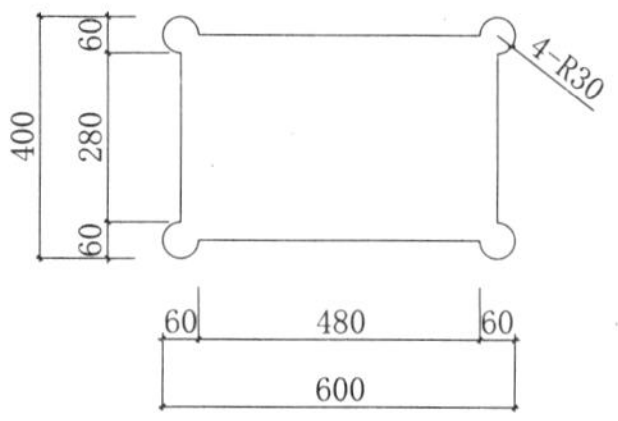

平面图

床头柜 7#

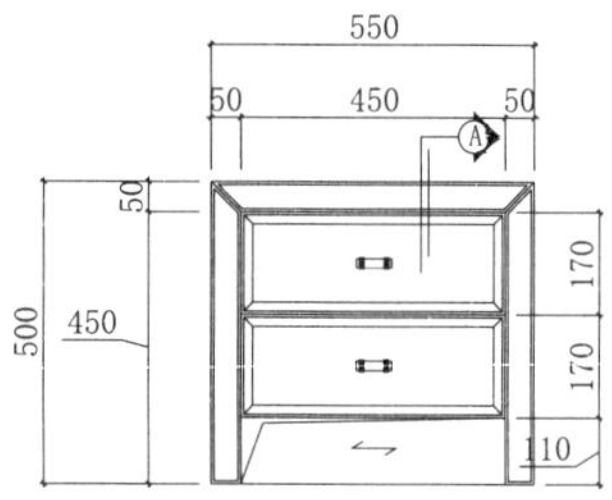

正立面图

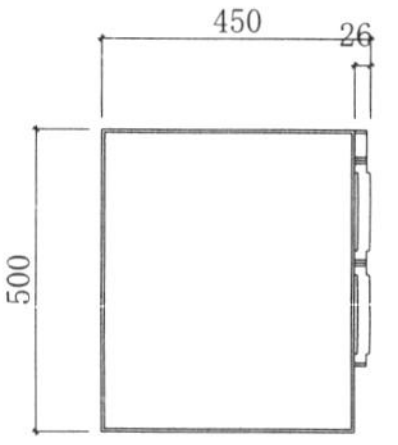

侧立面图

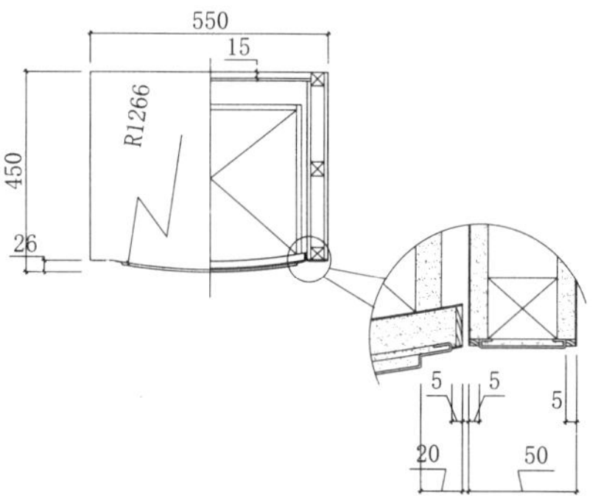

半剖平面图

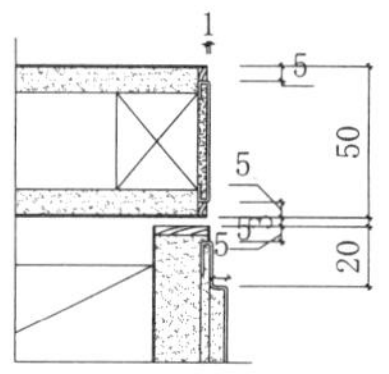

A剖视大样图

床头柜 8#

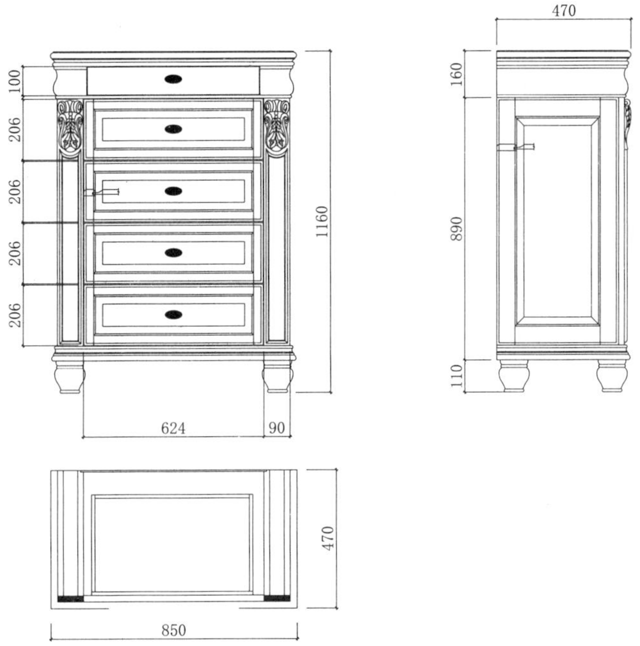
100
206
206
206
206
1160
624
90
470
160
890
110
470
850

床头柜 9#

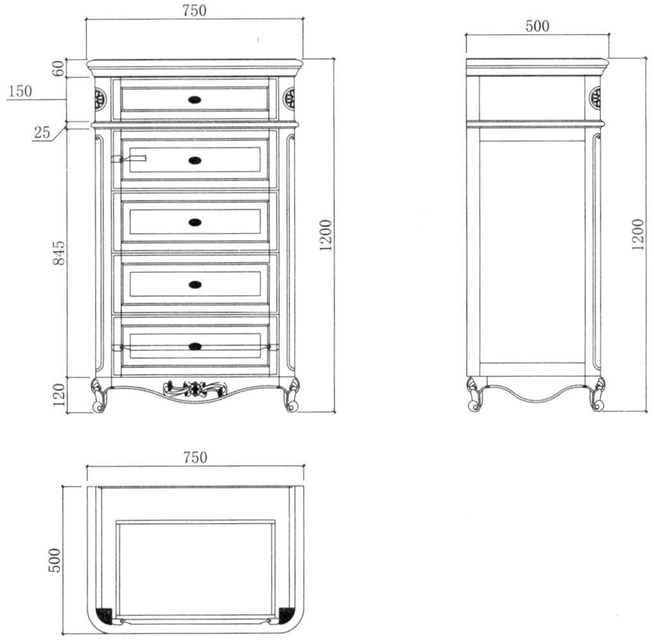
750
60
150
25
845
120
1200
500
1200
750
500

床头柜 10#

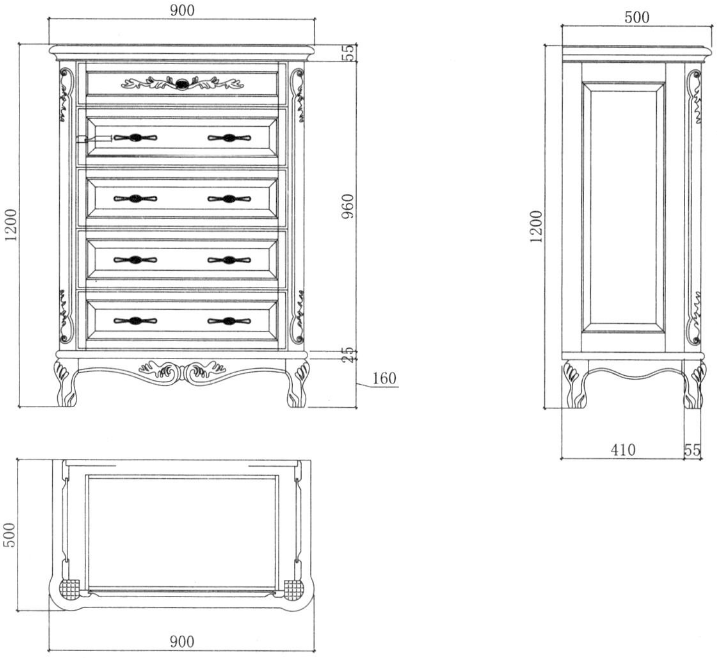
900
55
1200
960
25
160
500
1200
410
55
500
900

床头柜 11#

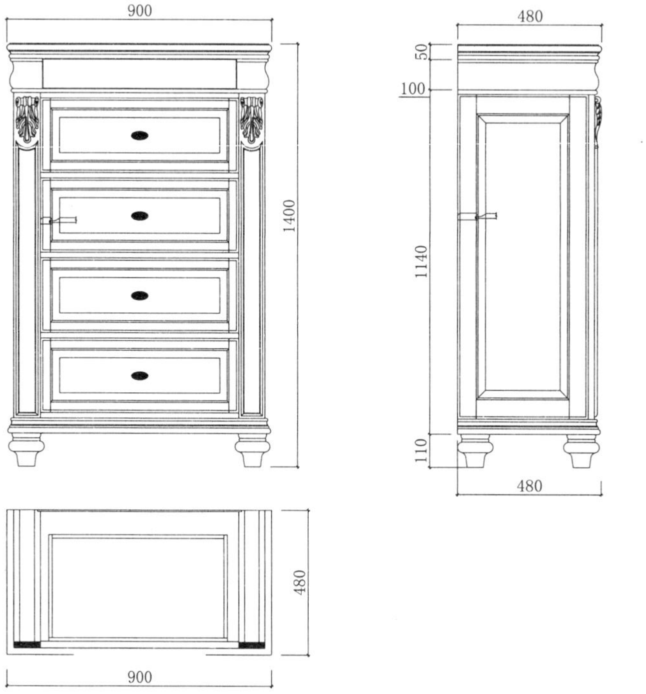
900
1400
480
50
100
1140
110
480
480
900

床头柜 12#

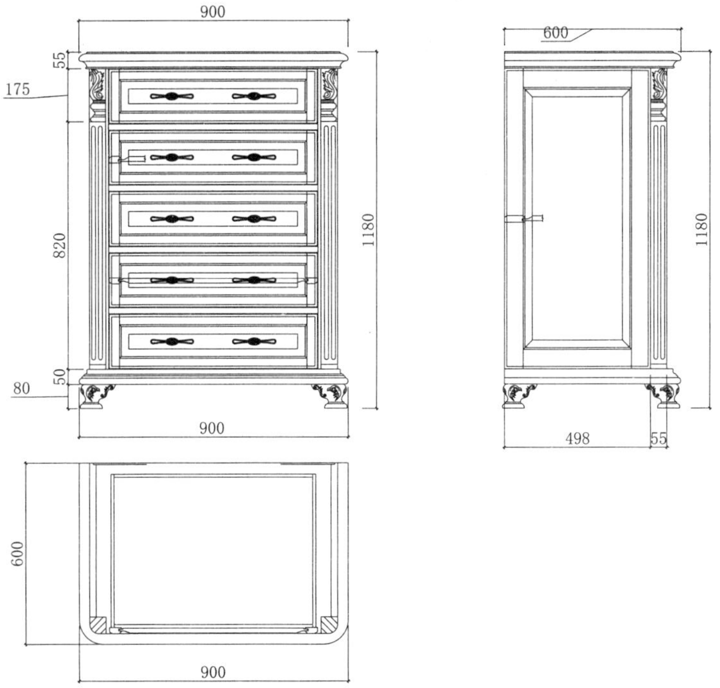
900
55
175
820
1180
50
80
900
600
1180
498
55
600
900

床头柜 13#

1050
1250
380
1250
380
250
300
1050

床头柜 14#

1300
480
65
935
200
1200
440
1200
480
450
422
1300

床头柜 15#

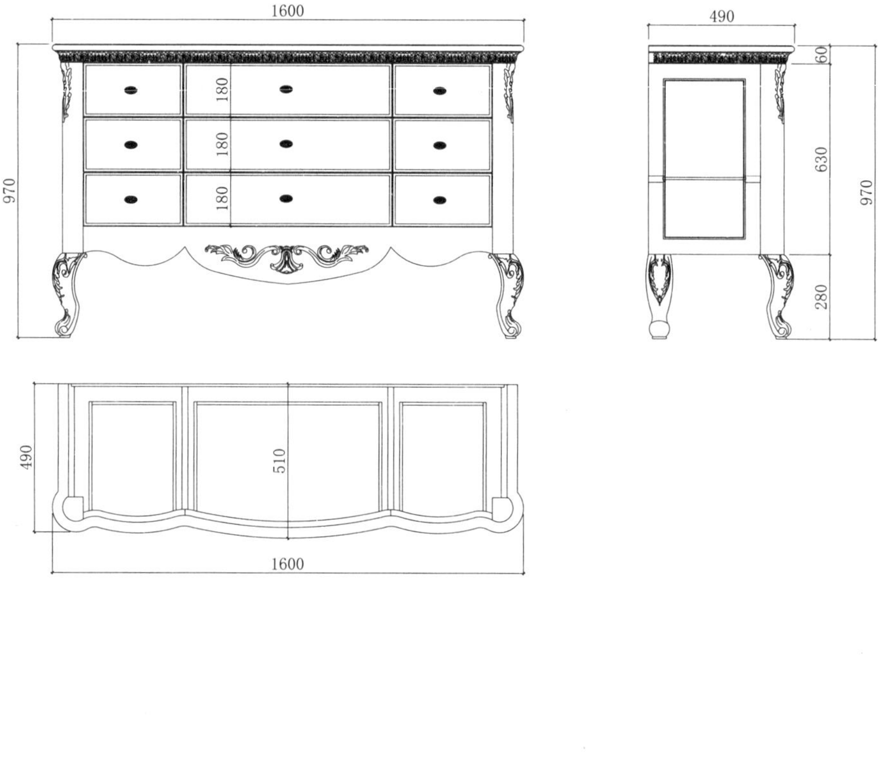
1600
490
180
180
180
970
60
630
970
280
490
510
1600

床头柜 16#

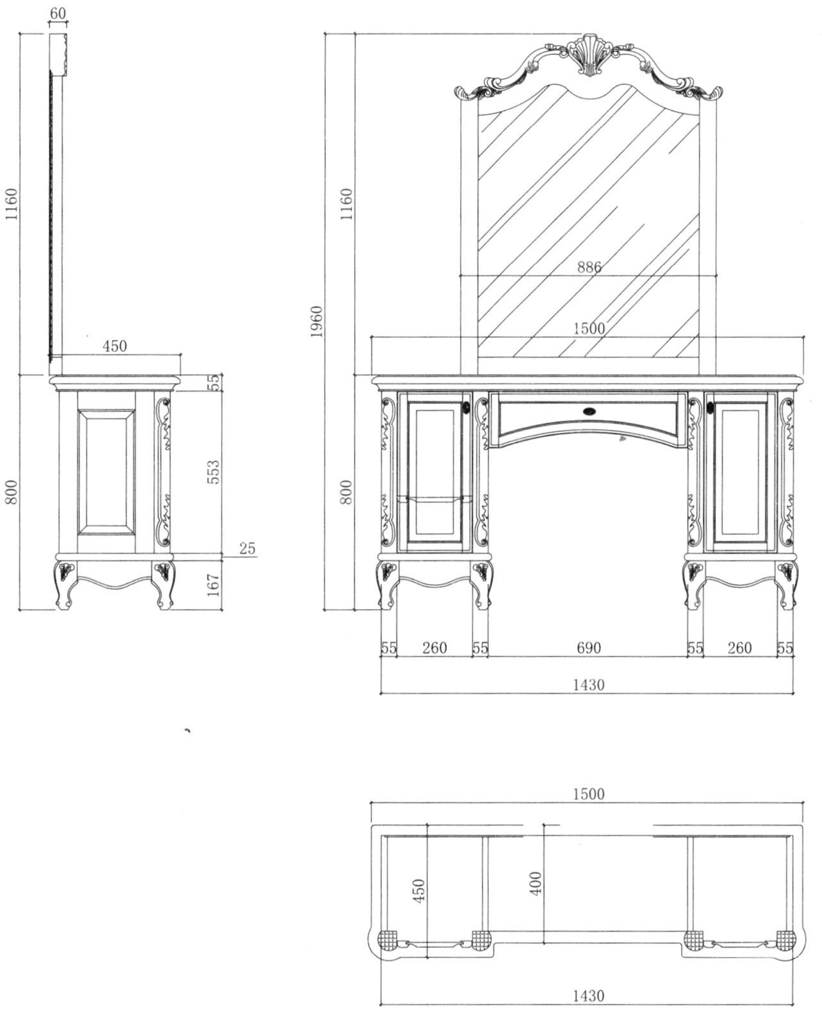
60
1160
450
55
553
800
25
167
1960
1160
886
1500
800
55
260
55
690
55
260
55
1430
1500
450
400
1430

梳妆台 1#

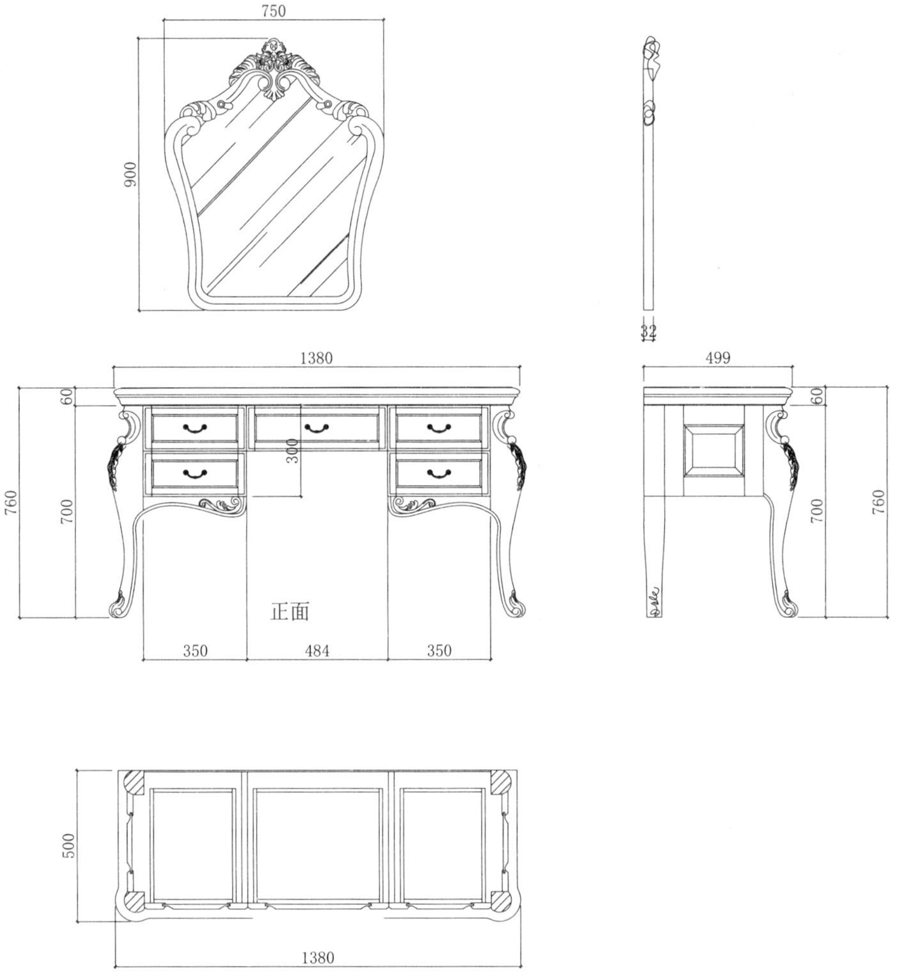
750
900
32
1380
499
60
760
700
300
正面
350
484
350
500
1380

梳妆台 2#

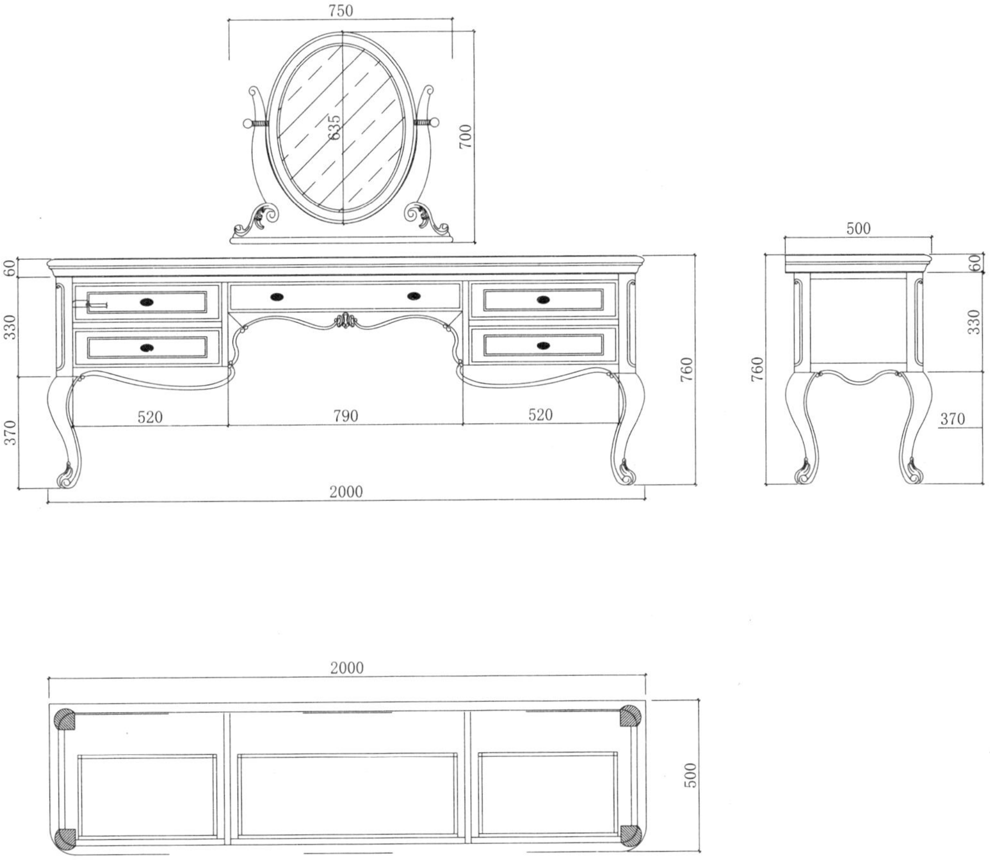
750
635
700
500
60
330
370
760
520
790
520
2000
2000
500

梳妆台 3#

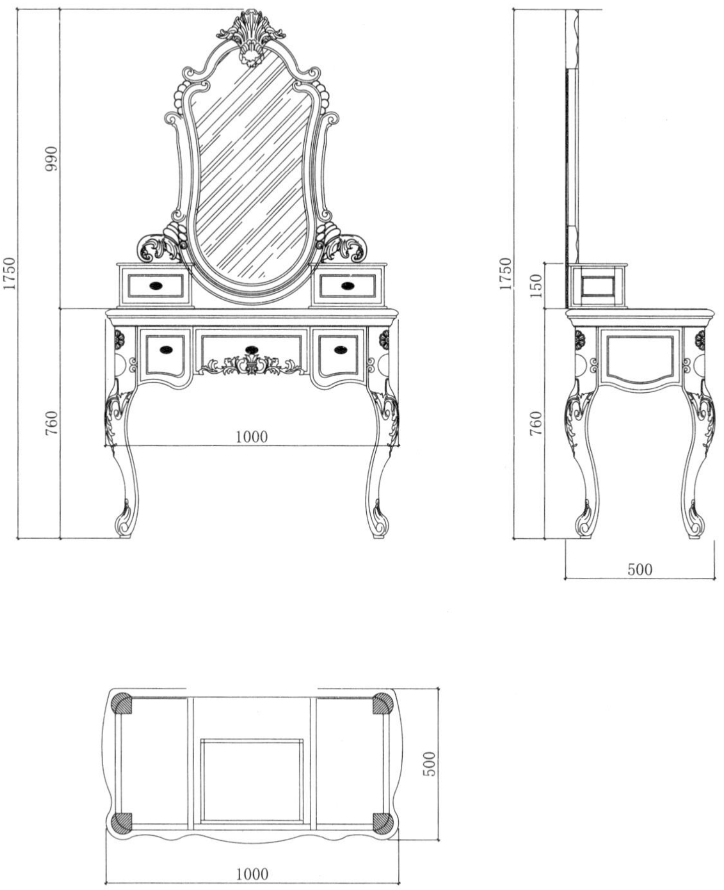
1750
990
760
1000
1750
150
760
500
500
1000

梳妆台 4#

第七节 浴室柜款式

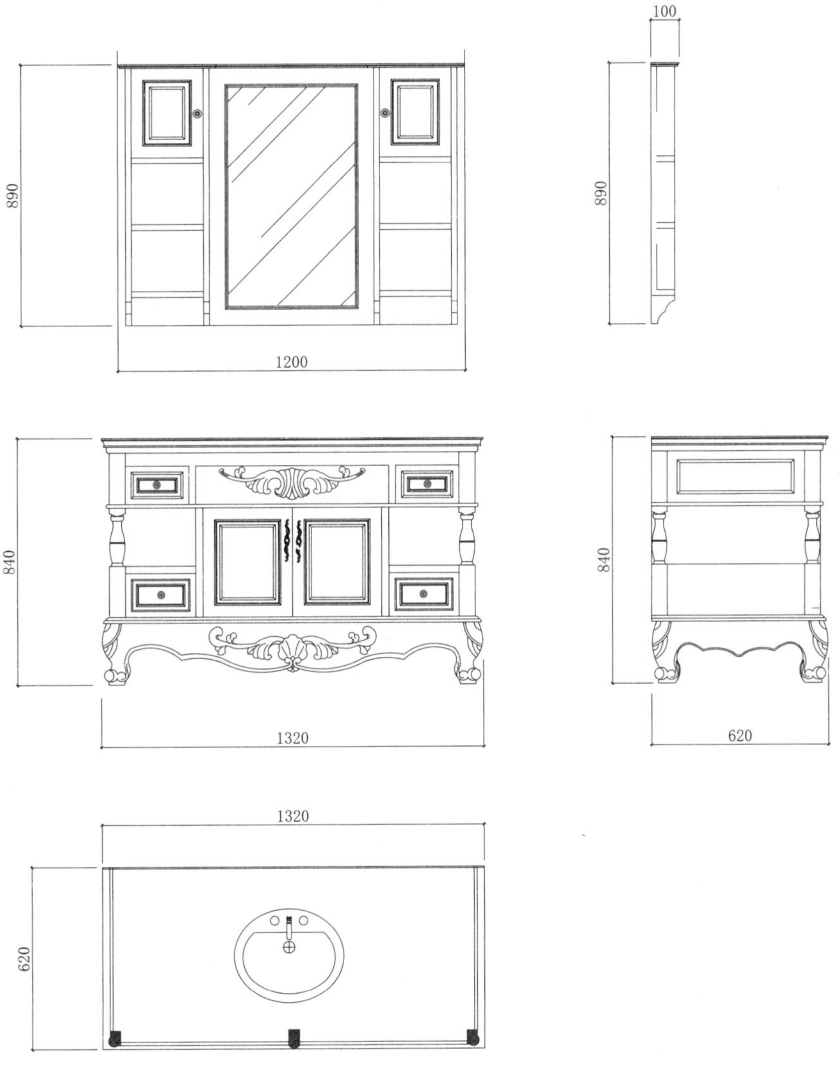

浴室柜 1#

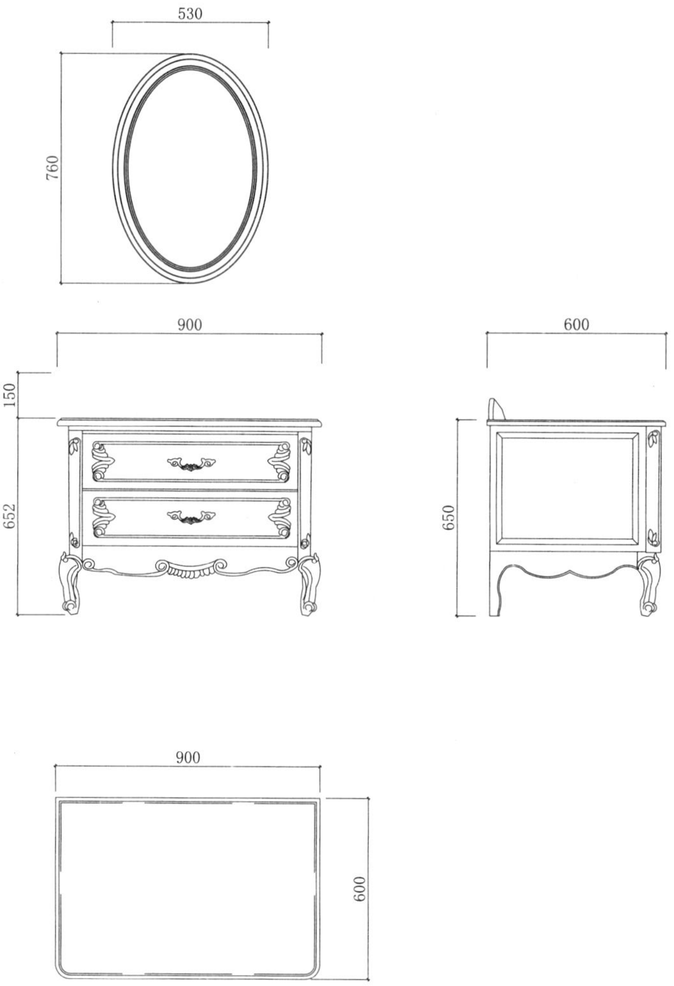
530
760
900
150
652
600
650
900
600

浴室柜 2#

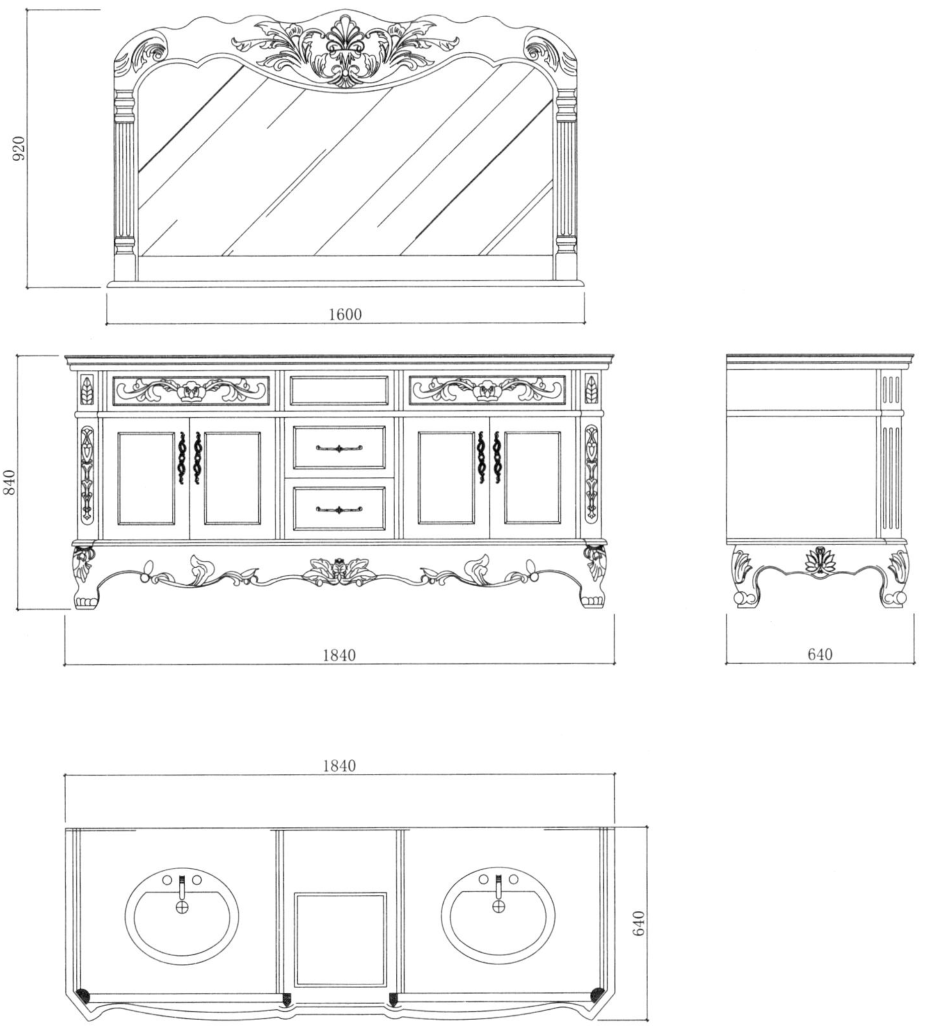
920
1600
840
1840
640
1840
640

浴室柜 3#

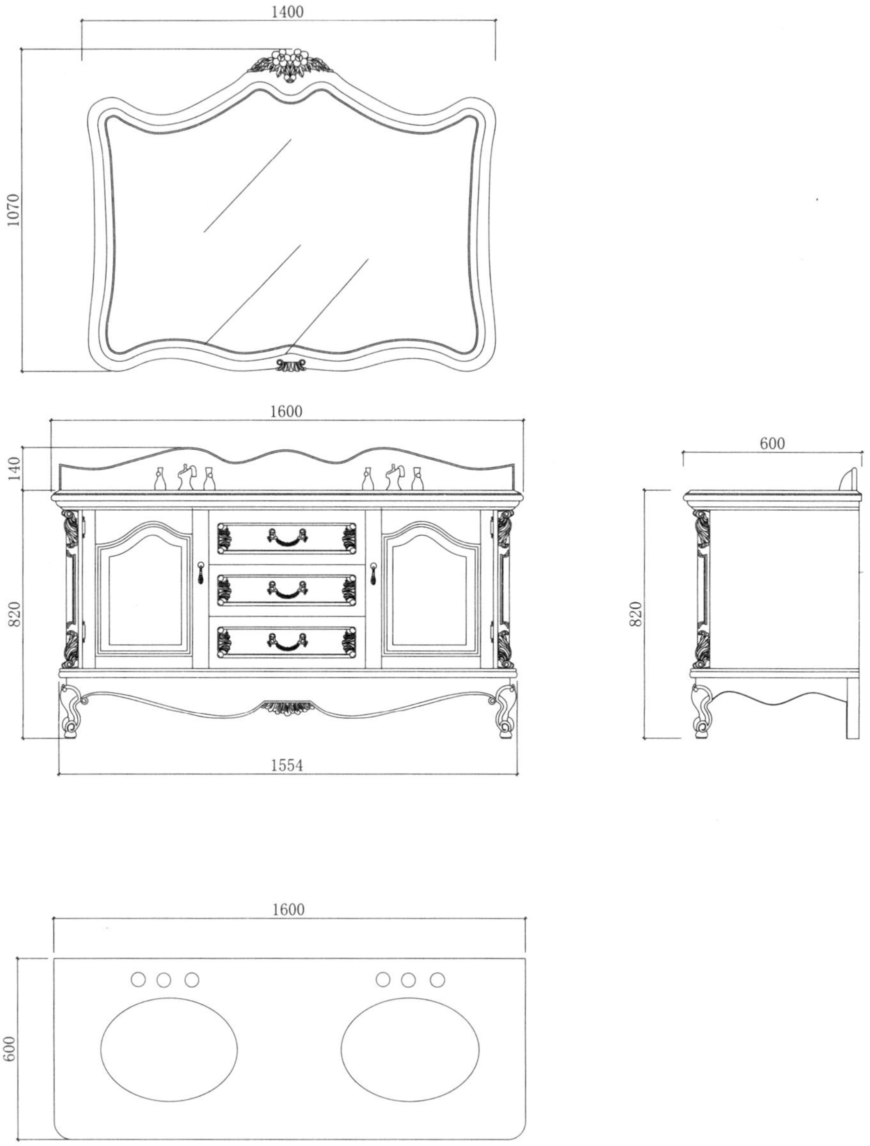
1400
1070
1600
140
820
1554
600
820
1600
600

浴室柜 4#

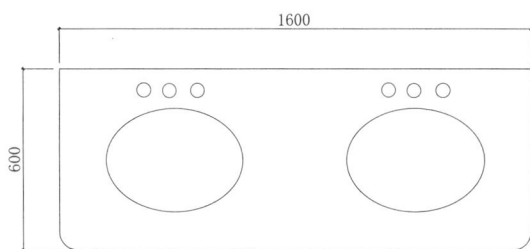

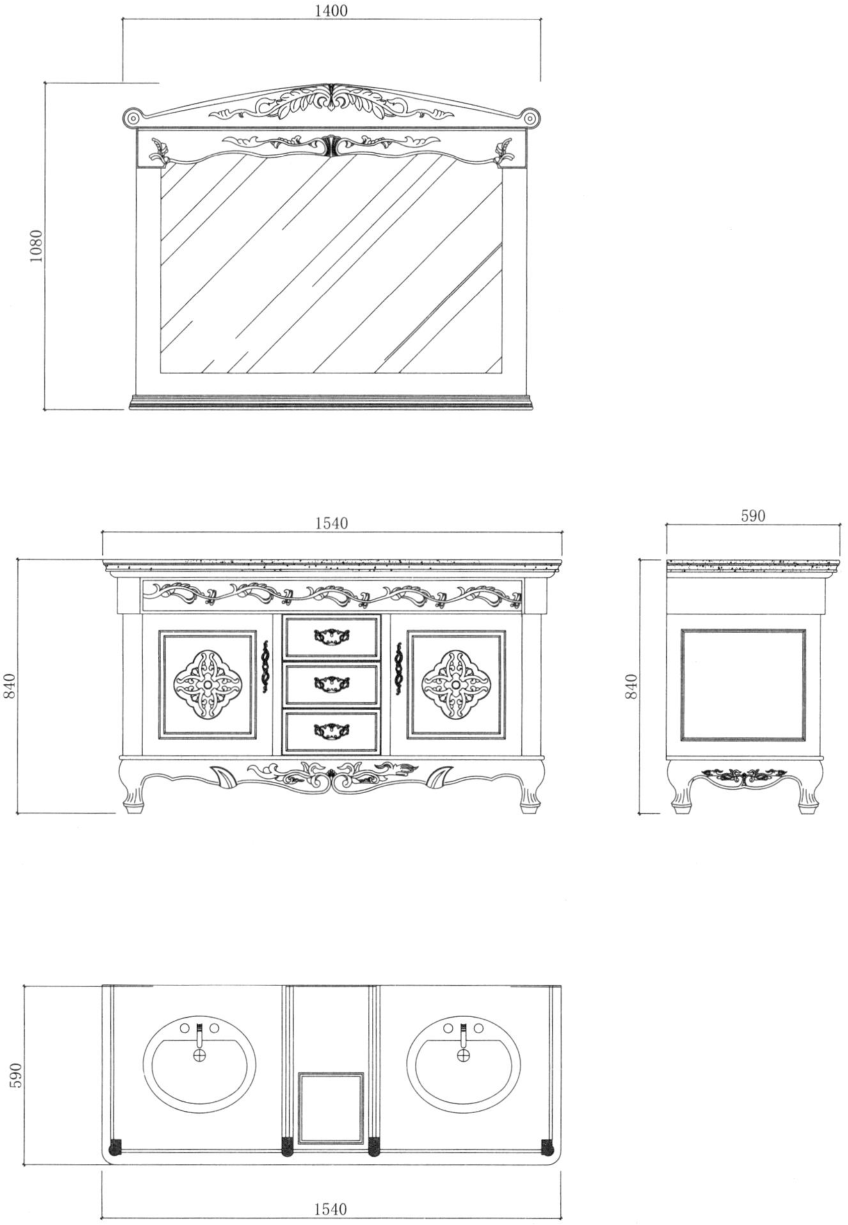

浴室柜 5#

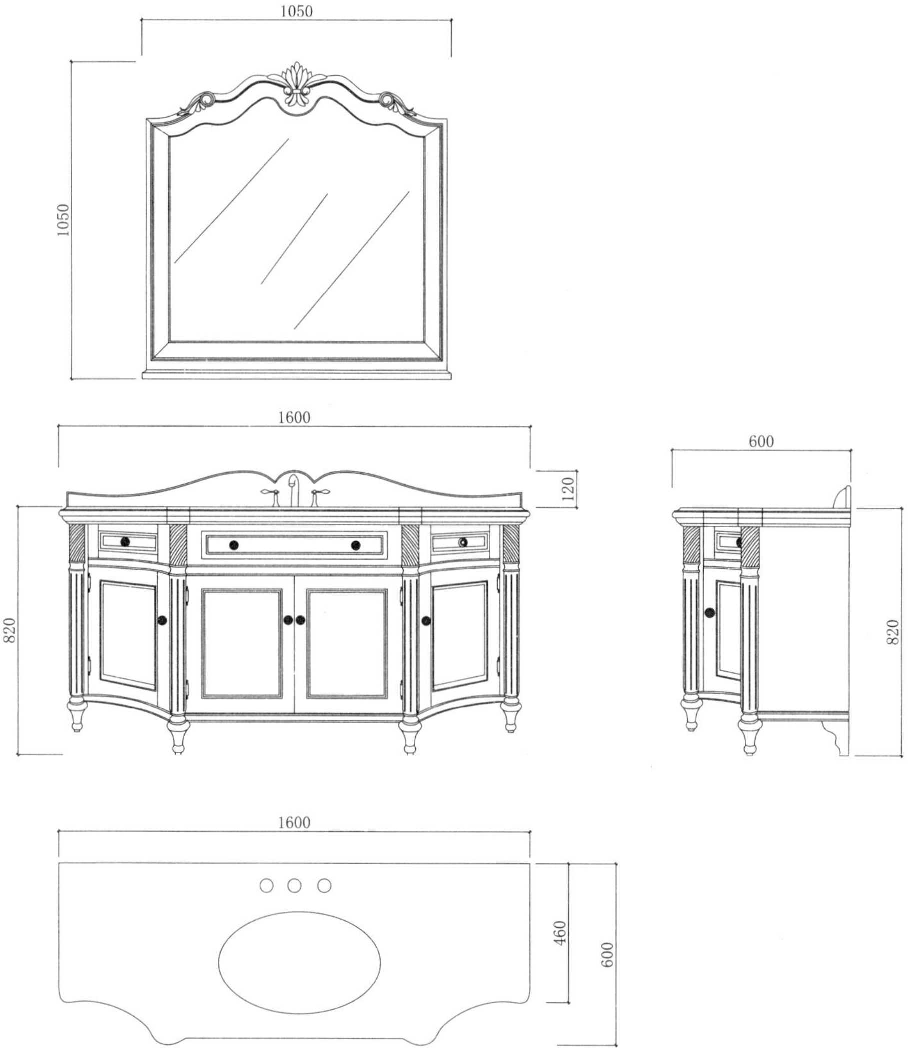
1050
1050
1600
120
820
600
820
1600
460
600

浴室柜 6#

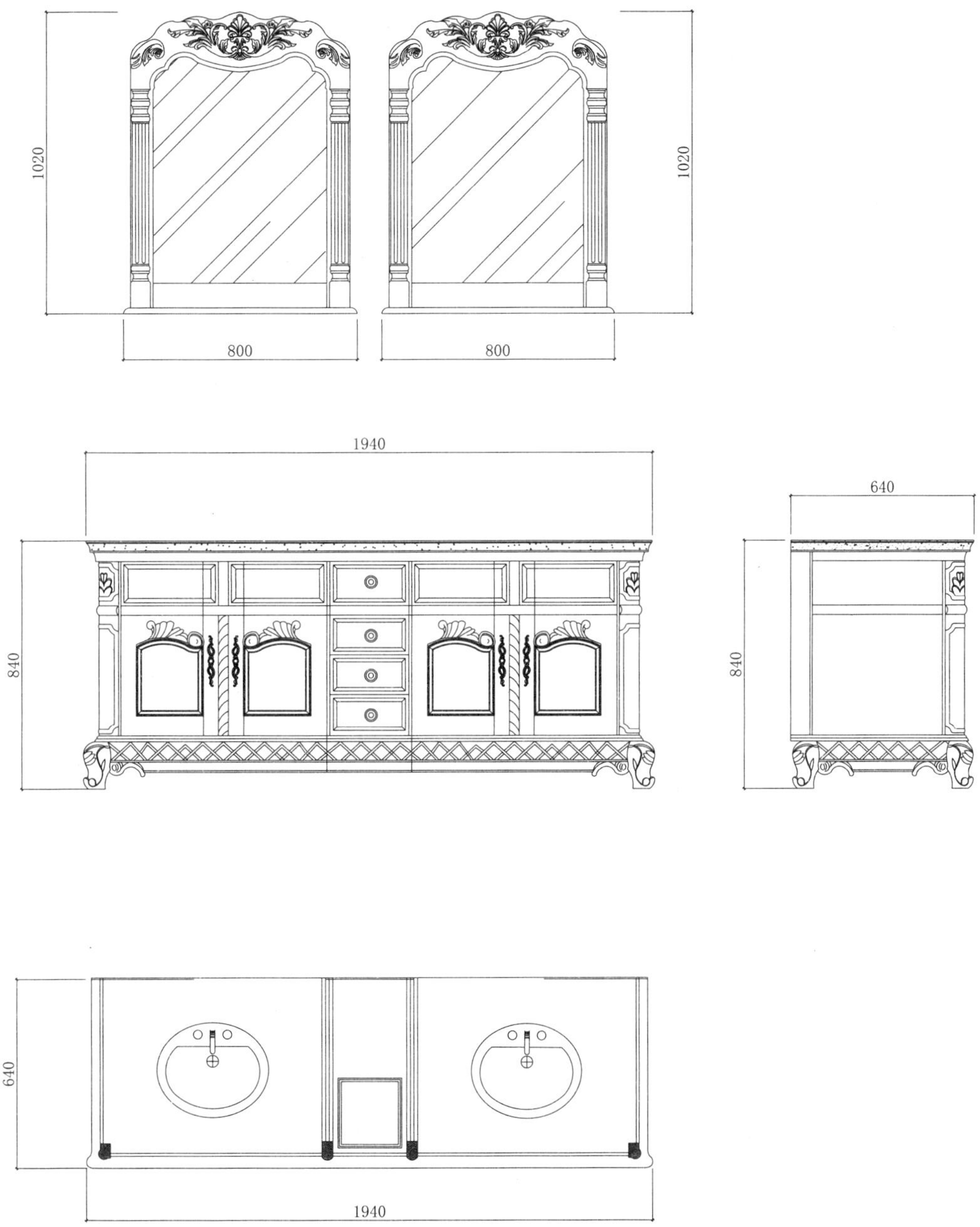
1020
800
800
1020
1940
840
640
840
640
1940

浴室柜 7#

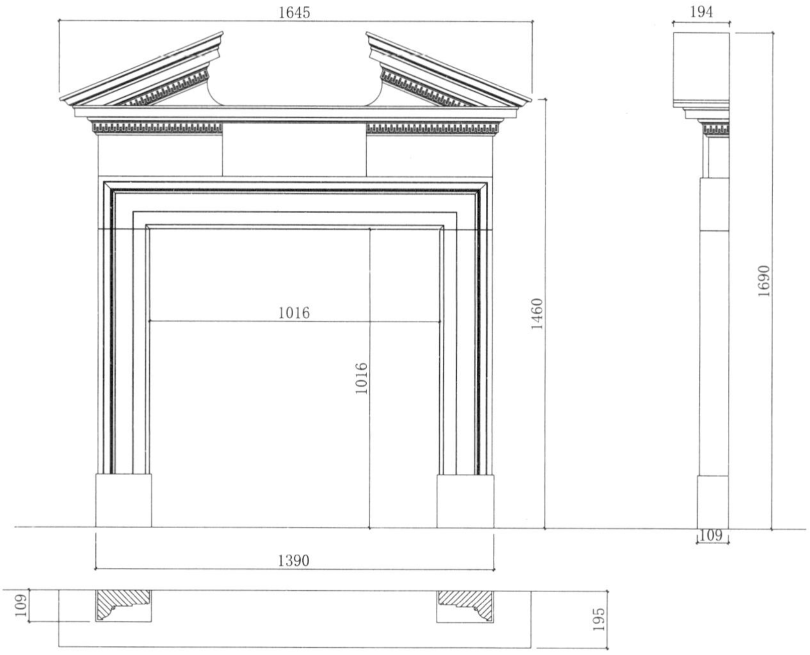
1645
194
1016
1016
1460
1690
1390
109
109
195

壁炉 1#

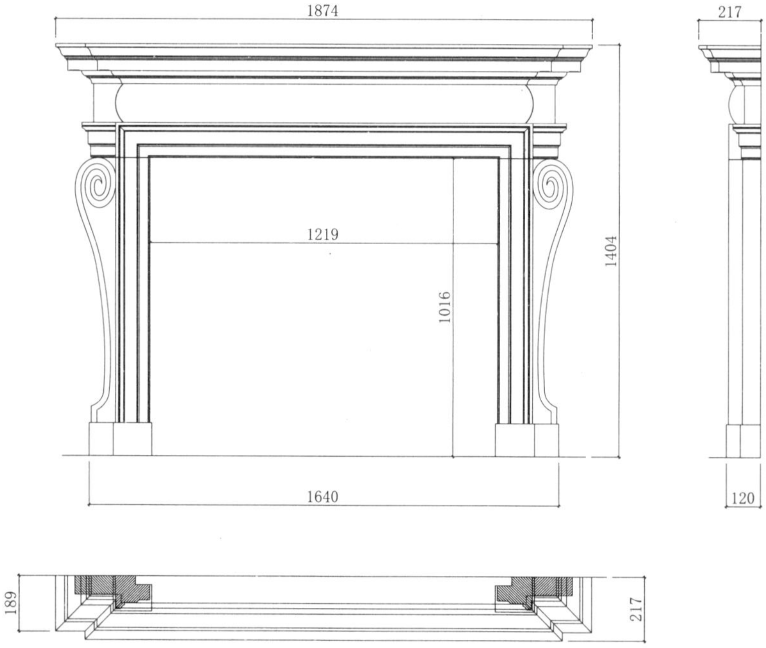
1874
217
1219
1016
1404
1640
120
189
217

壁炉 2#

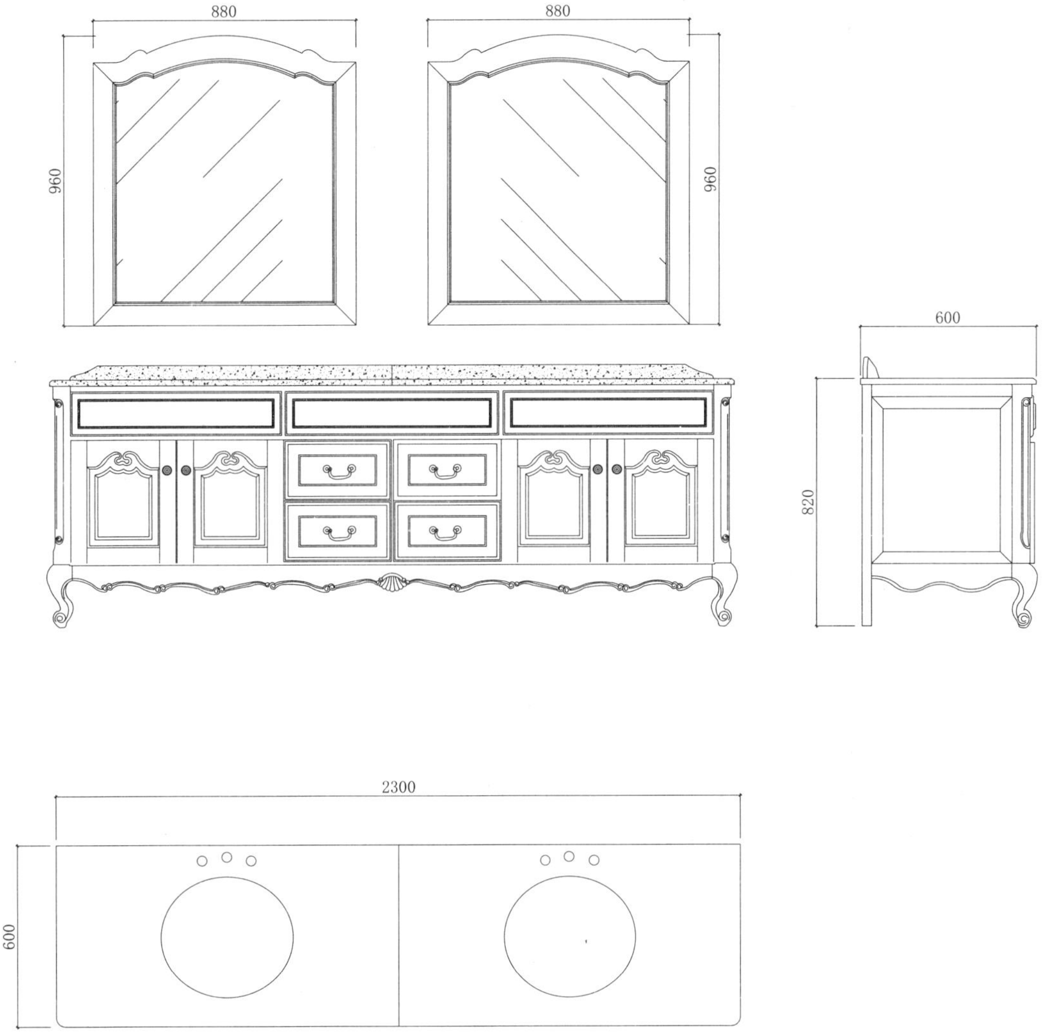
880
880
960
960
600
820
2300
600

浴室柜 8#

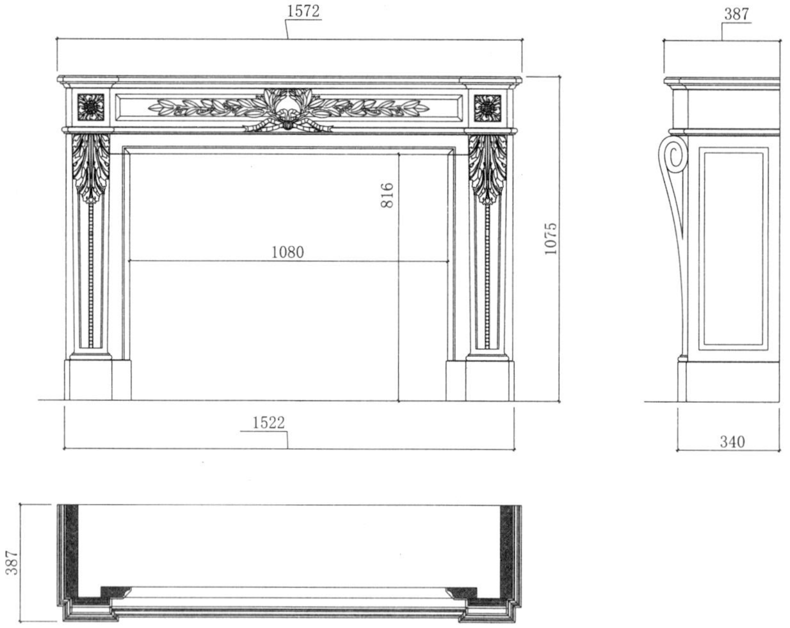
1572
387
816
1080
1075
1522
340
387

壁炉 3#

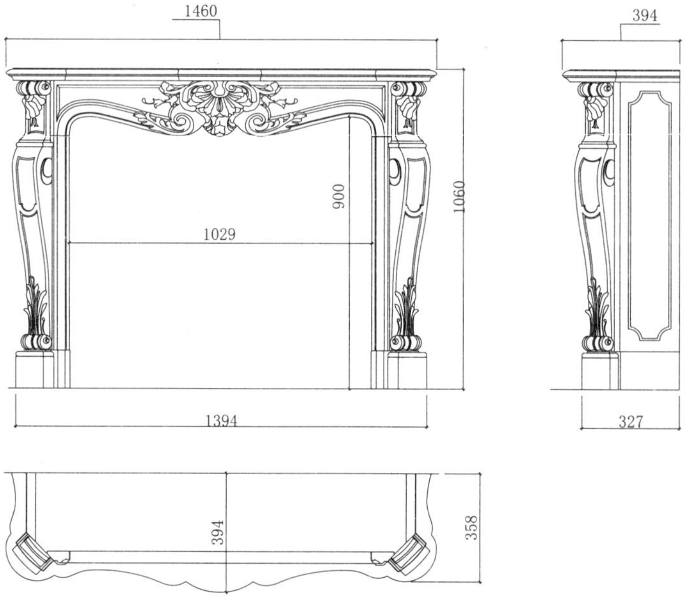
1460
394
900
1029
1060
1394
327
394
358

壁炉 4#

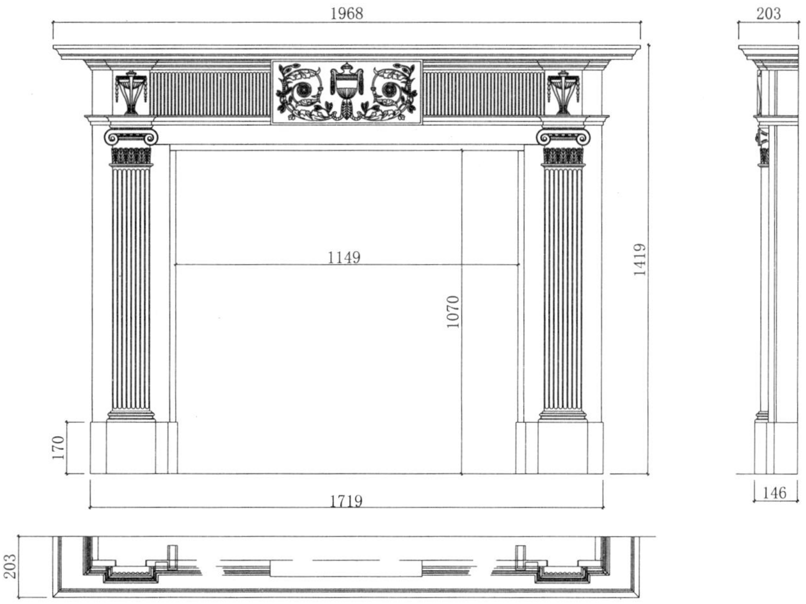
1968
203
1149
1070
1419
170
1719
146
203

壁炉 5#

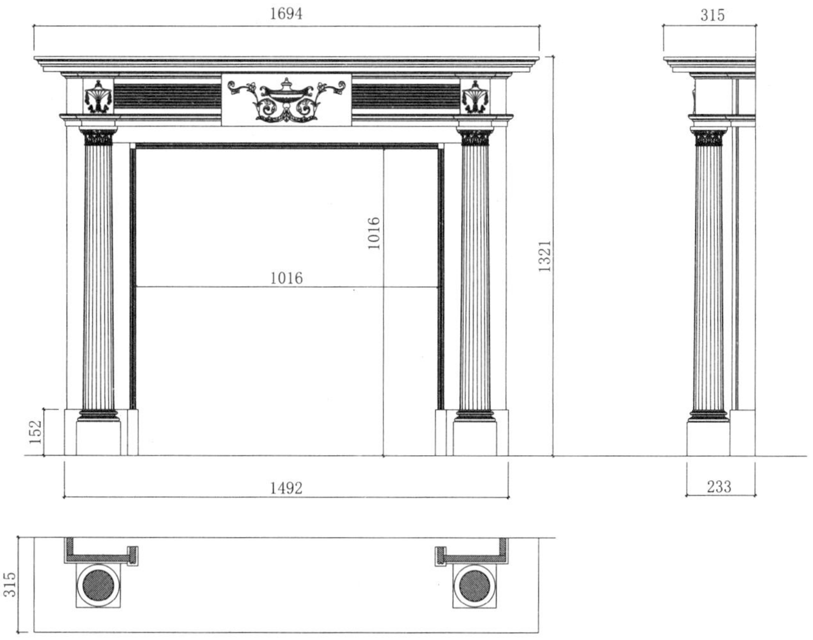
1694
315
1016
1016
1321
152
1492
233
315

壁炉 6#

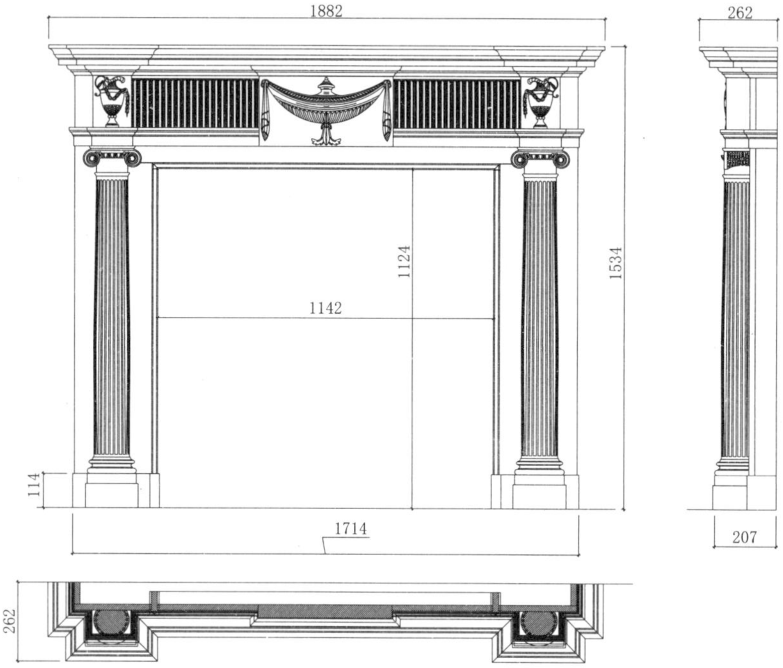
1882
262
1124
1534
1142
114
1714
207
262

壁炉 7#

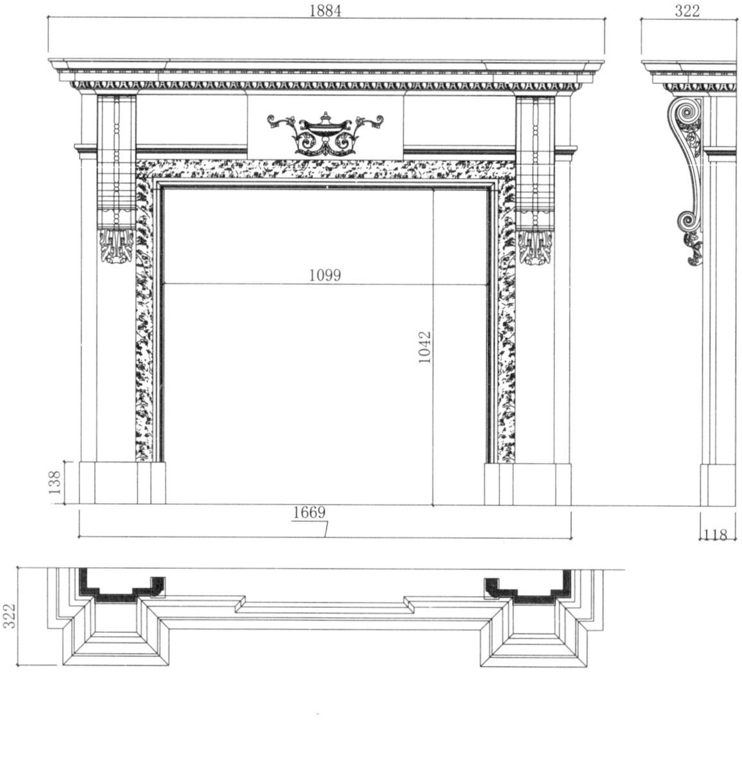
1884
322
1099
1042
138
1669
118
322

壁炉 8#

第三章 楼梯

第一节 楼梯基本知识

1. 概述

建筑物中作为楼层间垂直交通用的构件，用于层间和高差较大时的交通联系。在设有电梯、自动梯作为主要垂直交通手段的多层和高层建筑中也要设置楼梯。高层建筑尽管采用电梯作为主要垂直交通工具，但仍然要保留楼梯供火灾时逃生之用。楼梯由连续梯级的梯段（又称梯跑）、平台（休息平台）和围护等构件组成。楼梯的最低和最高一级踏步间的水平投影距离为梯长，梯级的总高为梯高。

2. 楼梯组成

1) 楼梯段每个楼梯段上的踏步数目不得超过 18 级，不得少于 3 级。

2) 楼梯平台按其所处位置分为楼层平台和中间平台。

3) 栏杆（栏板）和扶手栏杆是设置在楼梯段和平台临空侧的围护构件，应有一定的强度和刚度，并应在上部设置供人们扶持用的扶手。扶手是设在栏杆顶部供人们上下楼梯倚扶的连续配件。

3. 楼梯形式

楼梯按梯段可分为单跑和多跑楼梯。梯段的平面形状有直线的、折线的和曲线的。单跑楼梯最为简单，适合于层高较低的建筑；双跑楼梯最为常见，有双跑直上、双跑曲折、双跑对折（平行）等，适用于一般和工业建筑；三跑楼梯有三折式、丁字式、分合式等，多用于公共建筑；剪刀楼梯系由一对方向相反的双跑平行梯组成，或由一对互相重叠而又不连通的单跑直上梯构成，剖面呈交叉的剪刀形，能同时通过较多的人流，并节省空间；螺旋转梯是以扇形踏步支承在中立柱上，虽行走欠舒适，但节省空间，适用于人流较少，使用不频繁的场所；圆形、半圆形、弧形楼梯，由曲板支承，踏步略呈扇形，花式多样，造型活泼，富于装饰性，适用于公共建筑。

4. 楼梯常用结构部件尺寸和结构

1) 栏杆扶手高度：指踏步前缘到扶手顶面的垂直距离。

一般建筑物楼梯扶手高度为 900mm；平台上水平扶手长度超过 500mm 时，其高度不应小于 1050mm；幼托建筑的扶手高度不能降低，可增加一道 500~600mm 高的儿童扶手。扶手长度超过 3m 分两段制作，因为超过 3m 的在运输过程中会易容碰坏，工厂会在接头处做好接头内置五金拉杆。

扶手常规尺寸：45mm×70mm,50mm×80mm。扶手圆截面积直径为40~60mm最佳为45mm，其他截面形状的顶端宽度不超过75mm。木扶手最小截面直径为50mm，金属扶手截面直径为32~40mm，靠墙扶手与墙面的净距离应大于35mm，最低不得小于30mm，保证扶手拿握舒适。

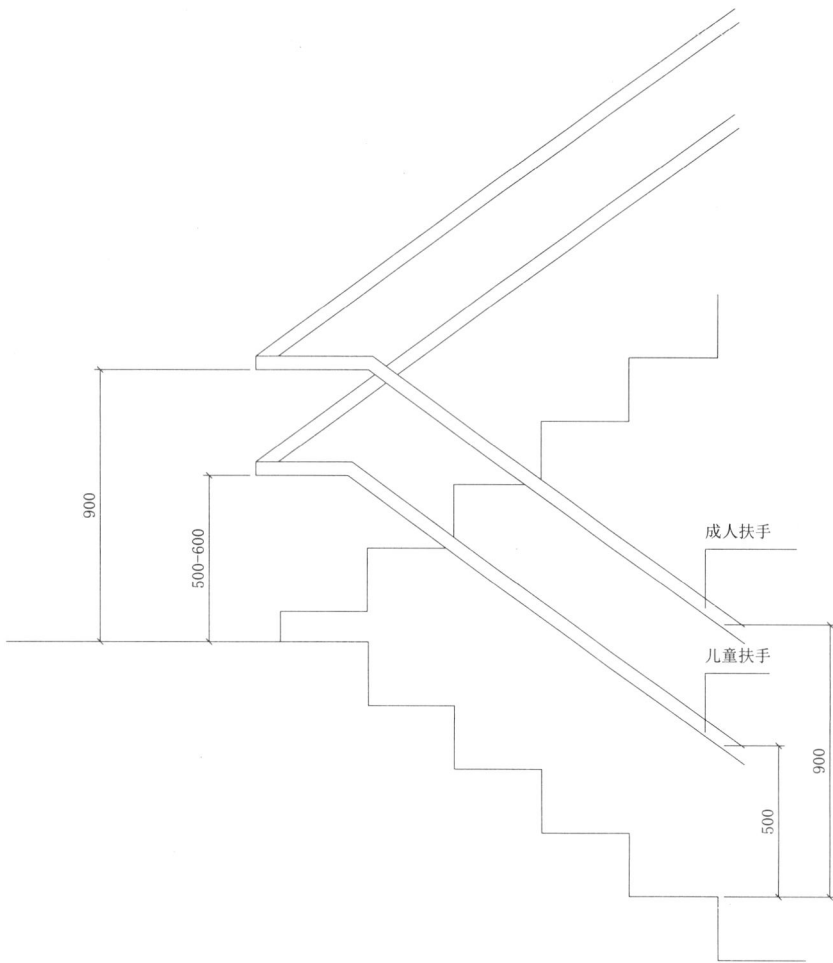

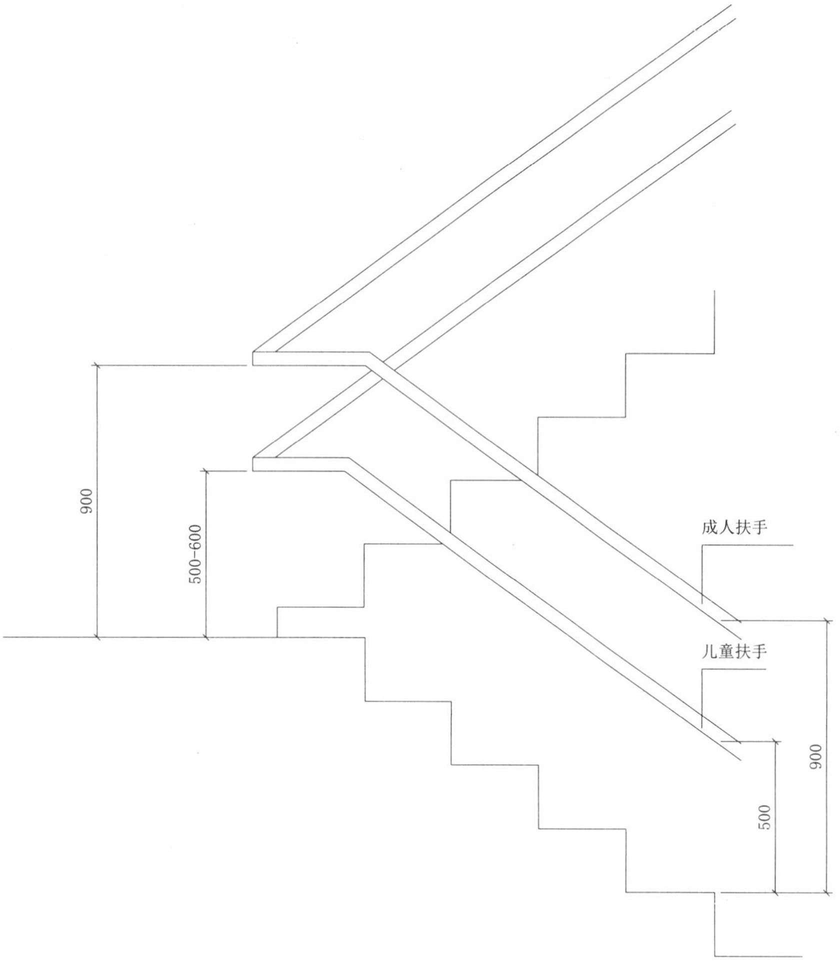

常规扶手高度标准

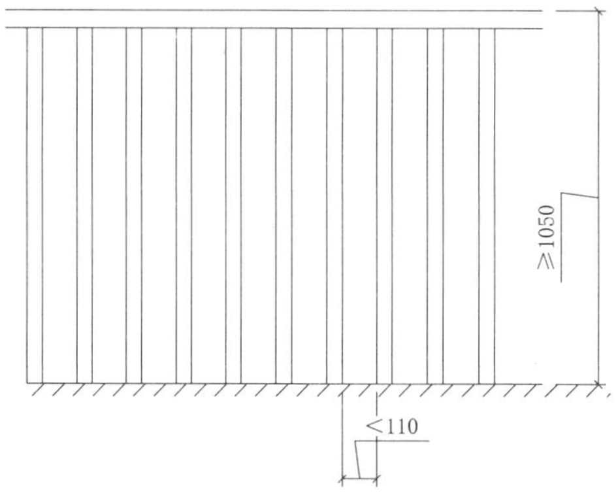

栏杆扶手高度（单位：mm）			
建筑类型	楼梯栏杆高度		
	楼梯扶手高度（踏步前缘线量起）	靠梯井一侧水平扶手长度超过0.50m	临空（水平扶手长度超过0.50m）
住宅	900（室内）	1050	底、多层>50 中、高层>1100
公共建筑	900（室内）	1000~1100	高层1100~1300
注：住宅建筑楼梯井宽度大于110mm，公共建筑楼梯井宽度大于200mm时，应采取安全措施。			

2）楼梯的踏步尺寸包括踏步高和踢面宽。

◆踏面：行走时踏脚的水平部分（*b* 表示踏面宽）。

◆踏步：形成踏步高差的垂直部分（*h* 表示踢面高）。

◆经验公式：$2h+b$=600 ～ 620mm 或 $h+b$=450mm。

踏步尺寸参考（单位：mm）					
名　　称	住　　宅	学校/写字楼	剧院/会堂	医　　院	幼 儿 园
b表示踏面宽	260~300	280~340	300~350	300~350	260~280
h表示踢面高	150~170	140~160	120~150	120~150	120~150

◆踏步常见三种结构形式

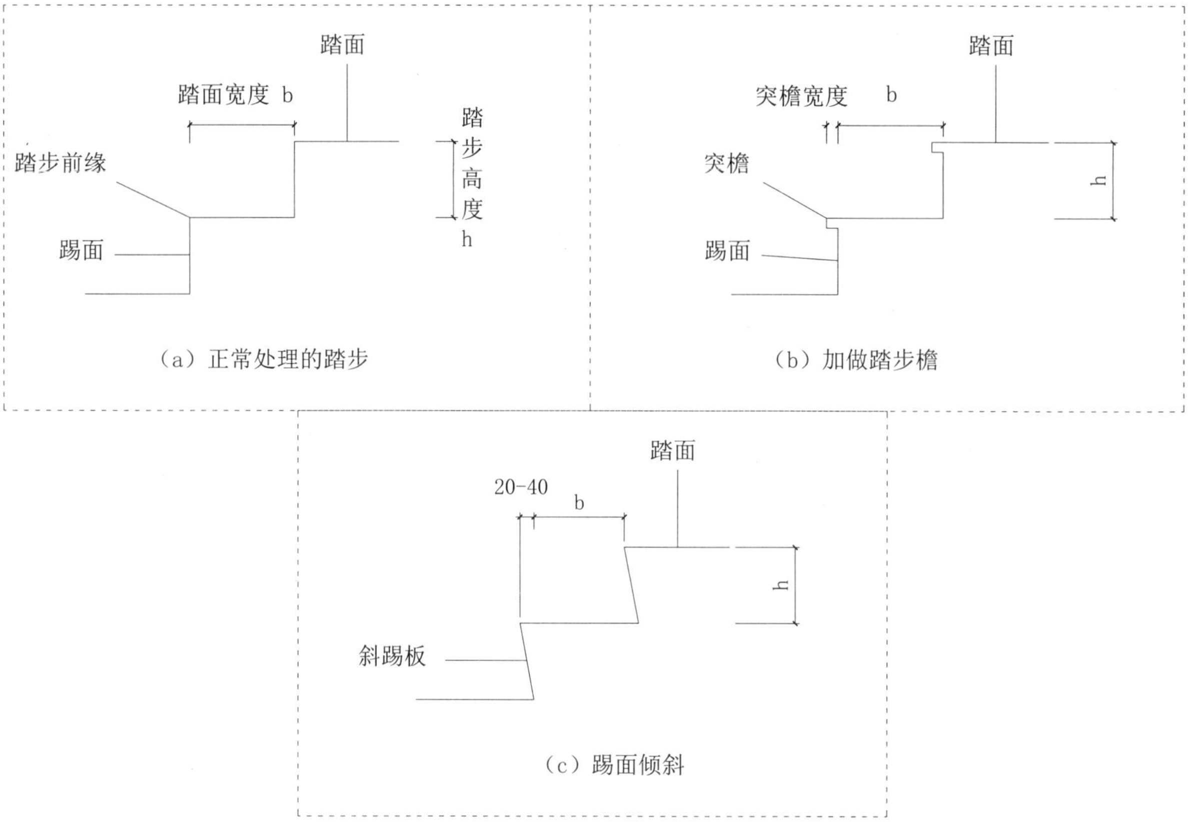
踏面
踏面宽度 b
踏步前缘
踢面
踏步高度h
(a) 正常处理的踏步
踏面
突檐宽度 b
突檐
踢面
h
(b) 加做踏步檐
踏面
20-40
b
h
斜踢板
(c) 踢面倾斜

3）楼梯段的宽度与平台宽度

◆楼梯段的宽度

楼梯段的宽度是指楼梯段临空侧扶手中心线到另一侧墙面（或靠墙扶手中心线）之间的水平距离。

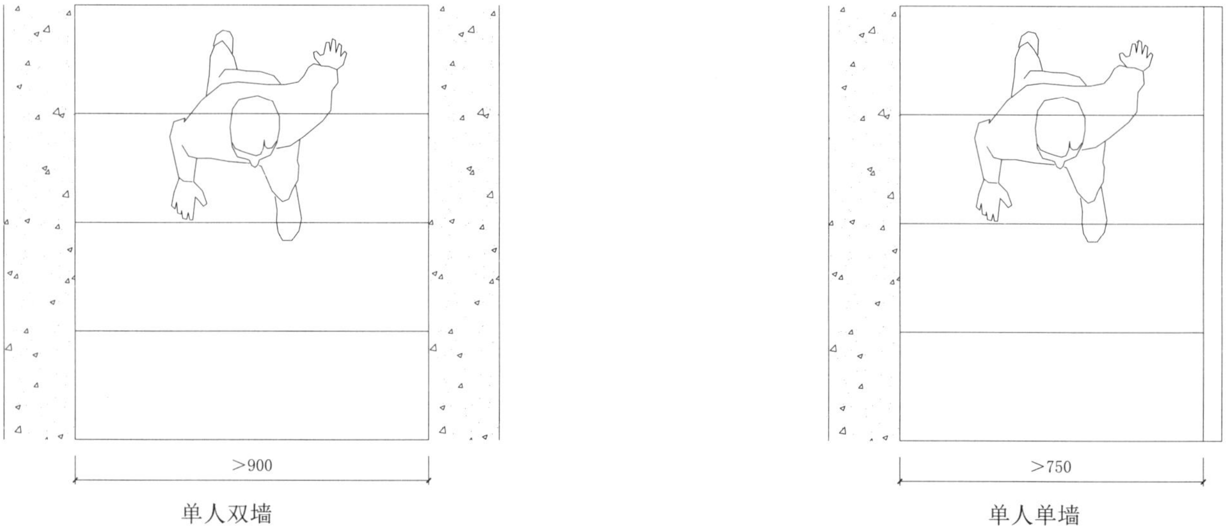
>900
单人双墙
>750
单人单墙

三跑楼梯

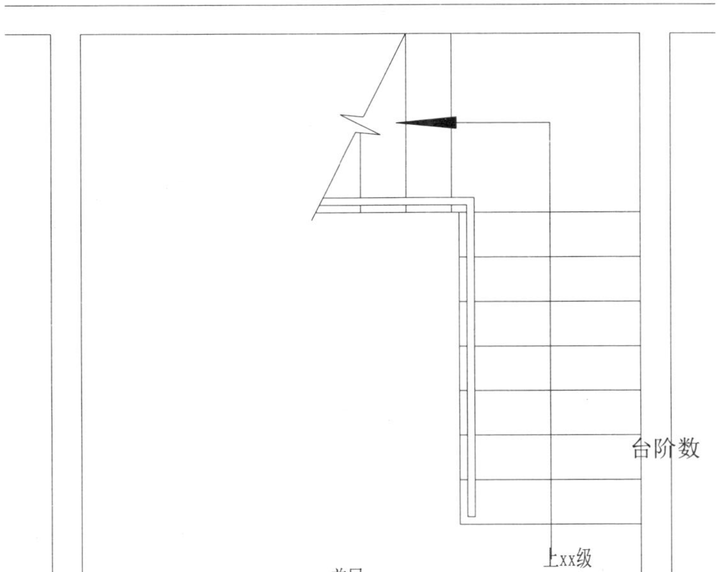

首层

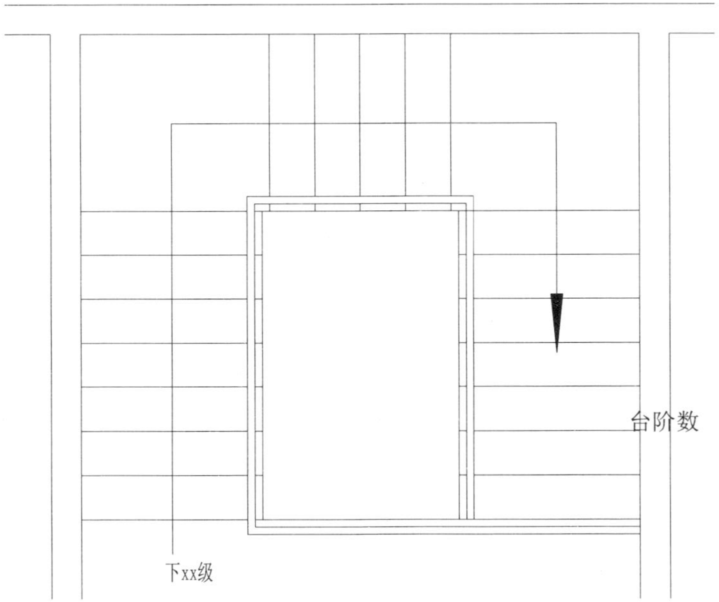

二层

旋转/弧形楼梯

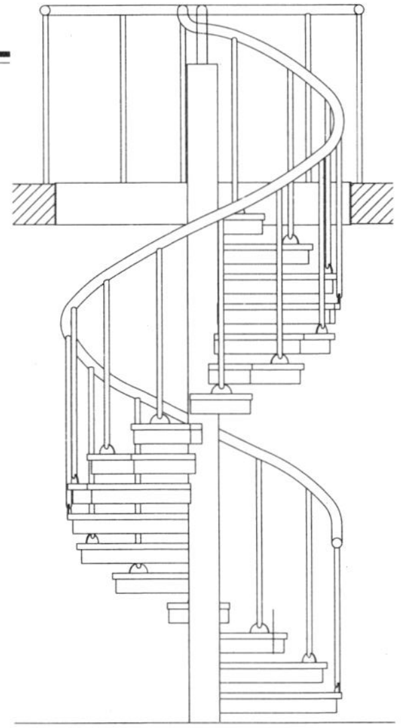

立面图

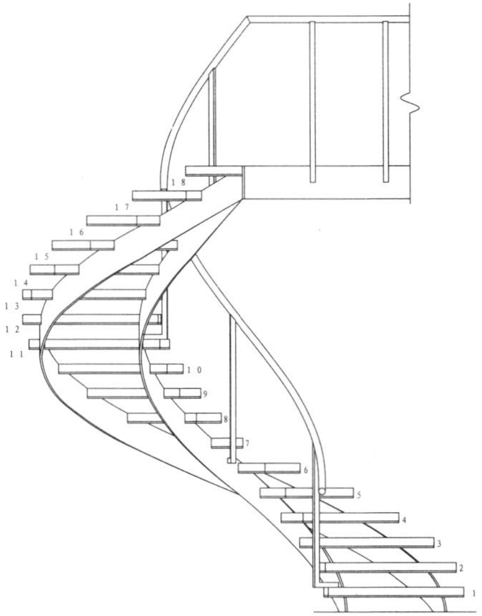

立面图

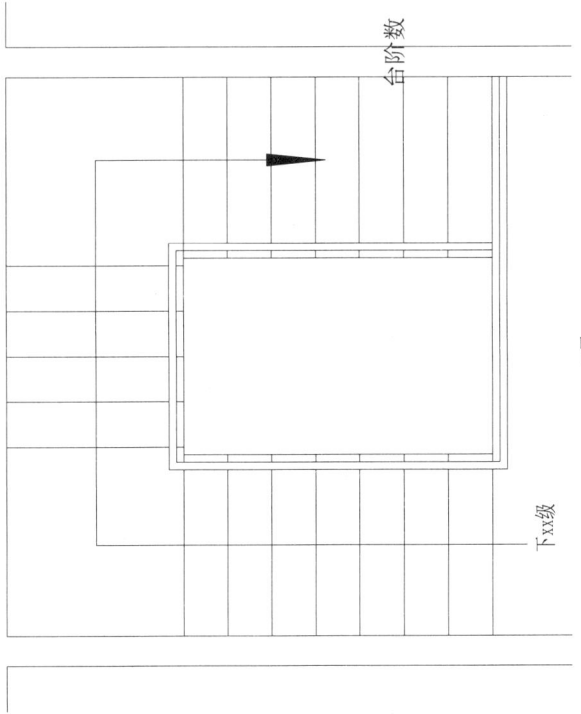

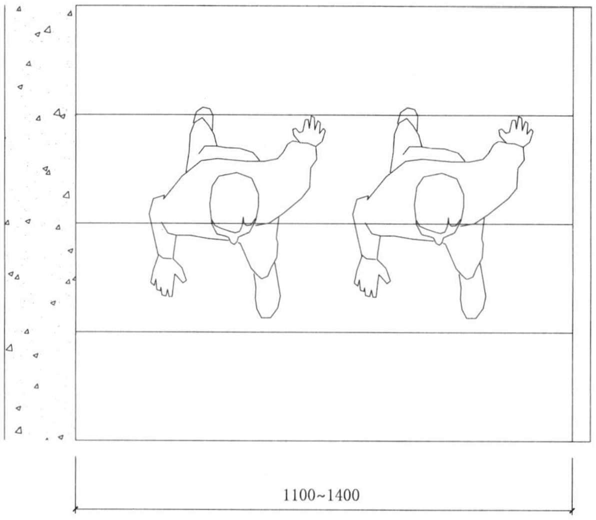

双人通行

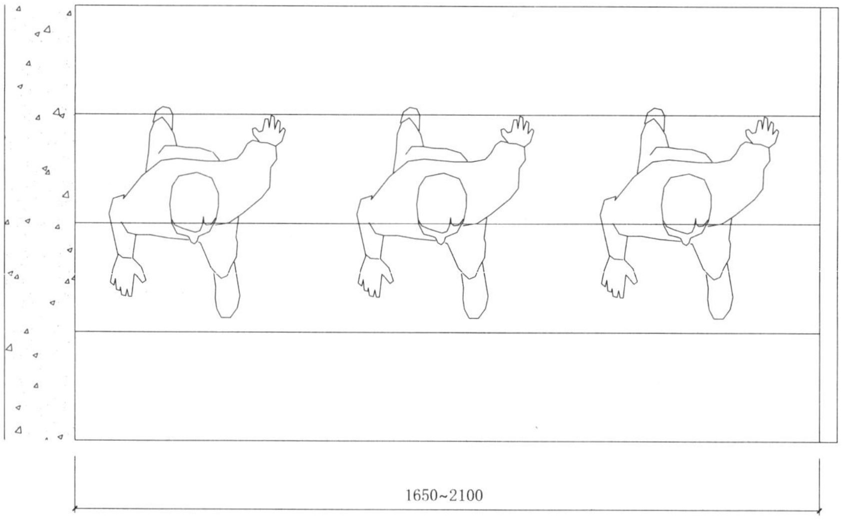

三人通行

注:楼梯段宽度大于1650mm(3股人流）时，增设靠墙扶手

楼梯段宽度超过2200mm(4股人流）时，增设中间扶手

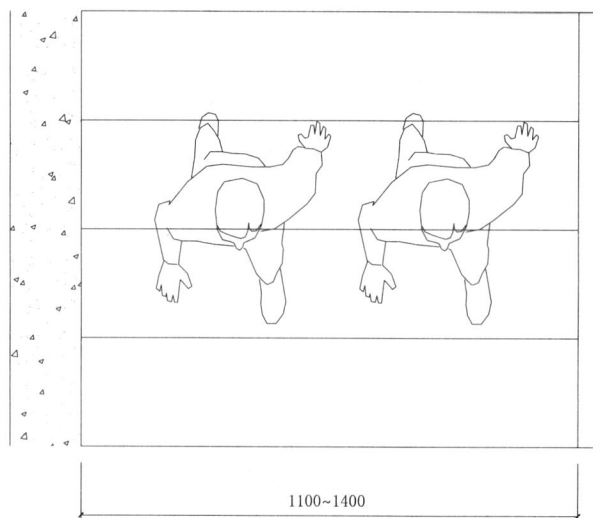

楼梯段各坡度示意图(右图)

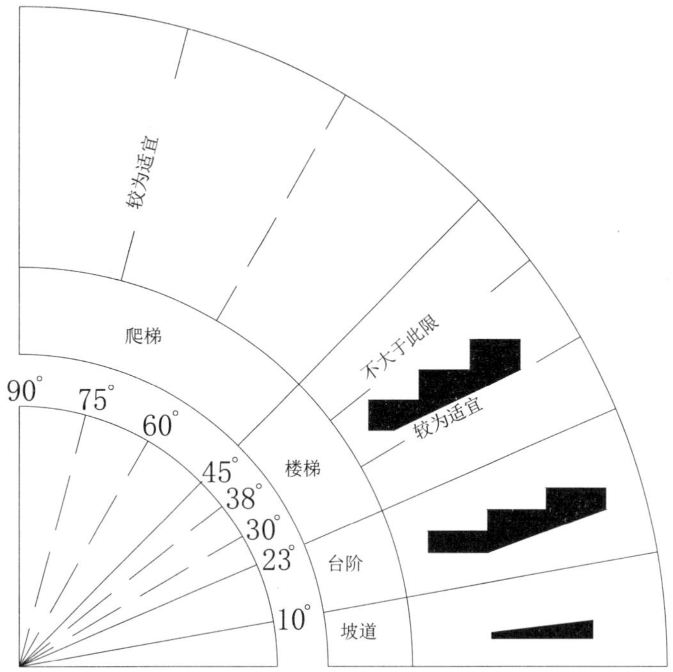
较为适宜
爬梯
不大于此限
较为适宜
楼梯
台阶
坡道
90°
75°
60°
45°
38°
30°
23°
10°

4）楼梯的净空高度（下图）

确定楼梯段上的净空高度时，楼梯段的计算范围应从楼梯段最前和最后踏步前缘分别往外 300mm 算起。

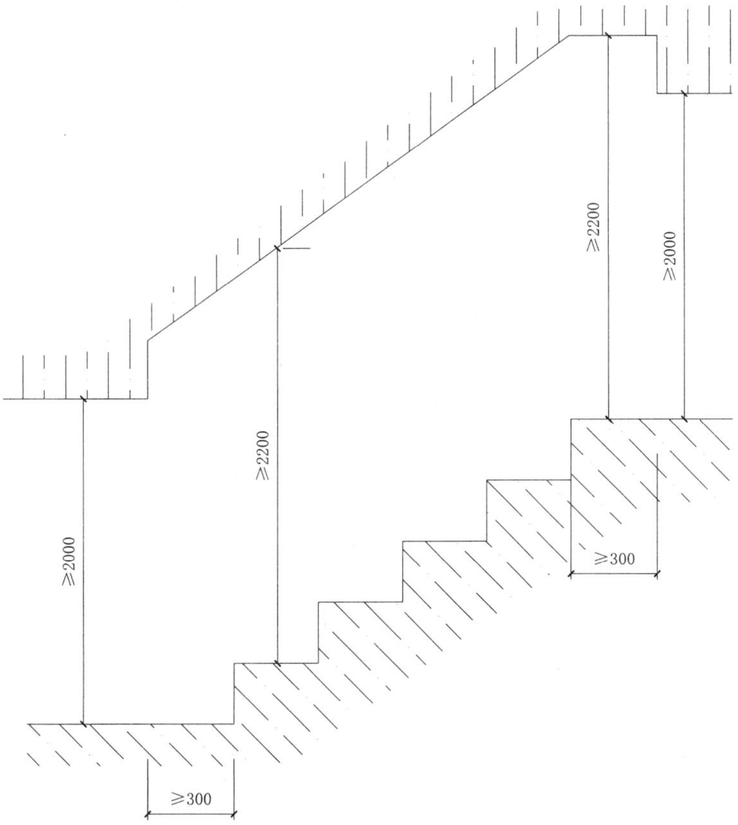
≥2200
≥2000
≥2200
≥2000
≥300
≥300

5）小立柱：可分为常规小柱和外挂小柱。

常见规格是：50mm×50mm，在扶手与梯板或龙骨之间的垂直链接部件；考虑到小孩头易探出，楼梯小立柱之间的中心距不超过165mm，防碰头或易探出滑落，弯头最大处不超过125mm，从安全考虑，小立柱高度不低于800mm。

6）大立柱：在立柱中较大的，一般在起步、转角、结束等处，常见规格是：90mm×90mm/100mm×100mm；起步大柱：起步时最前面的两根大柱，其中80%与大柱一样大，另有20%比大柱更大，也是实木楼梯中最为讲究的部分。

7）扶手及弯头：扶手当中的弯型部分，有很多种，比如比如直角平弯、七字弯、三通弯、左右起步弯、逗号起步弯等。

8）踢脚线：梯板靠墙端所增加的装饰部分；可分为普通踢脚线和豪华踢脚线；

9）装饰盖：用以盖住螺杆及螺帽的小圆形结构。

5. 楼梯设计注意事项

1）楼梯的关键性尺寸：

①开口大小，选择楼梯的大小，踏板宽度和楼梯的造型等。

②楼层高度，选择楼梯的踏步间距的缓急，影响到你上下楼的舒适度。

楼层高度（cm）：	231~253	252~276	273~299	294~322	315~345
踏步格数：	10+1	11+1	12+1	13+1	14+1
注：楼梯地板如果面积过大，务必齿拼，以防止木材变形，一般按宽度0.3m，高度0.15m设计最适宜。使用也方便，另外宽度高度规范有规定。					

2）楼梯的数量、位置和楼梯间形式应满足使用方便和安全疏散的要求。

3）梯段净宽除应符合防火规范的规定外，供日常主要交通用的楼梯梯段净宽应根据建筑物使用特征，一般按每股人流宽为0.55+（0~0.15）m的人流股数确定，并不应少于两股人流。

注：0~0.15m为人流在行进中人体的摆幅，公共建筑人流众多的场所应取上限值。

4）梯段改变方向时，平台扶手处的最小宽度不应小于梯段净宽。当有搬运大型物件需要时应再适量加宽。

5）每个梯段的踏步一般不应超过 18 级，亦不应少于 3 级。

6）楼梯平台上部及下部过道处的净高不应小于 2m，梯段净高不应小于 2.20m，楼梯的梯段净宽不应小于 1.10m（住宅设计规范）。

注：梯段净高为自踏步前缘线（包括最低和最高一级踏步前缘线以外 0.30m 范围内）量至直上方突出物下缘间的铅垂高度。

7）楼梯应至少于一侧设扶手，梯段净宽达三股人流时应两侧设扶手，达四股人流时应加设中间扶手。

8）室内楼梯扶手高度自踏步前缘线量起不宜小于 0.90m。楼梯水平段栏杆长度大于 0.50m 时，扶手高度高度不应小于 1.05m。

9）踏步前缘部分宜有防滑措施。

10）有儿童经常使用的楼梯的梯井净宽大于 0.20m 时，必须采取安全措施。

住宅踏步最大高度 0.18m，最小宽度 0.25m；幼儿园小学楼梯踏步最大高度 0.15m，最小宽度 0.26m 电影院、剧院、体育馆、商场、医院、疗养院等楼梯踏步，最大高度 0.16m，最小宽度 0.28m，其他建筑物楼梯踏步，最大高度 0.17m，最小宽度 0.26m；住宅户内楼梯，专用服务楼梯，最大高度 0.20m，最小宽度 0.22m。

6. 楼梯材质

楼梯材质主要有：美国樱桃木、美国红橡木、沙比利、水曲柳、柚木、花梨木等，亦可根据客户要求，特别订制。

7. 楼梯样式图示

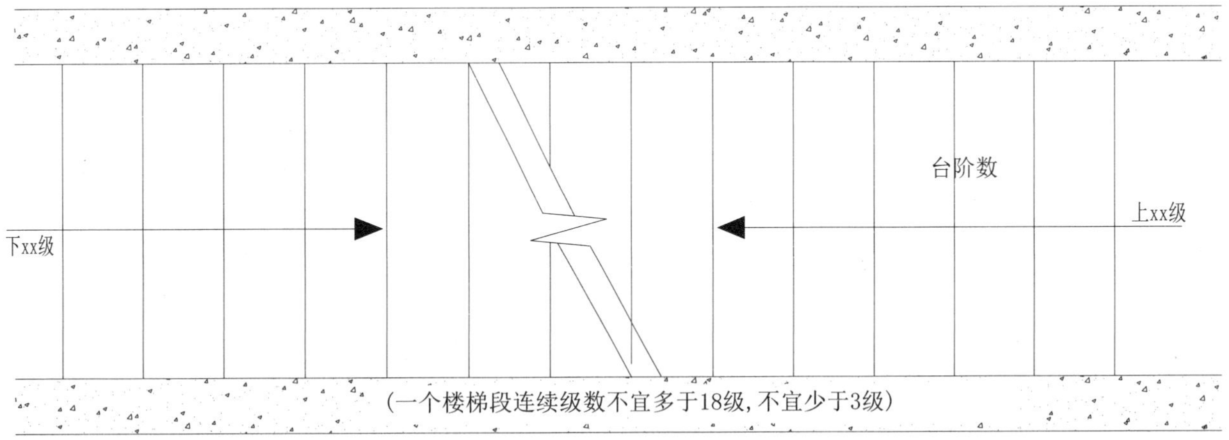
台阶数
上xx级
下xx级
(一个楼梯段连续级数不宜多于18级,不宜少于3级)

单跑直楼梯

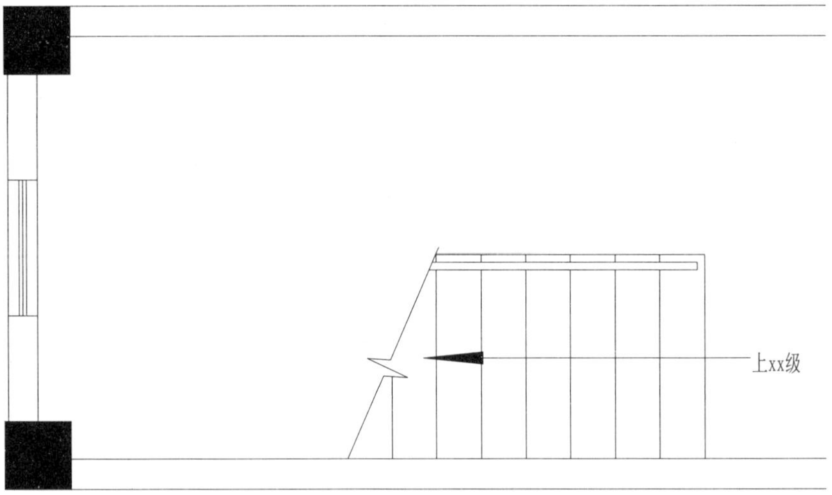
上xx级

首层

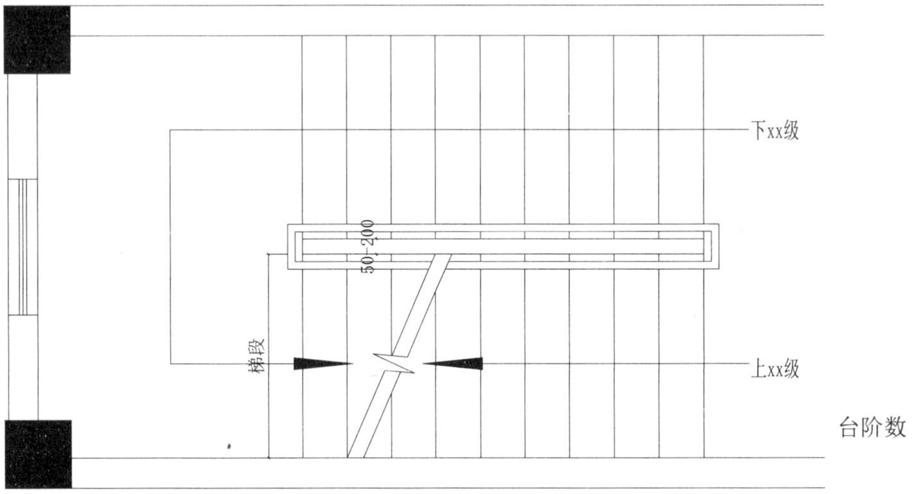
下xx级
50-200
梯段
上xx级
台阶数

二层

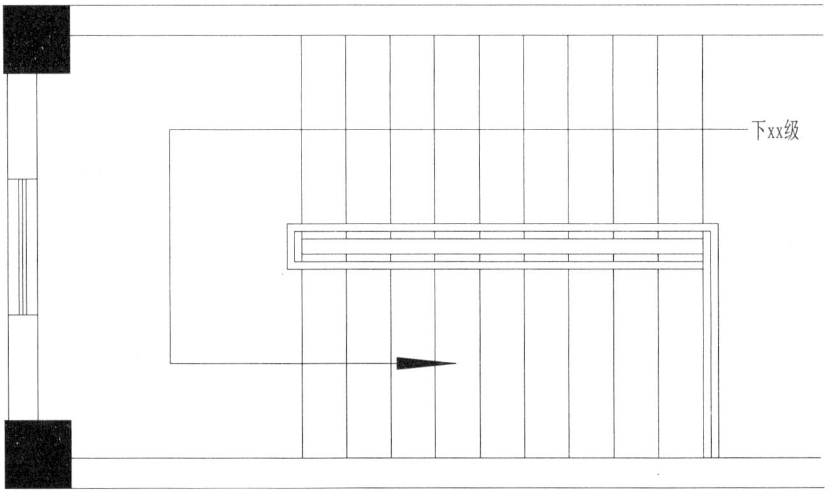
下xx级

顶层

说明：楼梯及栏杆扶手的形式和梯段踏步数按实际情况绘制

双跑楼梯平台宽度：大于梯段宽度且不小于1200mm

双跑平行楼梯

三跑楼梯

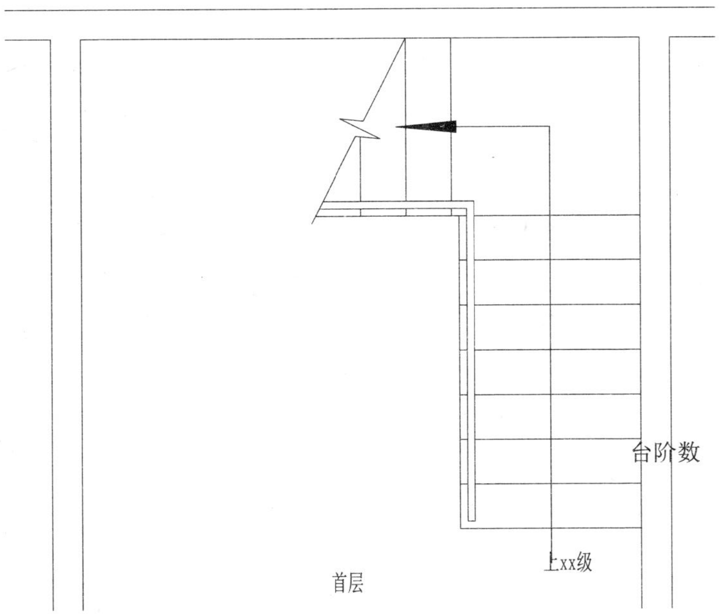

首层

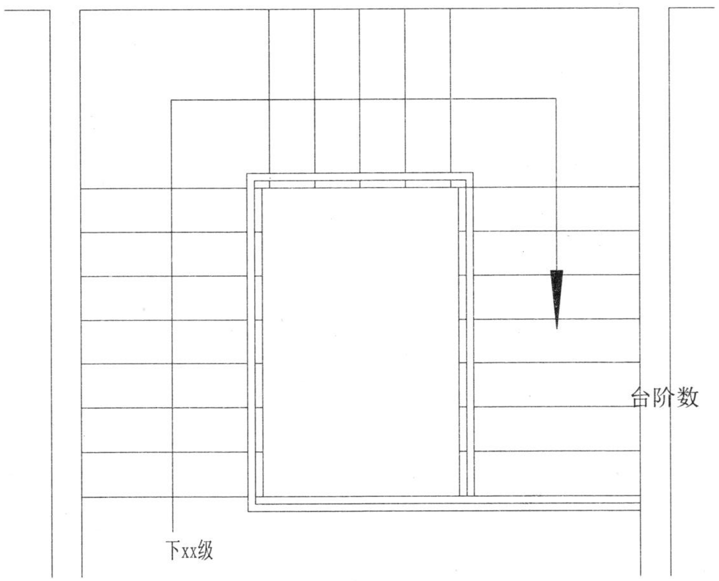

二层

旋转/弧形楼梯

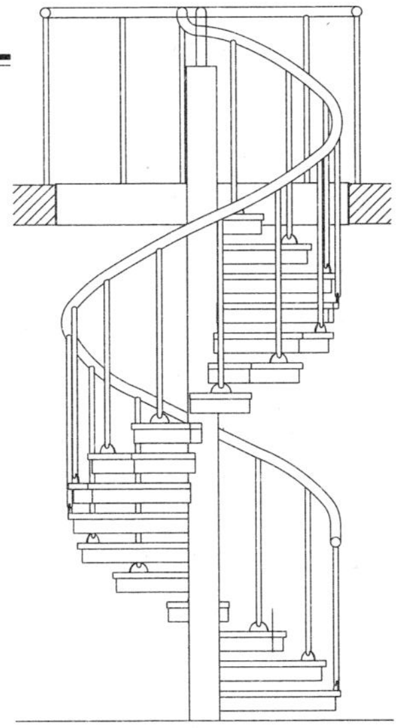

立面图

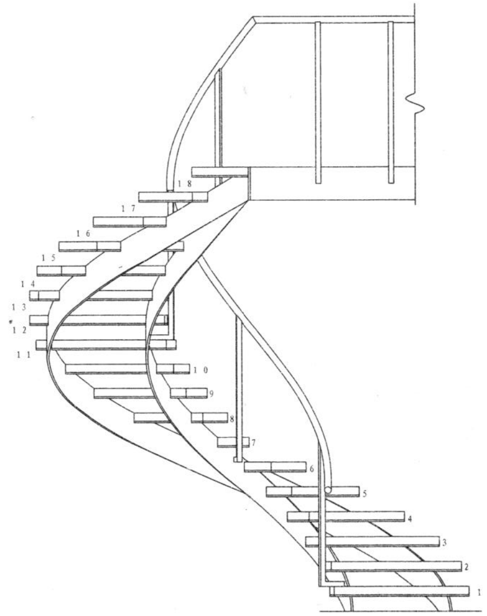

立面图

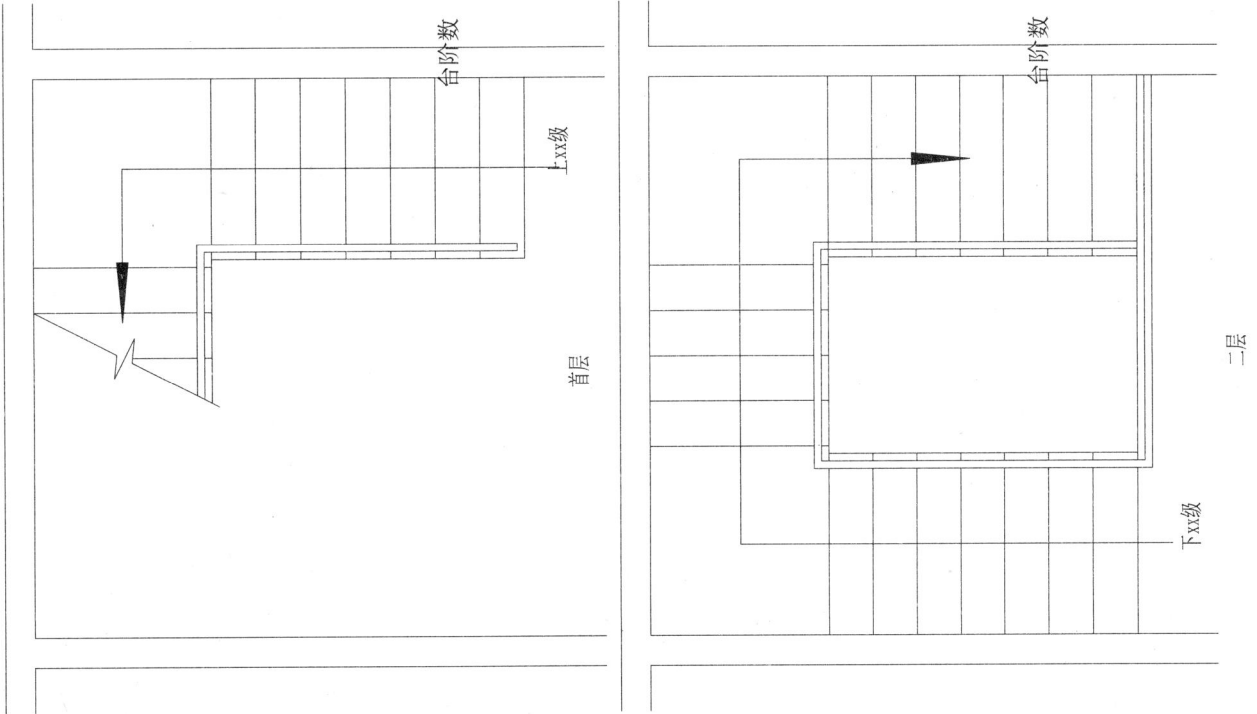

8. 楼梯各组件分解

木楼梯常用件包含以下：栏杆（扶手）、柱头、踏板、立板、踢脚线、小柱、大柱、大梁（龙骨）、连接件、装饰盖等部件构成。

◆栏杆（扶手），图纸放大比例 1:2。

扶手形状	扶手型号	扶手规格(单位：mm)
	A	ϕ45
	B	45×70
	C	61×67
	D	70×45
	E	70×90
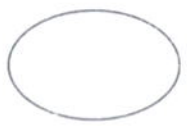	F	80×50
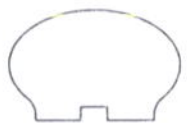	G	80×50
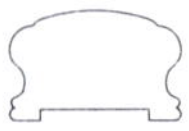	H	80×50
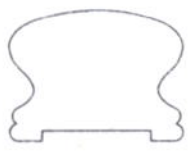	I	80×60
	J	80×70
	K	85×55
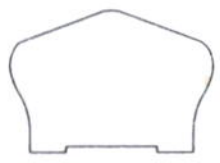	L	95×65

扶手形状	扶手型号	扶手规格(单位：mm)
	M	95×90
	N	100×95
	O	100×115
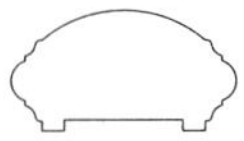	P	105×55
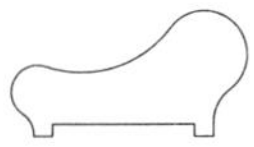	Q	110×57
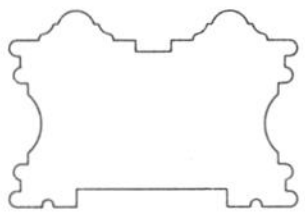	N	135×95

异型栏杆（弯头扶手），图纸放大比例1:2。

弯拐系列

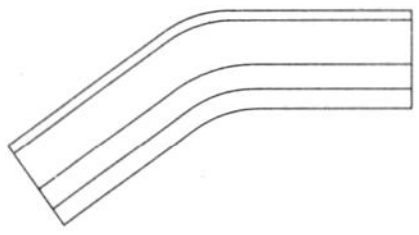

直下弯

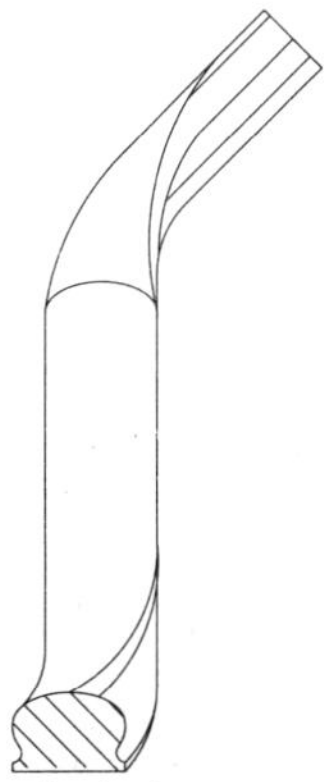

扭弯头

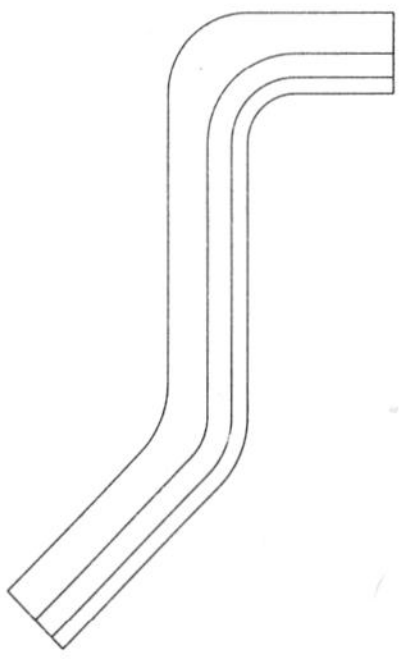

落差弯

弯拐系列

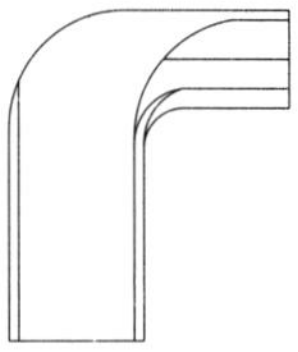
收口弯

扭弯扶手

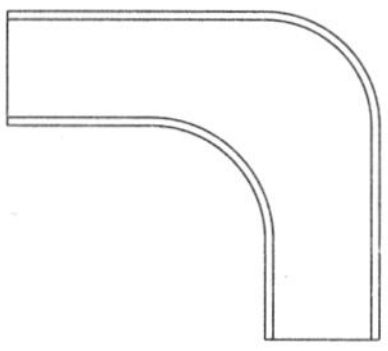
水平直角弯

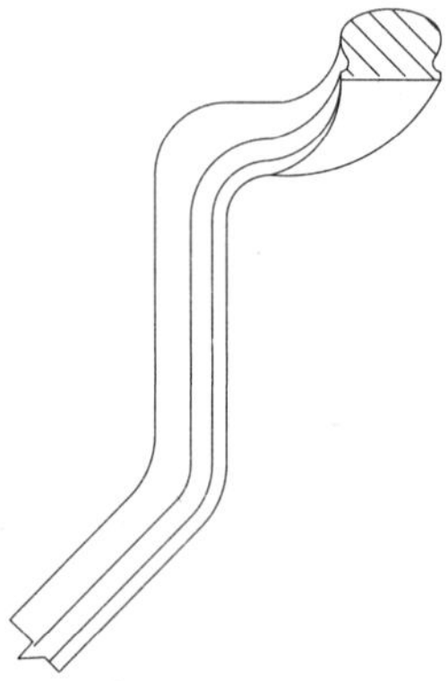
90度转角落差弯

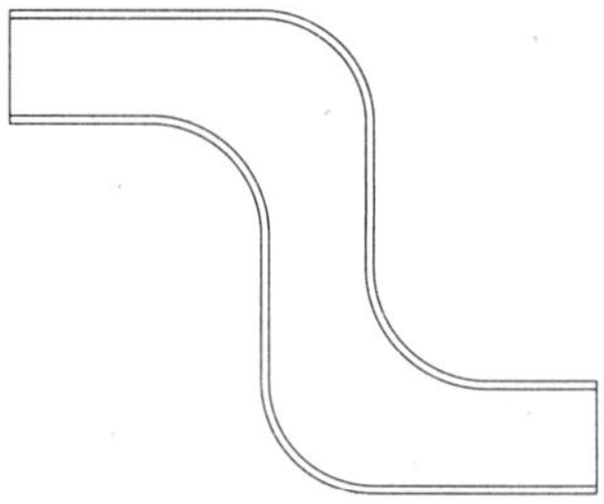
水平Z型弯

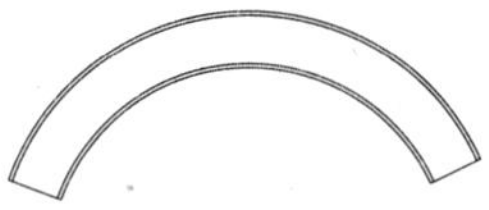
水平弯

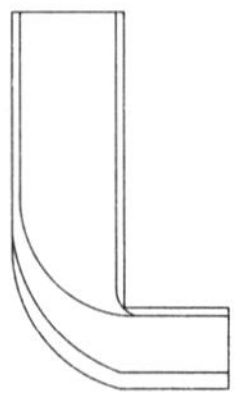
起步弯

◆柱头样式

柱头形状	扶手型号	柱头规格(单位：mm)
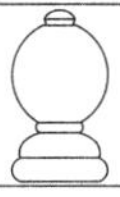	705 A	110×110×160
	705 B	90×90×160
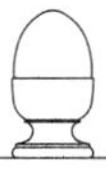	680 A	110×110×160
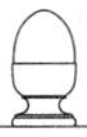	680 B	90×90×160
	691 A	110×110×160
	691 B	90×90×160
	700 A	110×110×160
	700 B	90×90×160
	901 A	110×110×170
	901 B	90×90×160
	10 A	110×110×170
	10 B	90×90×160
	690 A	110×110×160
	690 B	90×90×160
	902 A	120×120×190
	902 B	100×100×170

柱头形状	扶手型号	柱头规格(单位：mm)
	903 A	110×110×160
	903 B	90×90×160
	903 B	90×90×160
	904 B	160×160×220
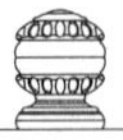	905 A	110×110×180
	905 B	90×90×165

◆踏板、立板及踢脚线样式

a. 踏板及为人行走时踏脚的水平部分

小圆边

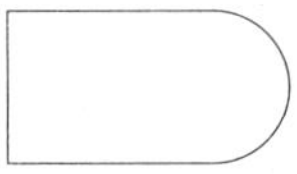

大圆边

罗马边1

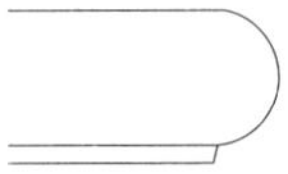

罗马边2

罗马边3

b. 立板及为两个楼梯踏板之间的立面板，如下图所示

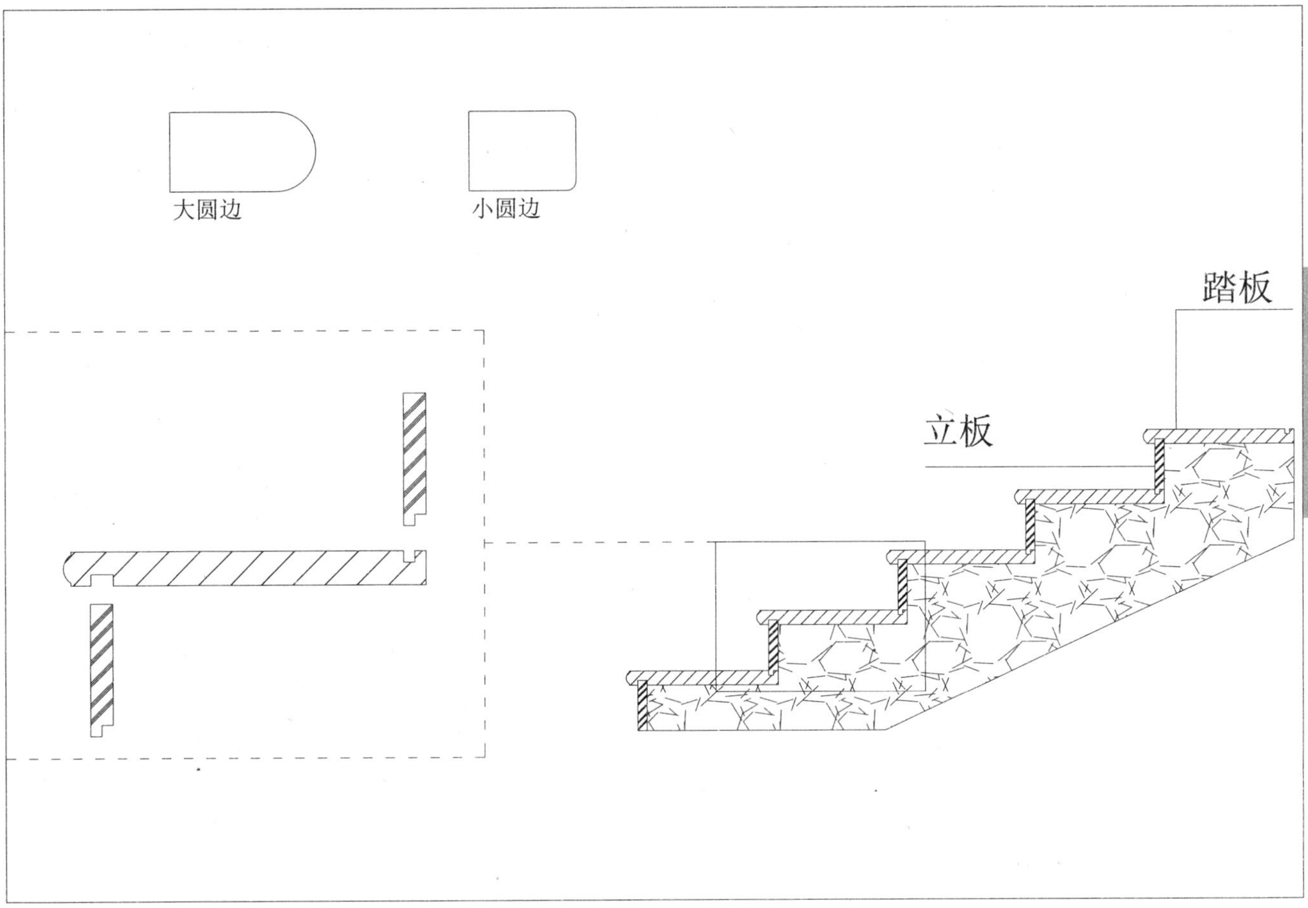

c. 踢脚线样式

踢脚线可分为两类：普通型踢脚线与豪华型踢脚线

◆小柱、大柱样式

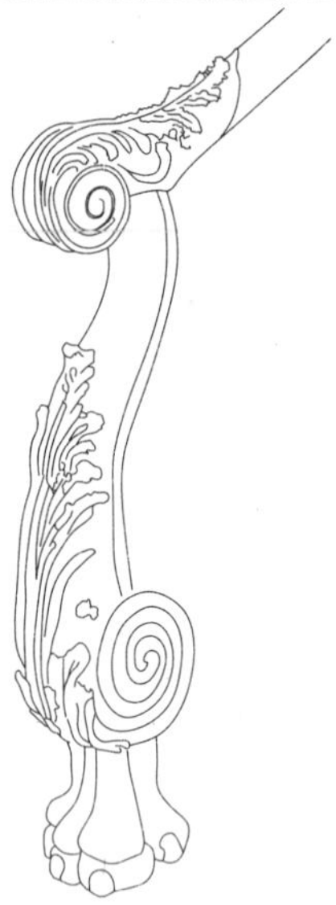

LZ-001

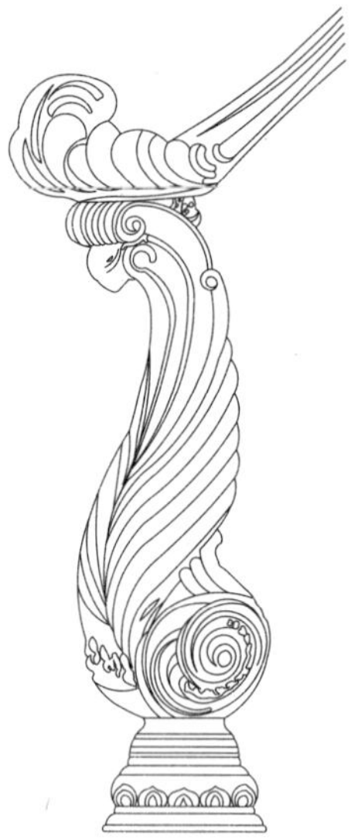

LZ-002

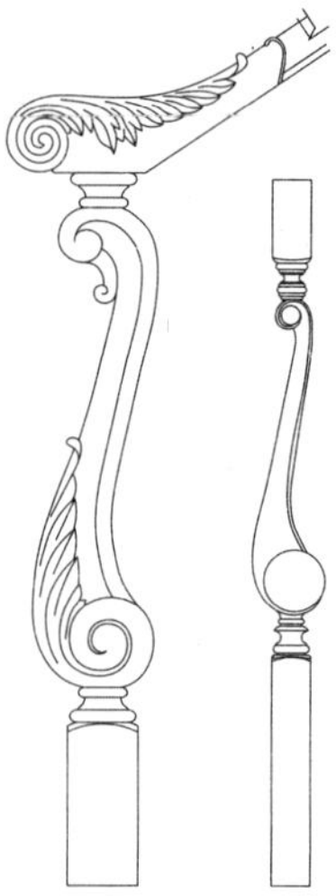

LZ-003

LZ-004

LZ-005

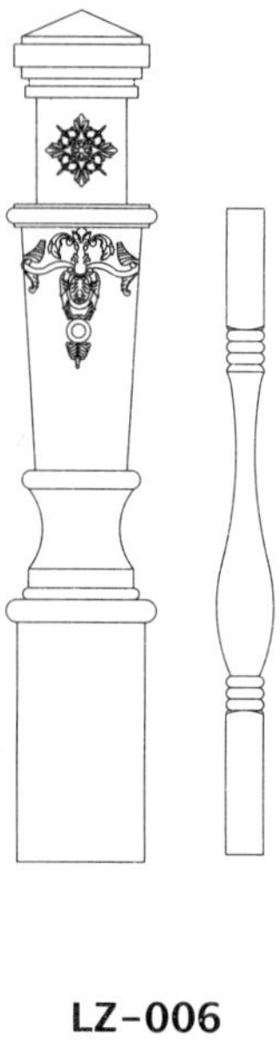

LZ-006

LZ-007

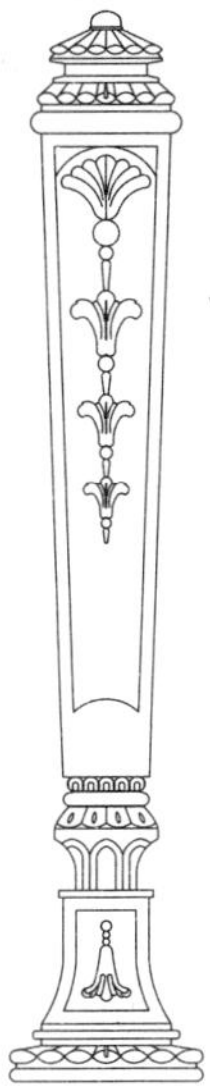

LZ-008

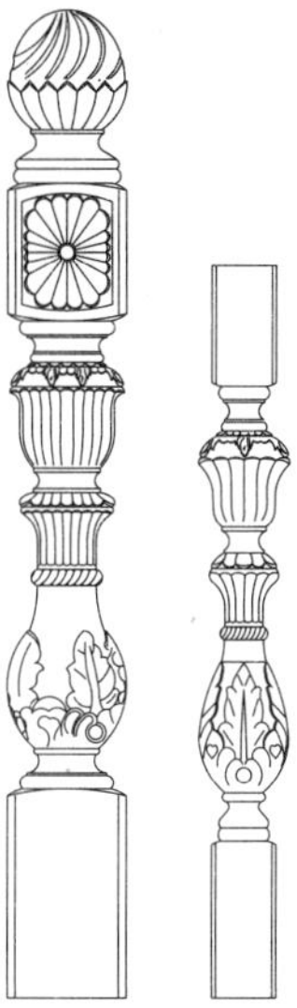

LZ-009

LZ-010

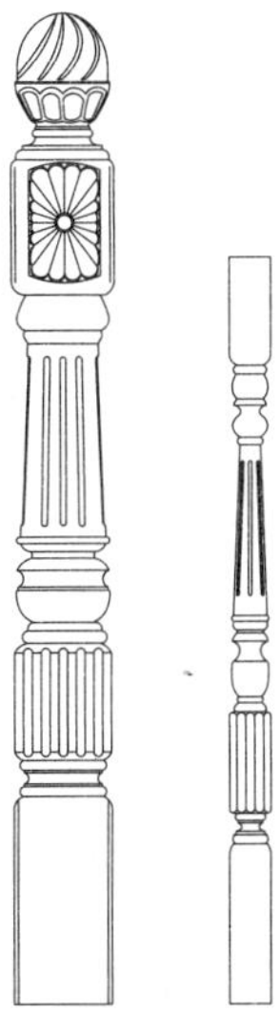

LZ-011

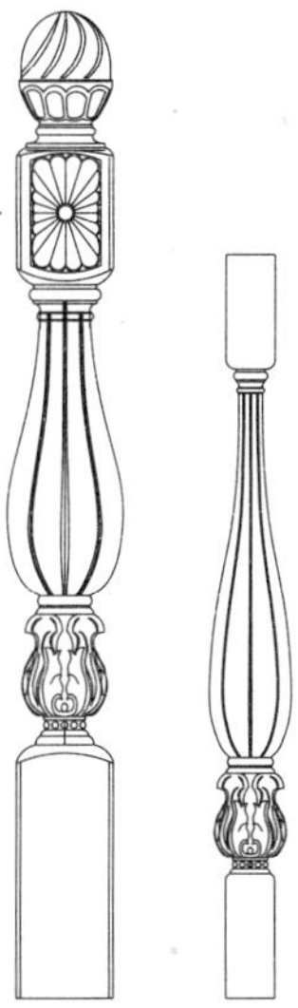

LZ-012

LZ-013

LZ-014

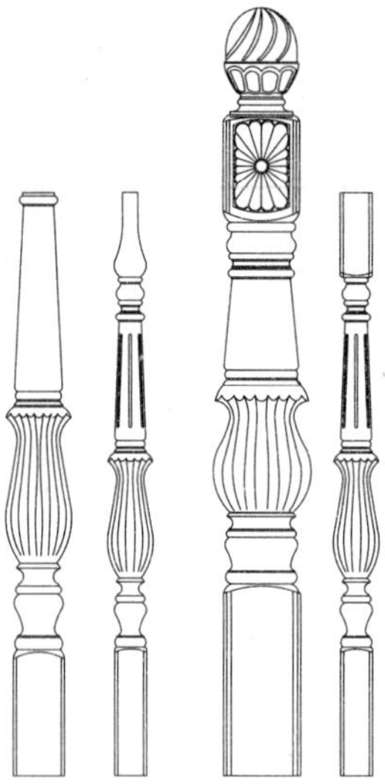

LZ-015

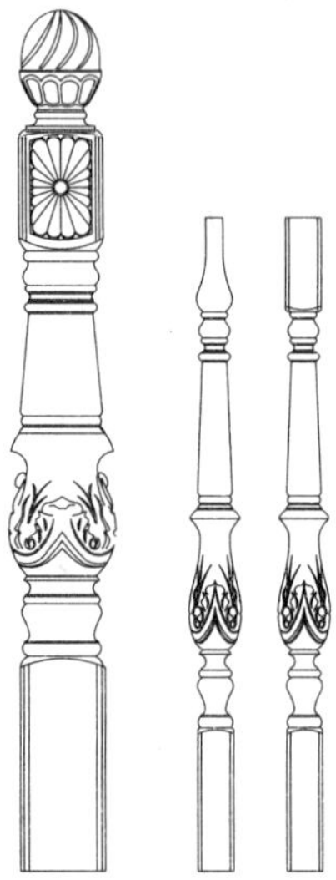

LZ-016

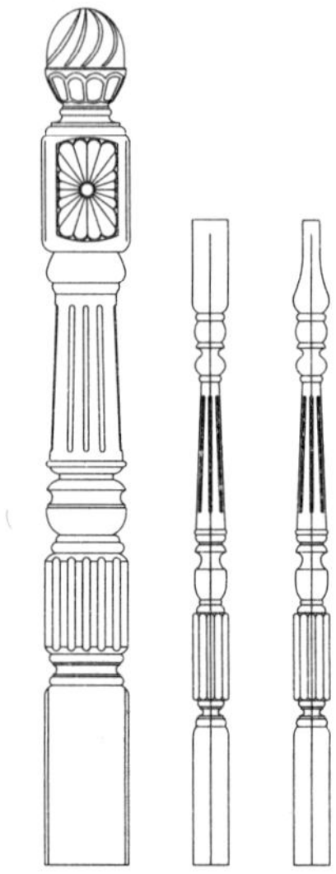

LZ-017

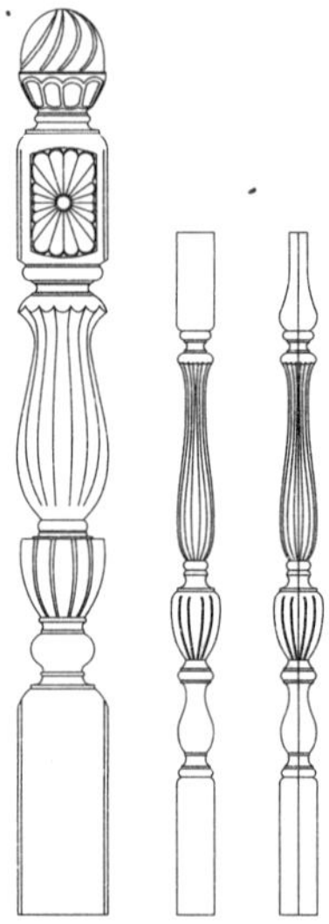

LZ-018

LZ-019

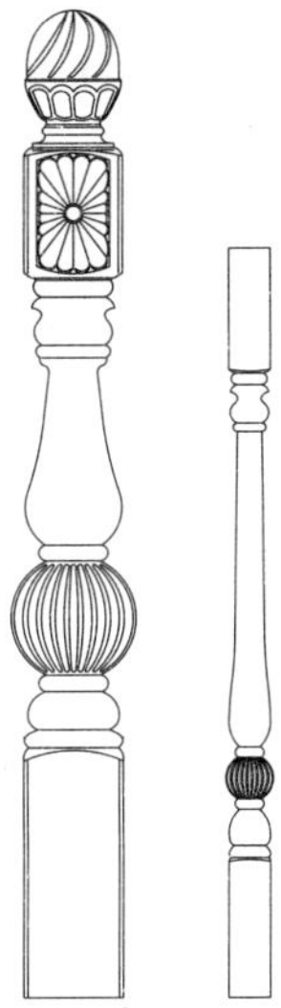

LZ-020

LZ-021

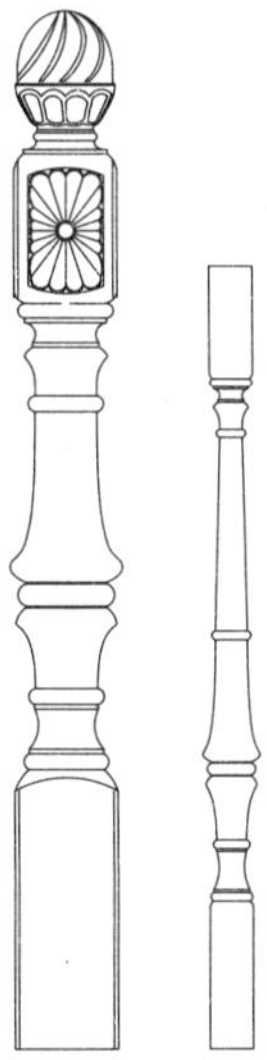

LZ-022

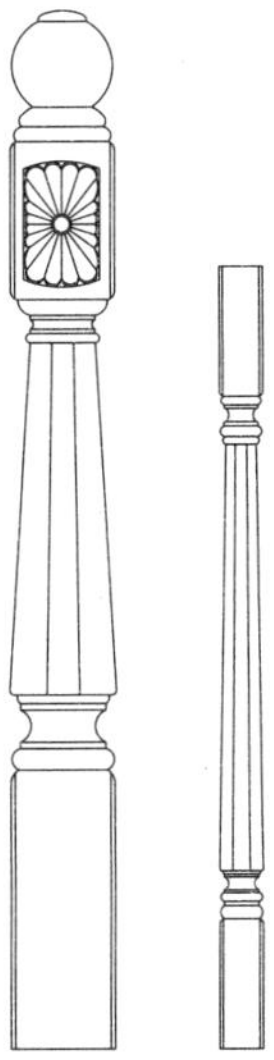

LZ-023

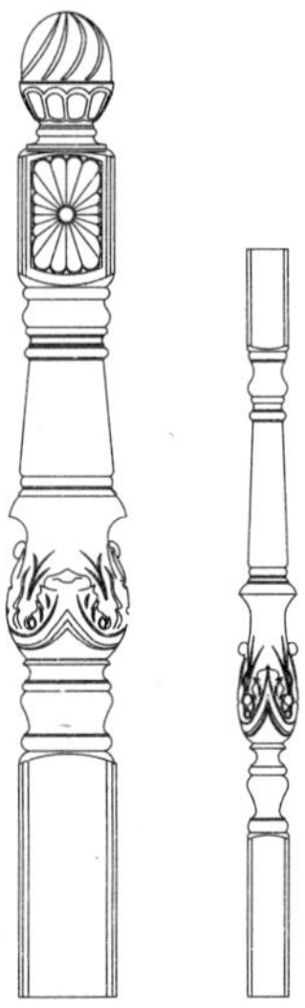

LZ-024

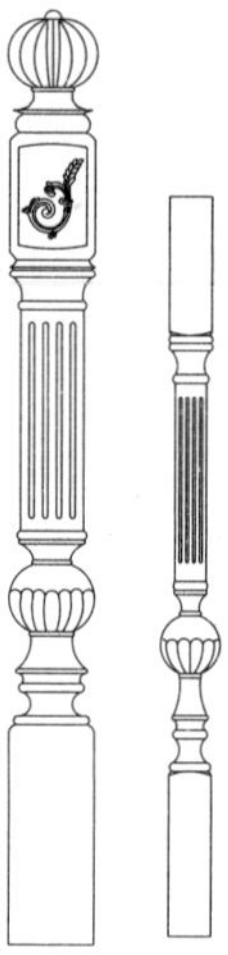

LZ-025

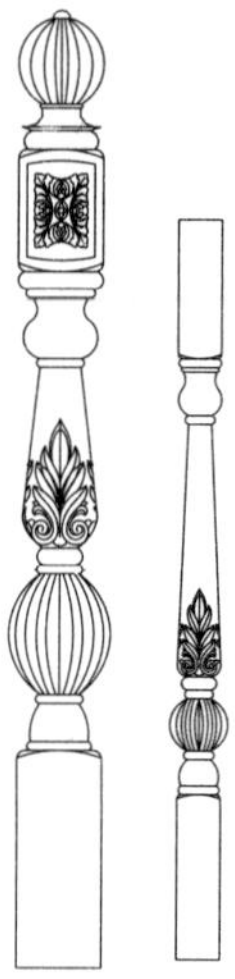

LZ-026

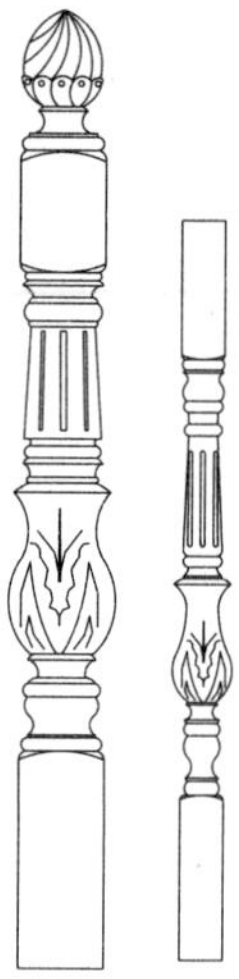

LZ-027

LZ-028

LZ-029

LZ-030

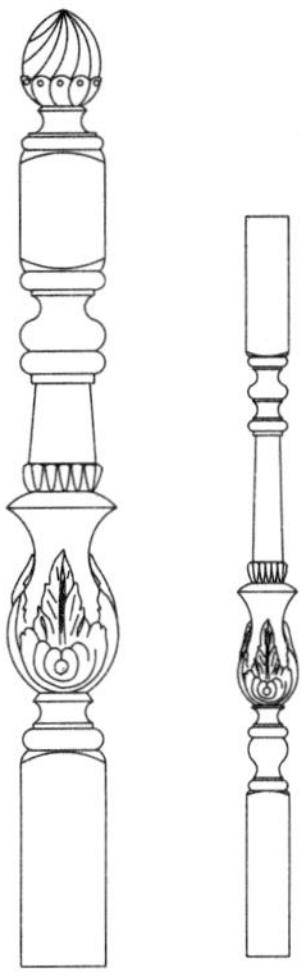

LZ-031

LZ-032

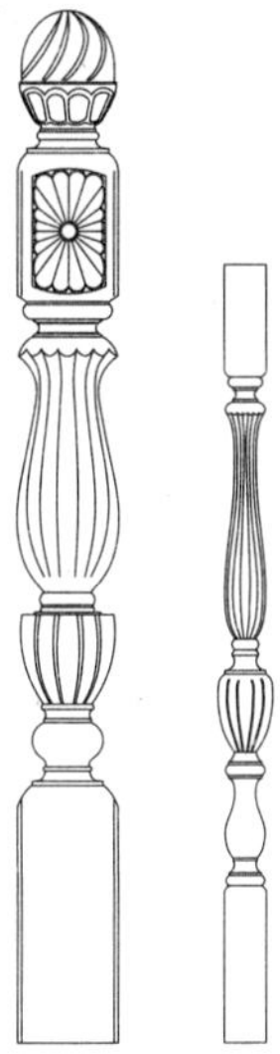

LZ-033

LZ-034

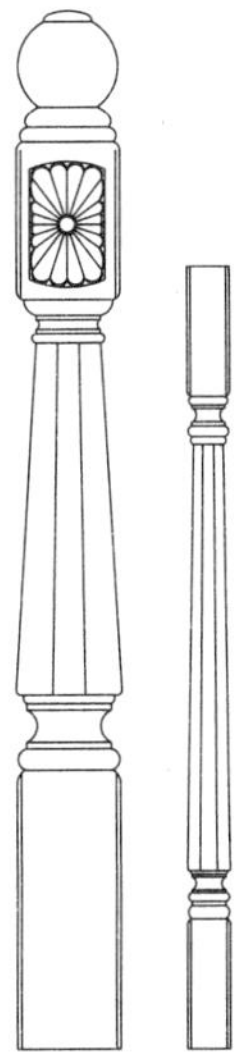

LZ-035

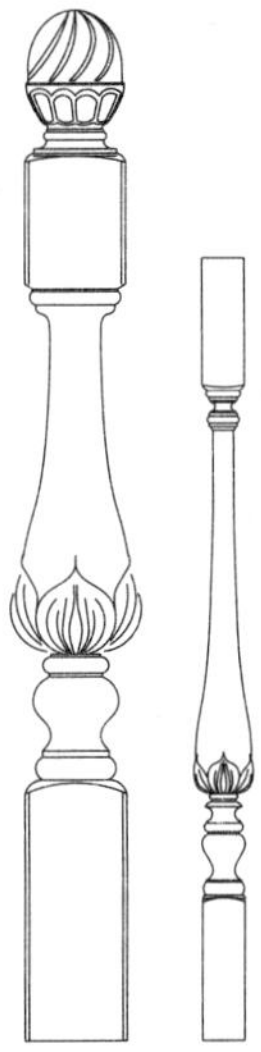

LZ-036

LZ-037

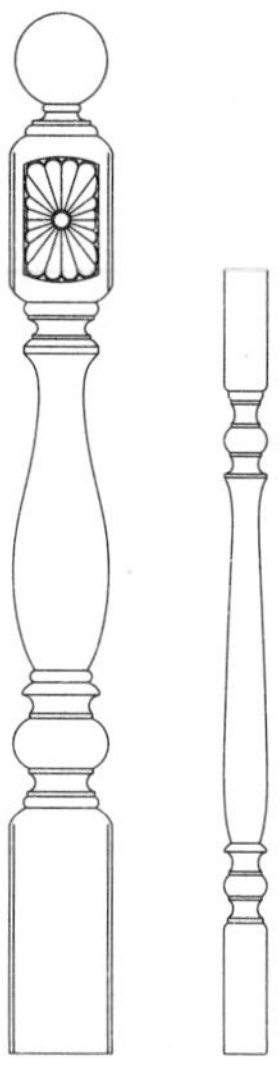

LZ-038

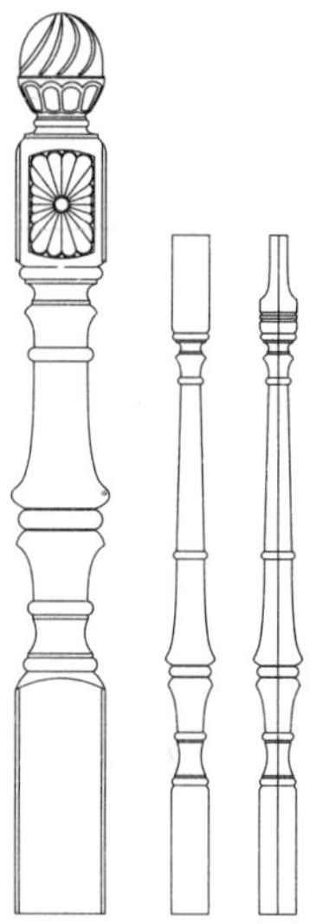

LZ-039

LZ-040

LZ-041

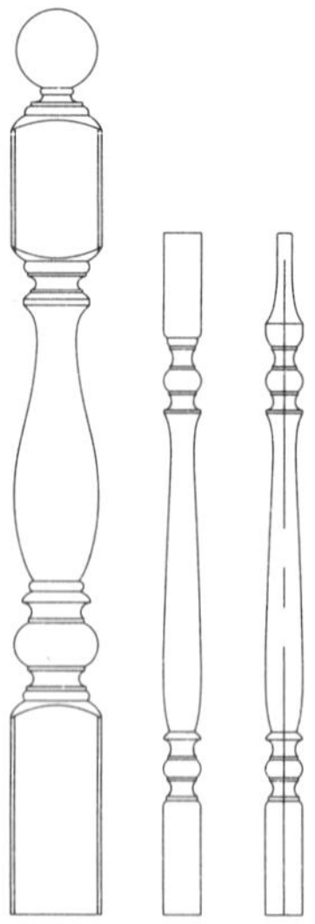

LZ-042

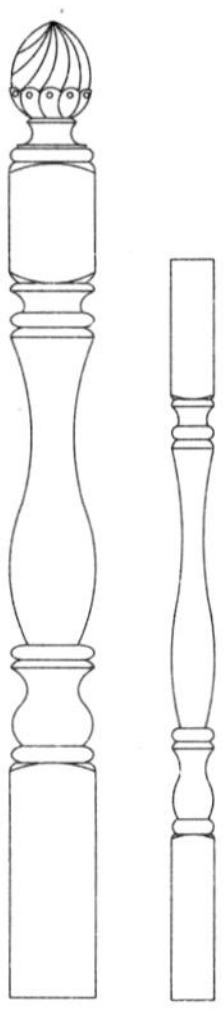

LZ-043

LZ-044

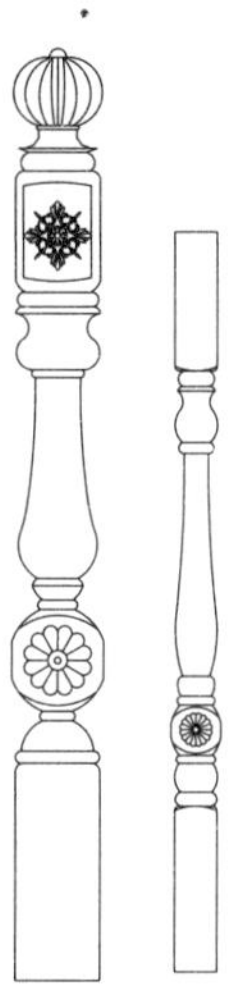

LZ-045

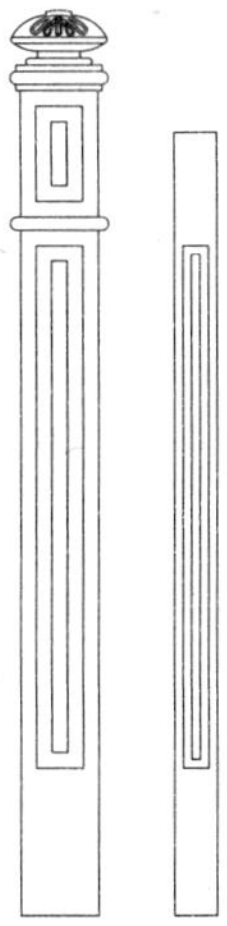

LZ-046

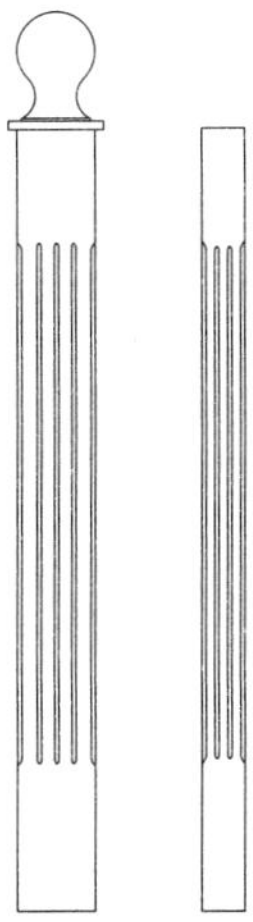

LZ-047

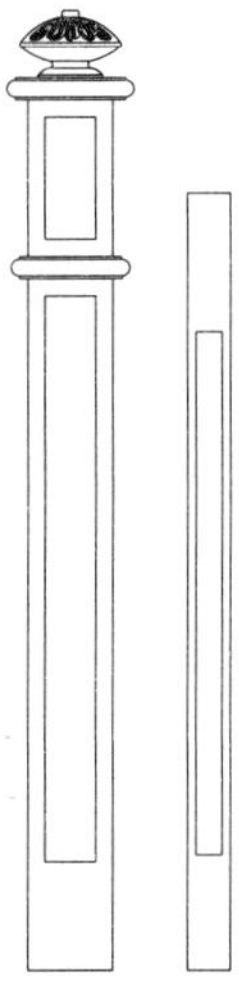

LZ-048

◆大梁（龙骨）

大梁（龙骨）为整木楼梯主要承重构件，支撑踏步板、小柱等部件。

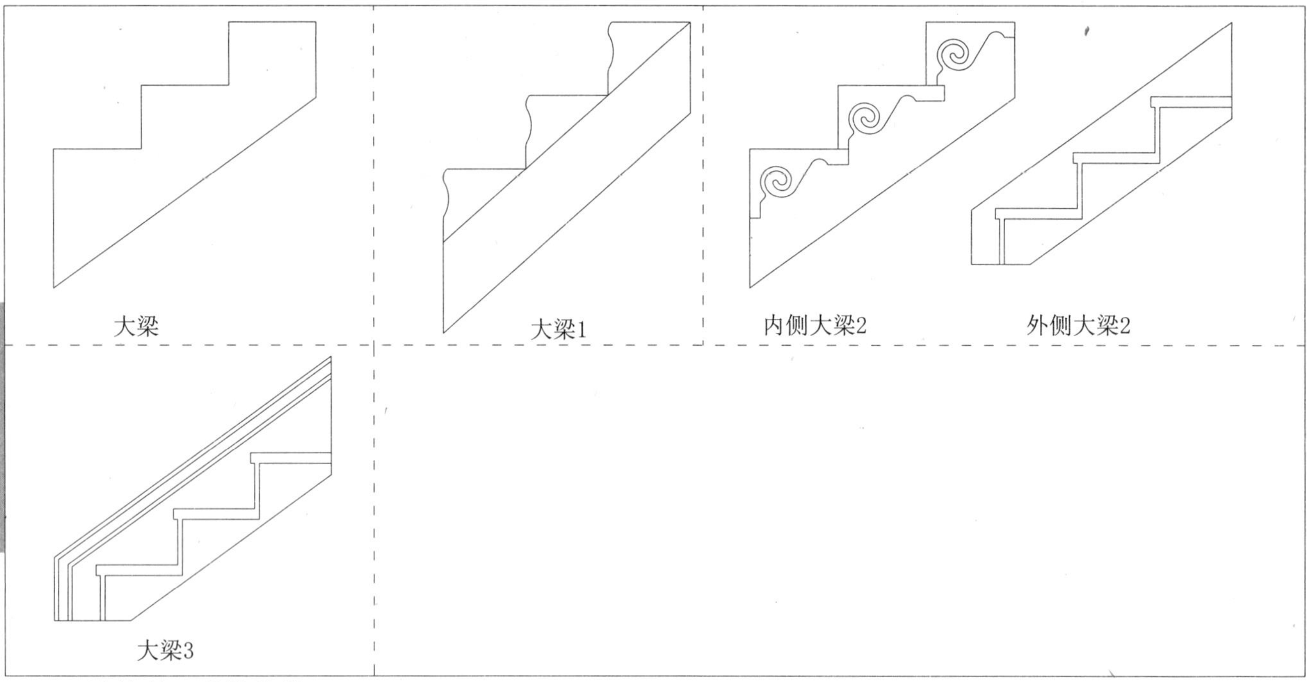

◆连接件、装饰盖等

楼梯连接件主要用膨胀螺丝将大梁固定于墙面、其他部件，如小柱、扶手等用双头丝杆等五金件连接，装饰盖的作用主要是用来遮挡外露的螺丝孔洞，使得整木楼梯外观一致。

9. 楼梯设计步骤及绘图方法

（1）楼梯设计步骤：

1）确定楼梯的形式。

2）根据楼梯的性质和用途，确定楼梯的适宜坡度，选择踢面高 h，踏面宽 b。

3）根据楼梯间的开间和楼梯井的尺寸，确定楼梯段宽度 B。

4）确定踏步级数。用房屋的层高 H 除以踢面高 h，得出踏步级数 N=H/h，踏步应为整数。

5）由初定的踏面宽 b 确定楼梯段的水平投影长度 L。

6）进行楼梯净空的计算，使之符合净空高度的要求。

7）最后绘制楼梯平面图及剖面图。

（2）绘图方法：

绘制楼梯图纸时，可分为整梯图纸、散梯图纸（主梁为水泥基础，只做踏板及扶手小柱等）以及散件图纸（只做扶手及小柱等部件）。

◆整梯绘制

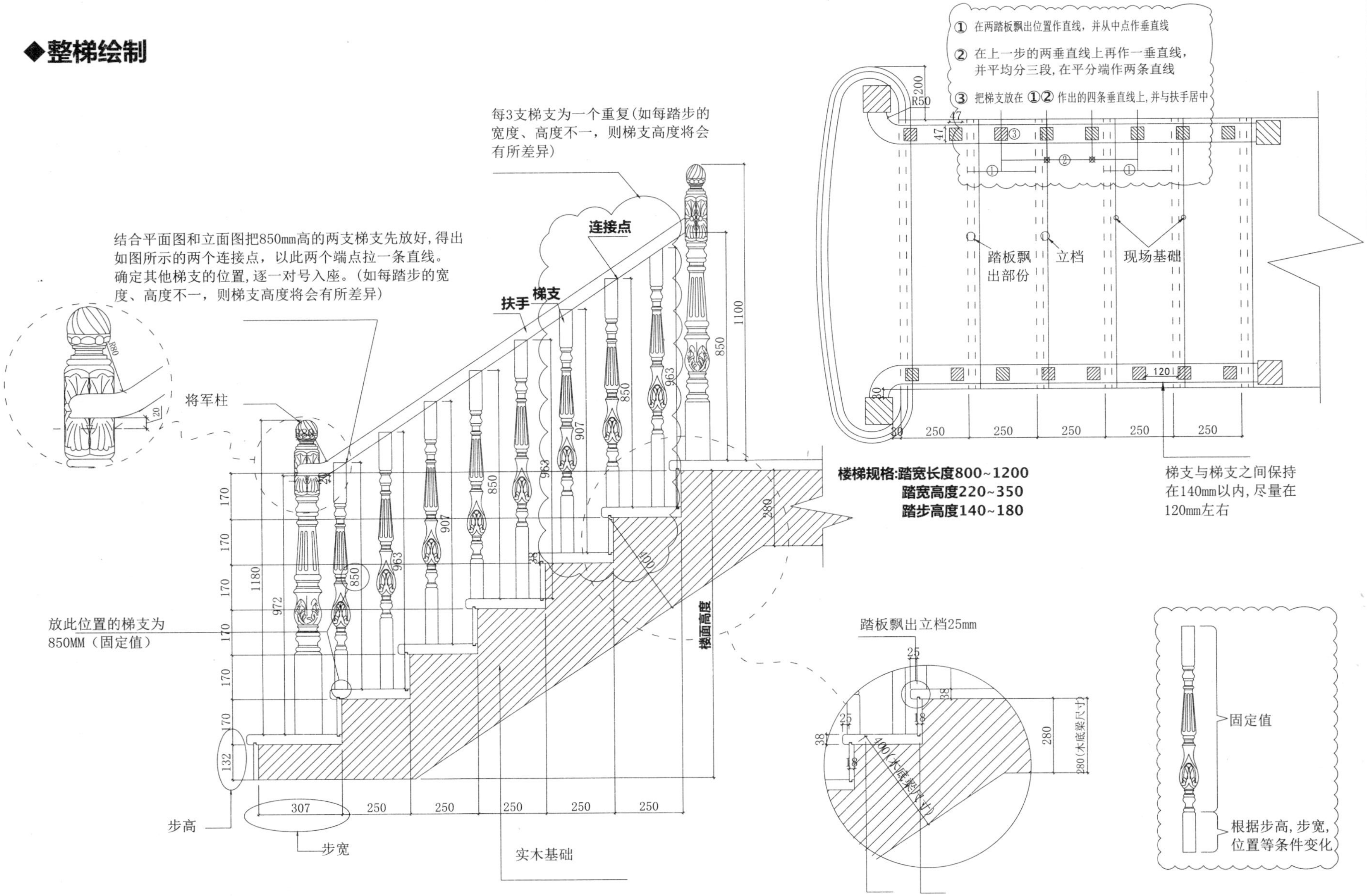
结合平面图和立面图把850mm高的两支梯支先放好，得出如图所示的两个连接点，以此两个端点拉一条直线。确定其他梯支的位置，逐一对号入座。（如每踏步的宽度、高度不一，则梯支高度将会有所差异）
每3支梯支为一个重复（如每踏步的宽度、高度不一，则梯支高度将会有所差异）
连接点
扶手
梯支
将军柱
放此位置的梯支为850MM（固定值）
步高
步宽
实木基础
楼面高度
① 在两踏板飘出位置作直线，并从中点作垂直线
② 在上一步的两垂直线上再作一垂直线，并平均分三段，在平分端作两条直线
③ 把梯支放在 ①② 作出的四条垂直线上，并与扶手居中
踏板飘出部份
立档
现场基础
楼梯规格:踏宽长度800~1200
踏宽高度220~350
踏步高度140~180
梯支与梯支之间保持在140mm以内，尽量在120mm左右
踏板飘出立档25mm
400（木底梁尺寸）
280（木底梁尺寸）
固定值
根据步高，步宽，位置等条件变化

◆散梯绘制

散梯图纸（主梁为水泥基础，只做踏板及扶手小柱等）

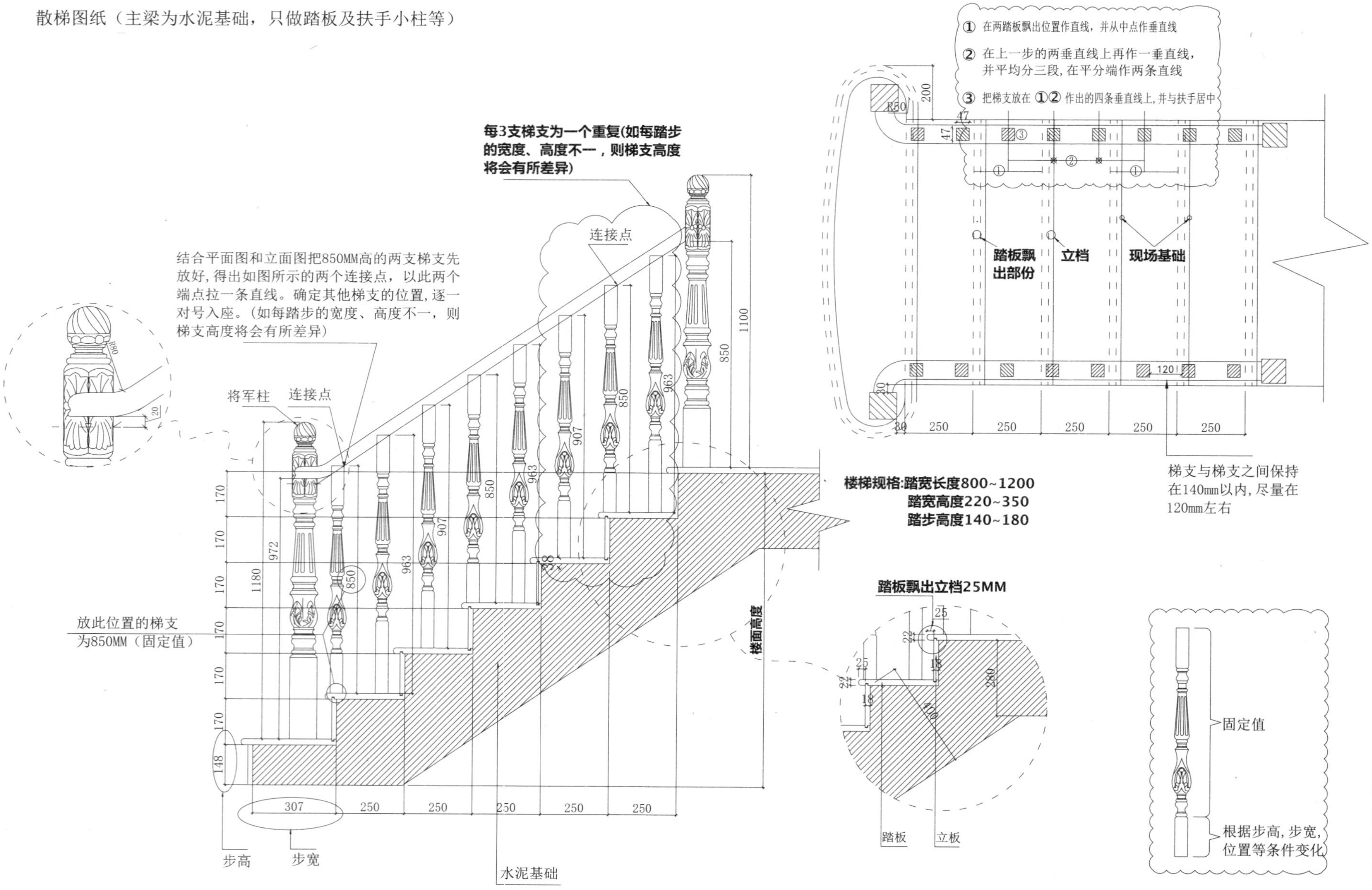
① 在两踏板飘出位置作直线，并从中点作垂直线
② 在上一步的两垂直线上再作一垂直线，并平均分三段，在平分端作两条直线
③ 把梯支放在 ①② 作出的四条垂直线上，并与扶手居中
踏板飘出部份
立档
现场基础
梯支与梯支之间保持在140mm以内，尽量在120mm左右
楼梯规格:踏宽长度800~1200
踏宽高度220~350
踏步高度140~180
每3支梯支为一个重复(如每踏步的宽度、高度不一，则梯支高度将会有所差异)
连接点
结合平面图和立面图把850MM高的两支梯支先放好，得出如图所示的两个连接点，以此两个端点拉一条直线。确定其他梯支的位置，逐一对号入座。(如每踏步的宽度、高度不一，则梯支高度将会有所差异)
将军柱
连接点
放此位置的梯支为850MM（固定值）
步高
步宽
水泥基础
楼面高度
踏板飘出立档25MM
踏板
立板
固定值
根据步高，步宽，位置等条件变化

◆散件图纸绘制

散件图纸（只做扶手及小柱等部件）

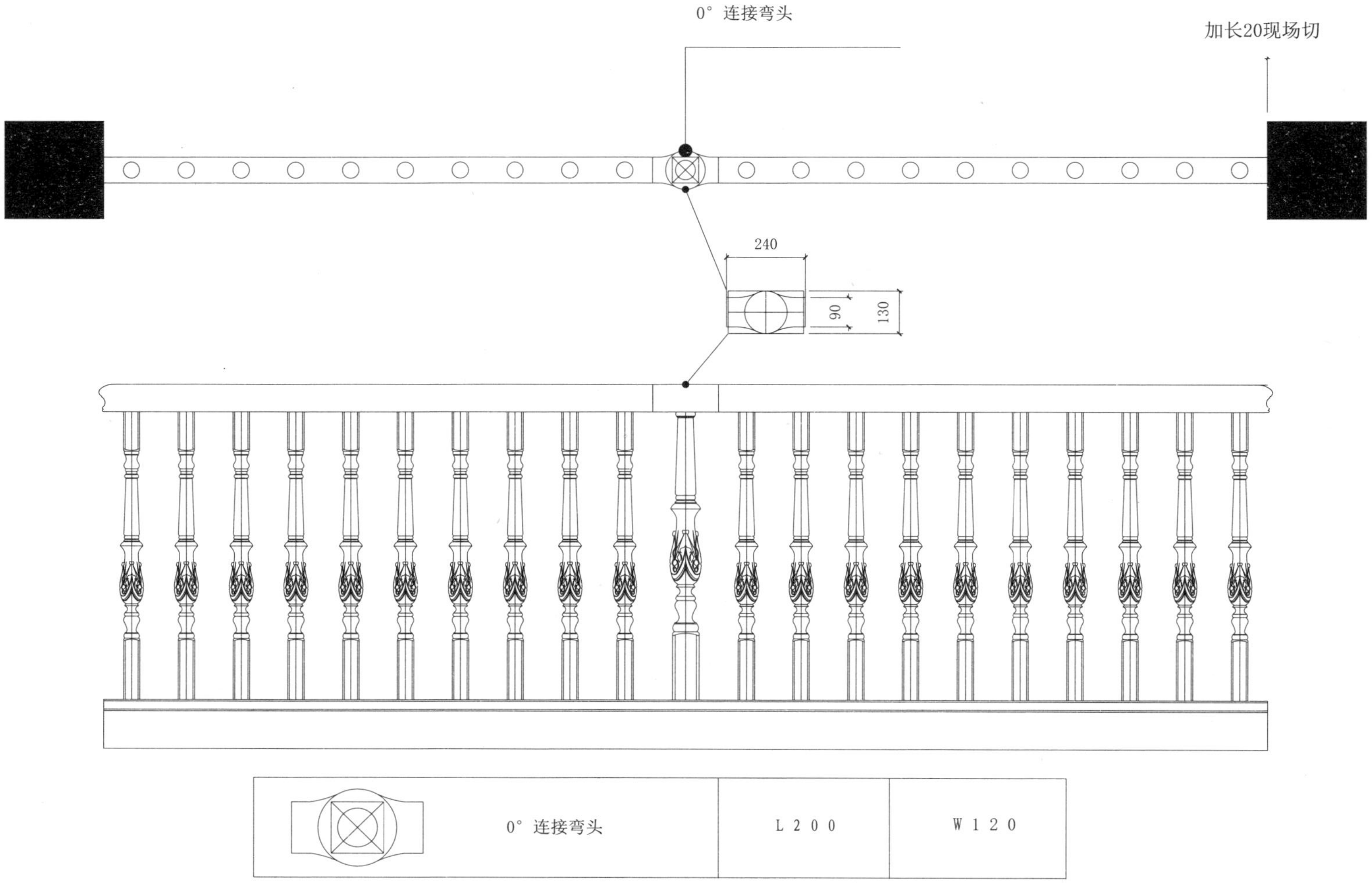

0° 连接弯头
加长20现场切
240
90
130
0° 连接弯头
L 2 0 0
W 1 2 0

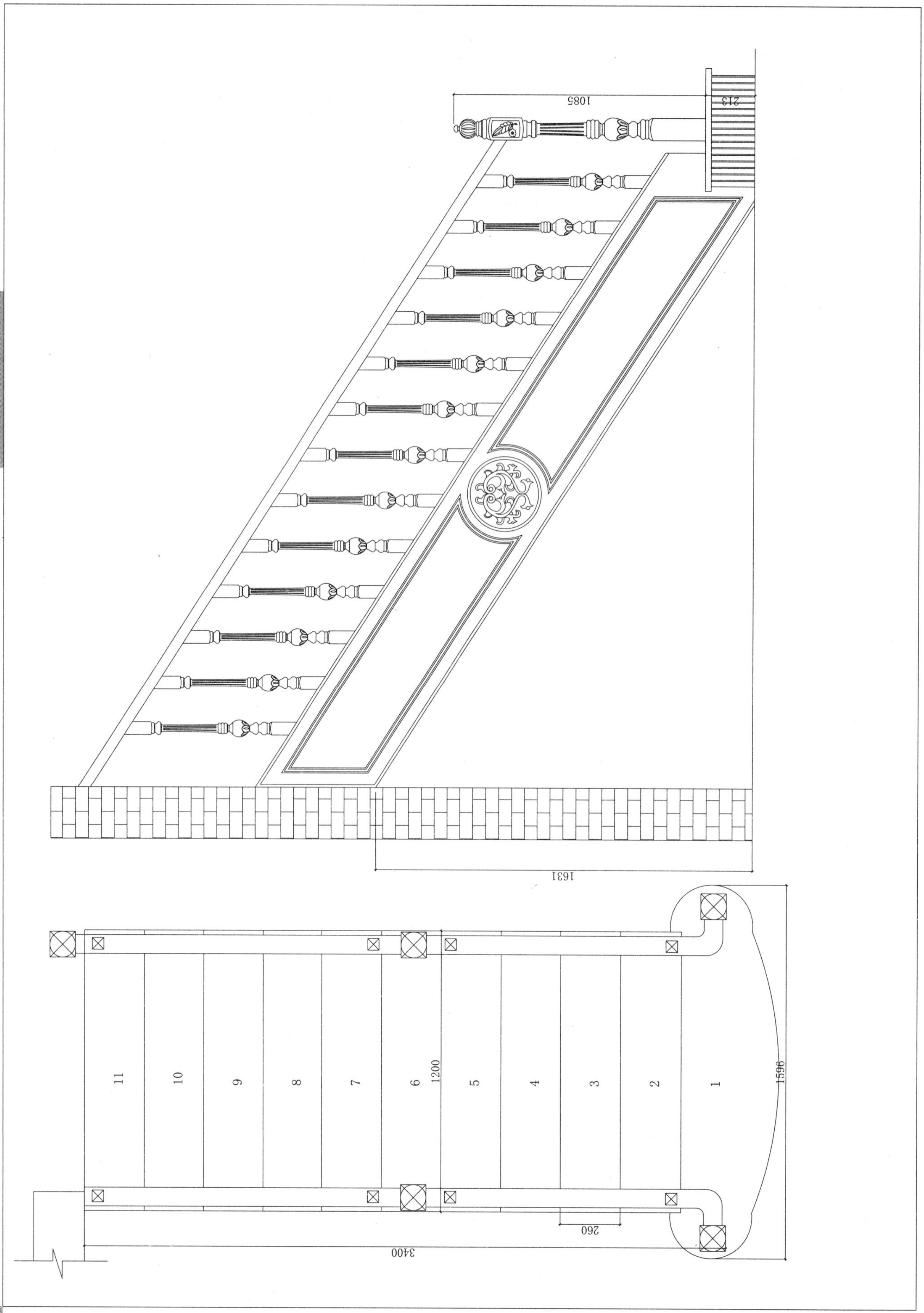
1085
213
1631
1596
1200
260
3400
1
2
3
4
5
6
7
8
9
10
11

◆弧型整梯实例

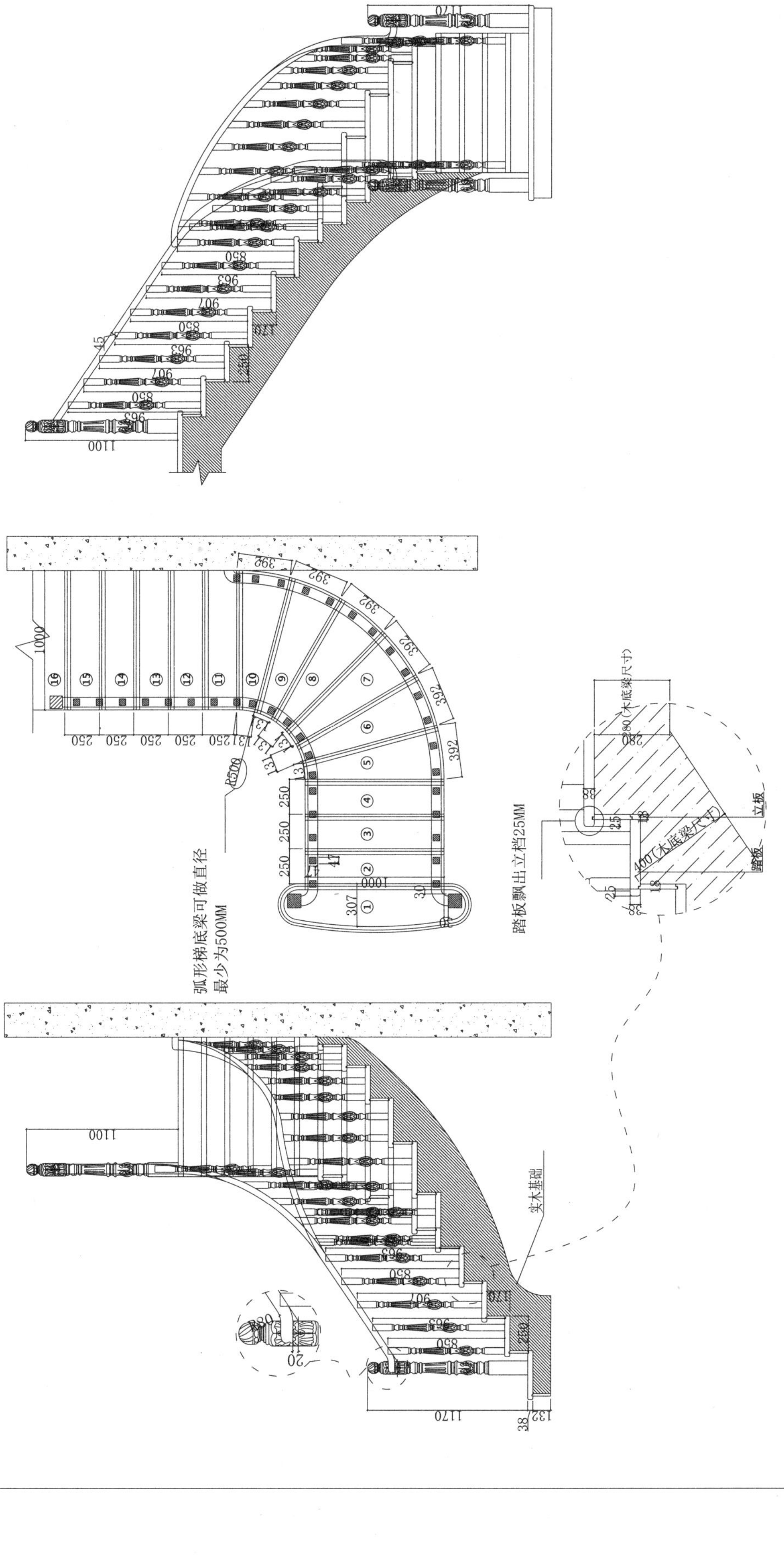
弧形梯底梁可做直径
最少为500MM
踏板飘出立档25MM
实木基础
280(木底梁尺寸)
400(木底梁尺寸)
立板
踏板

◆L型整梯实例

楼梯规格：踏宽长度800~1200
踏宽高度220~350
踏步高度140~180

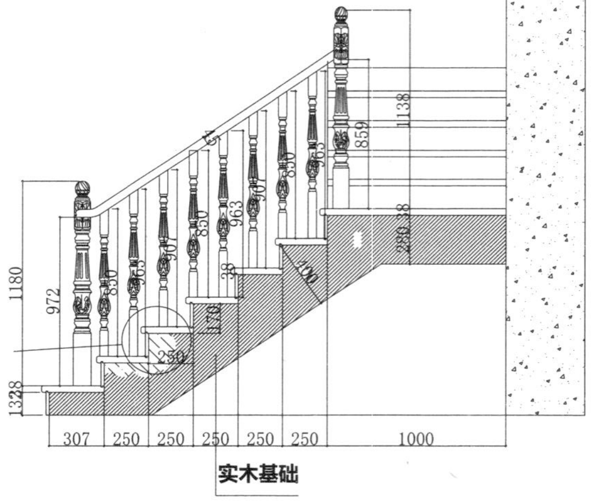

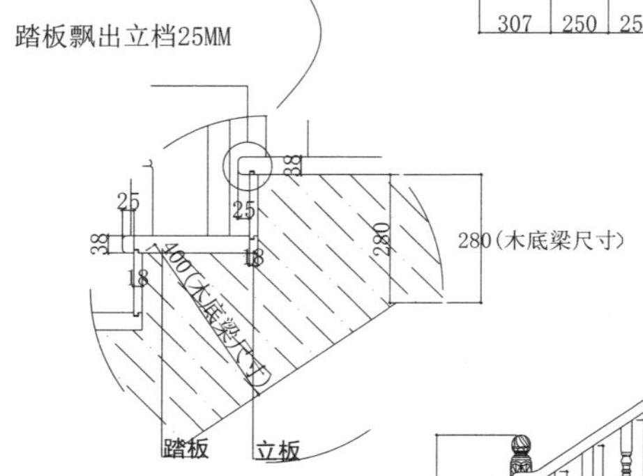

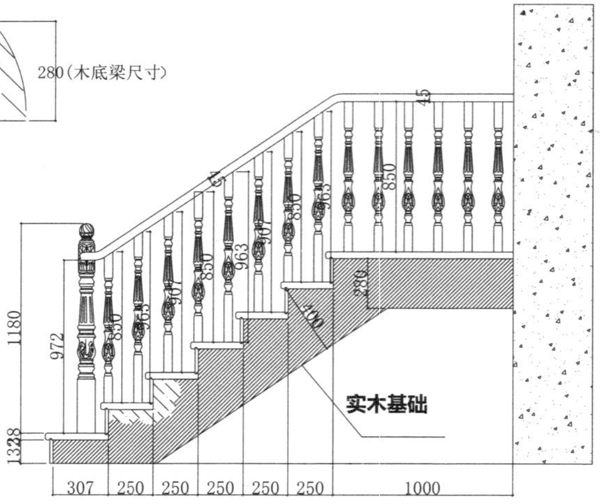

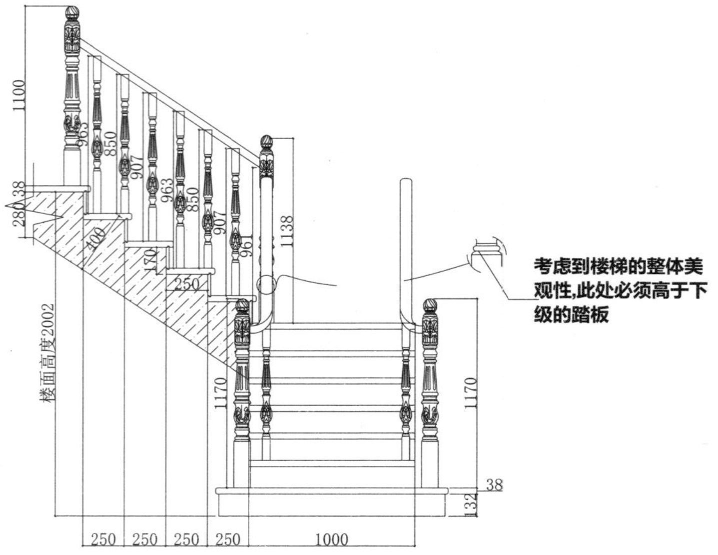

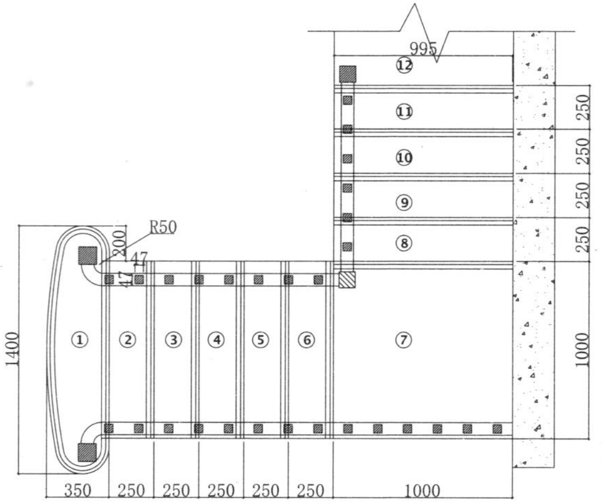

◆L型整梯实例

楼梯规格：踏宽长度800~1200
踏宽高度220~350
踏步高度140~180

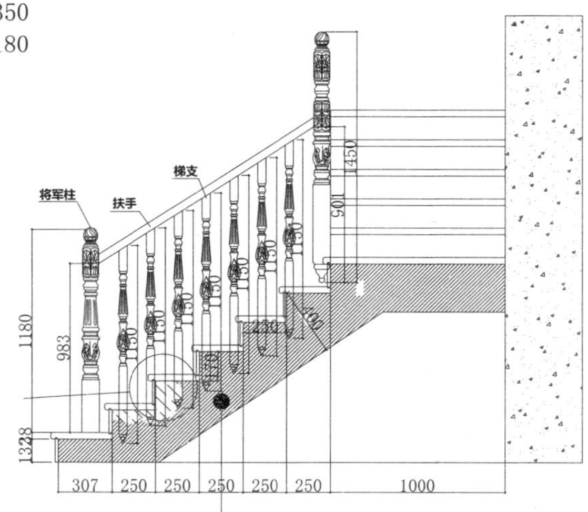
将军柱
扶手
梯支
实木基础

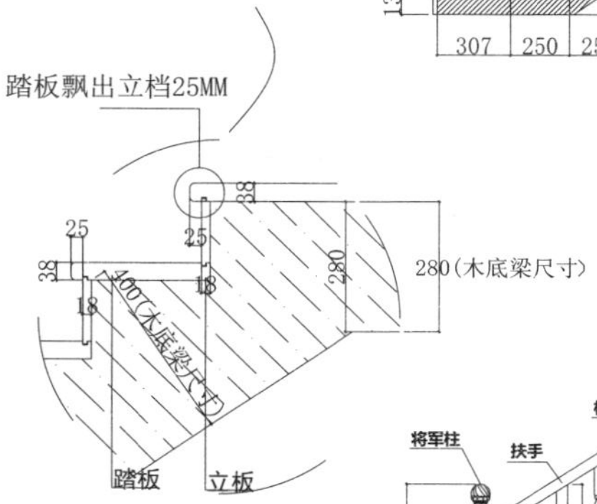
踏板飘出立档25MM
280(木底梁尺寸)
400(木底梁尺寸)
踏板
立板

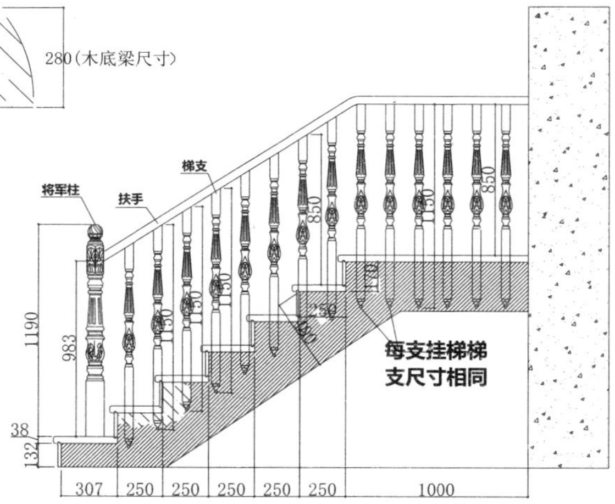
将军柱
扶手
梯支
每支挂梯梯支尺寸相同

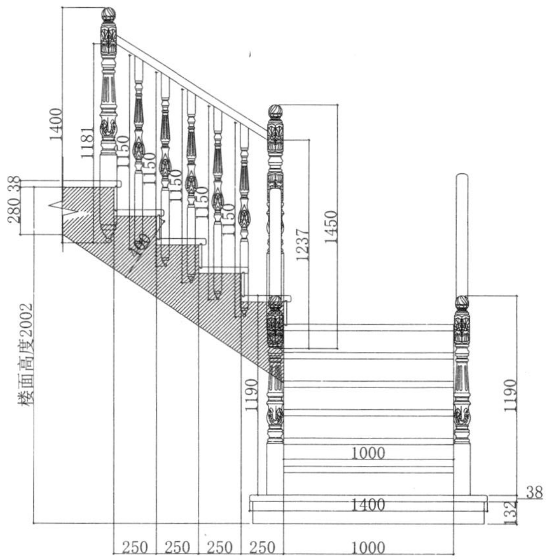
楼面高度2002

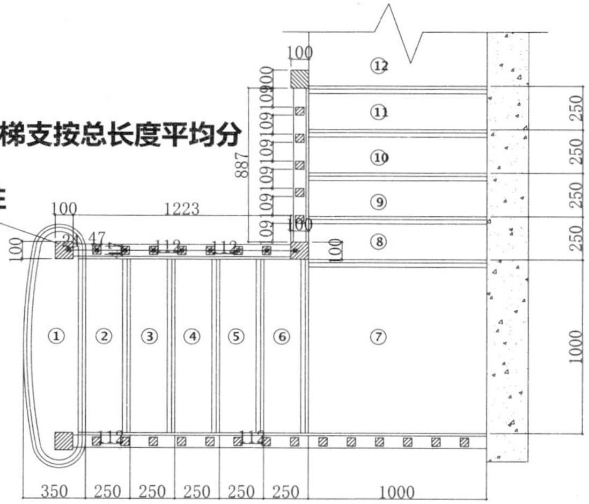
挂梯梯支按总长度平均分
将军柱

◆L型整梯设计实例

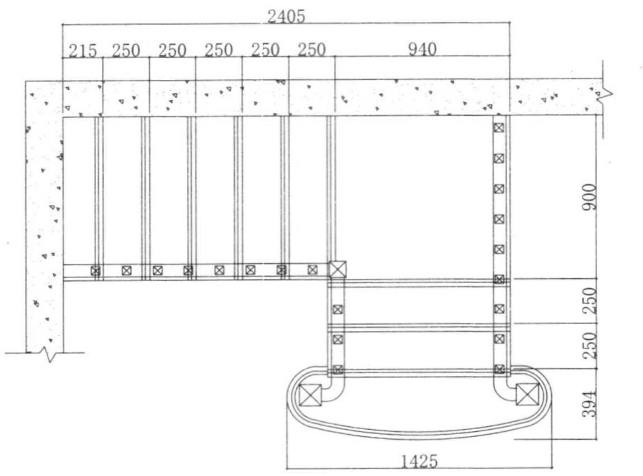
2405
215
250
250
250
250
250
940
900
250
250
394
1425

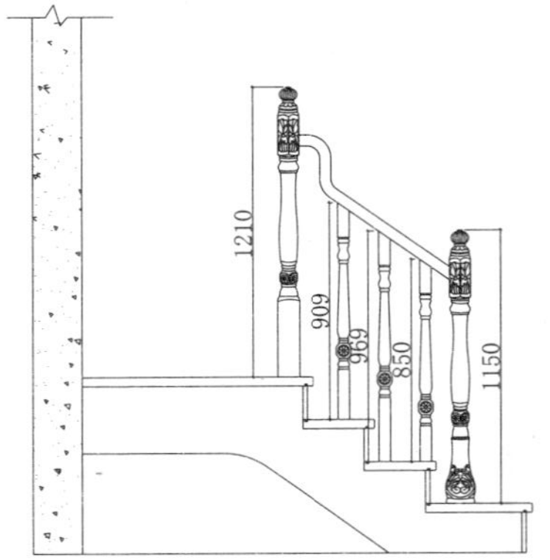
1210
909
969
850
1150

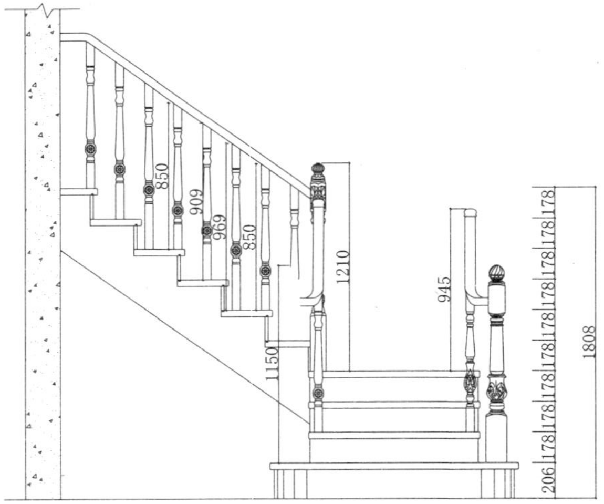
850
909
969
850
1210
945
1150
178
178
178
178
178
178
178
178
178
206
1808

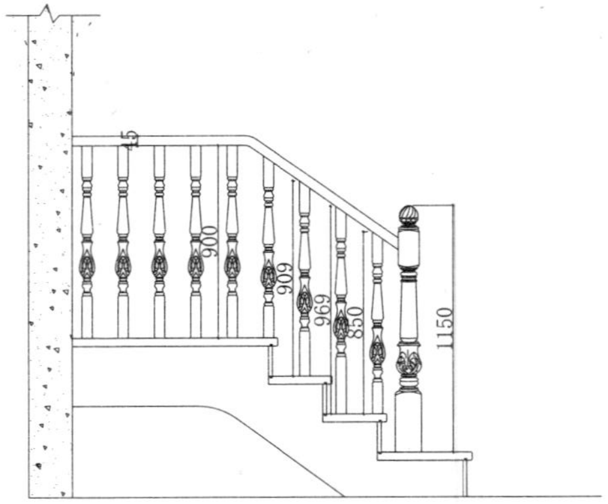
45
900
909
969
850
1150

◆弧型整梯实例

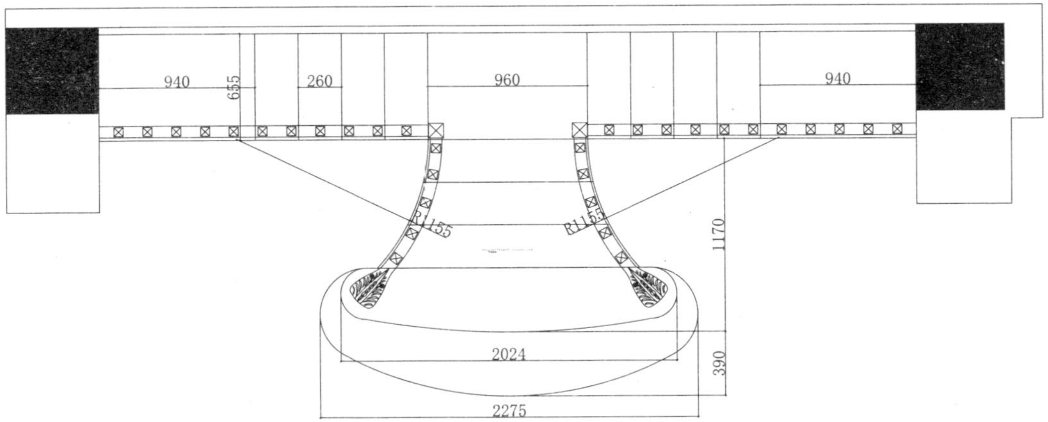

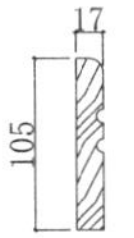

楼梯上. 墙板踢脚线1

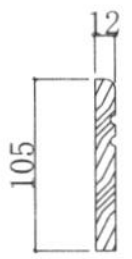

楼梯上. 墙板踢脚线2

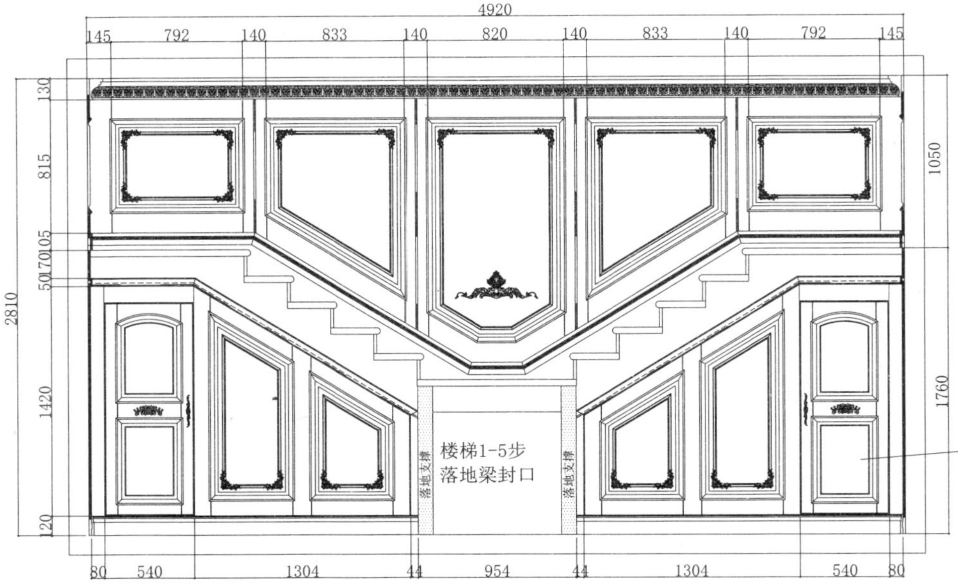

进户大厅A立面

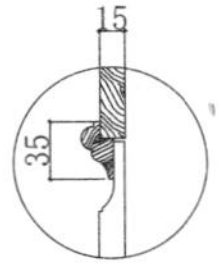

墙板. 大样

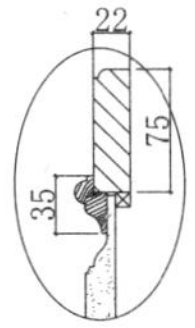

楼梯下墙板/门. 大样

储物间门

◆旋转楼梯实例

楼梯立面图

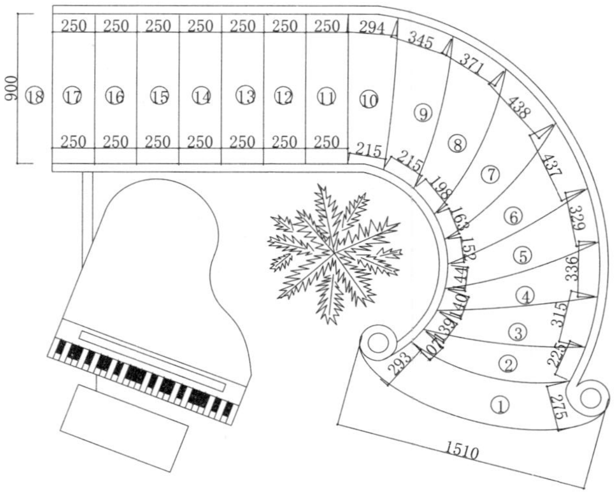

楼梯平面图

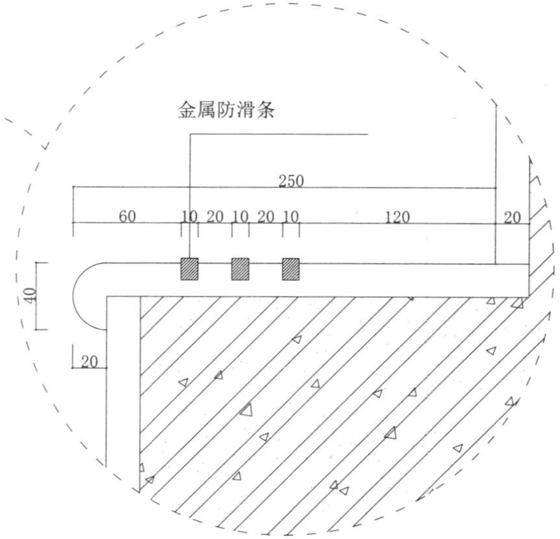

◆独立整梯设计实例

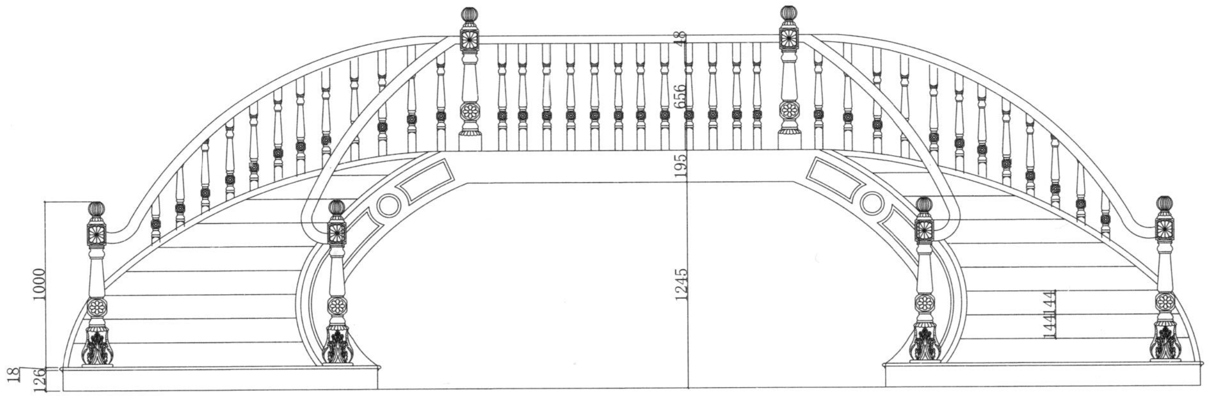

欧式客厅区立面图

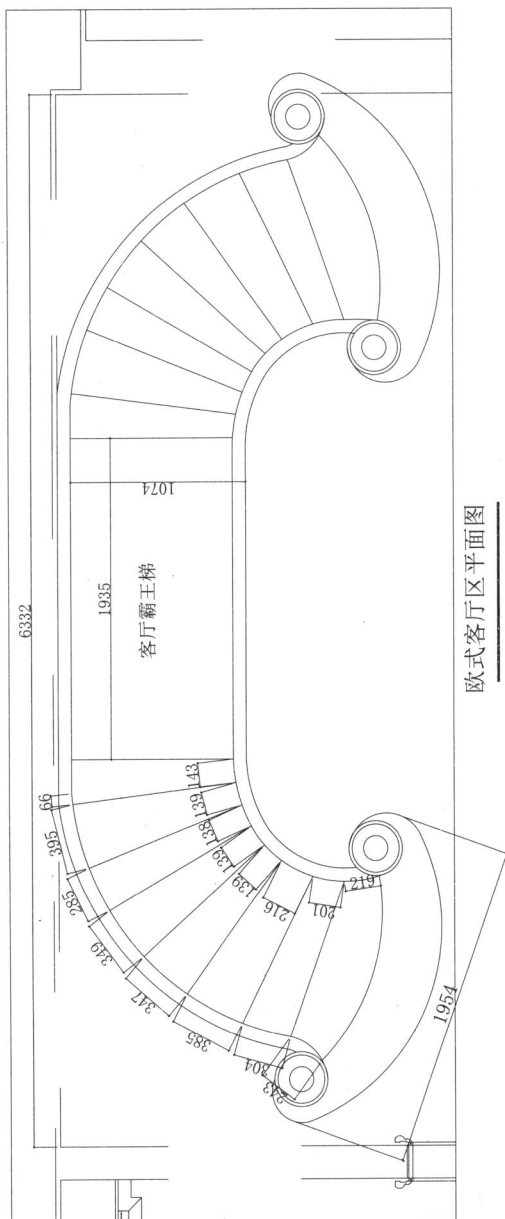

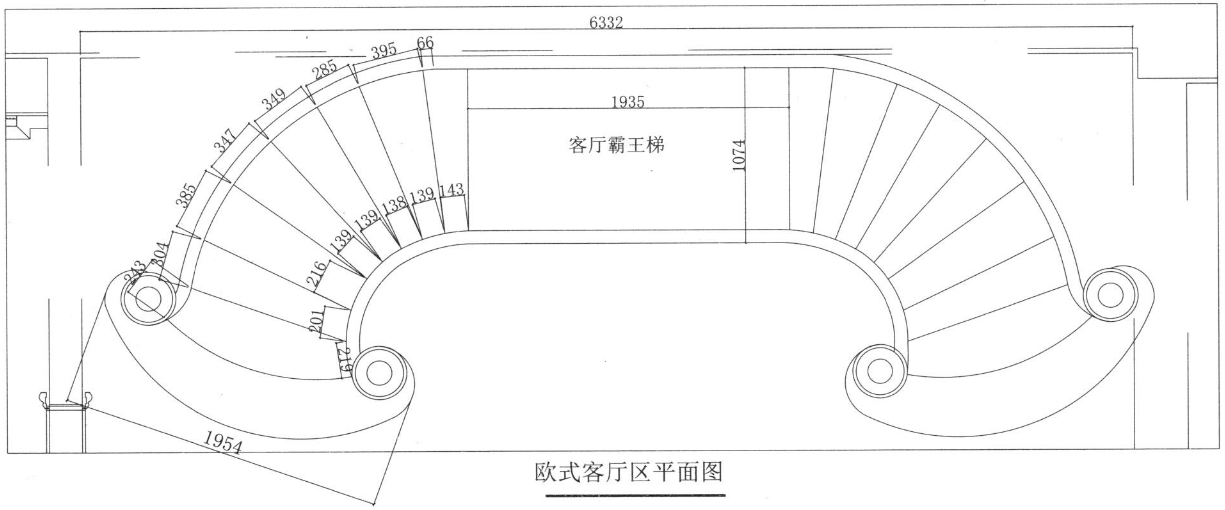

欧式客厅区平面图

◆L型挂梯实例

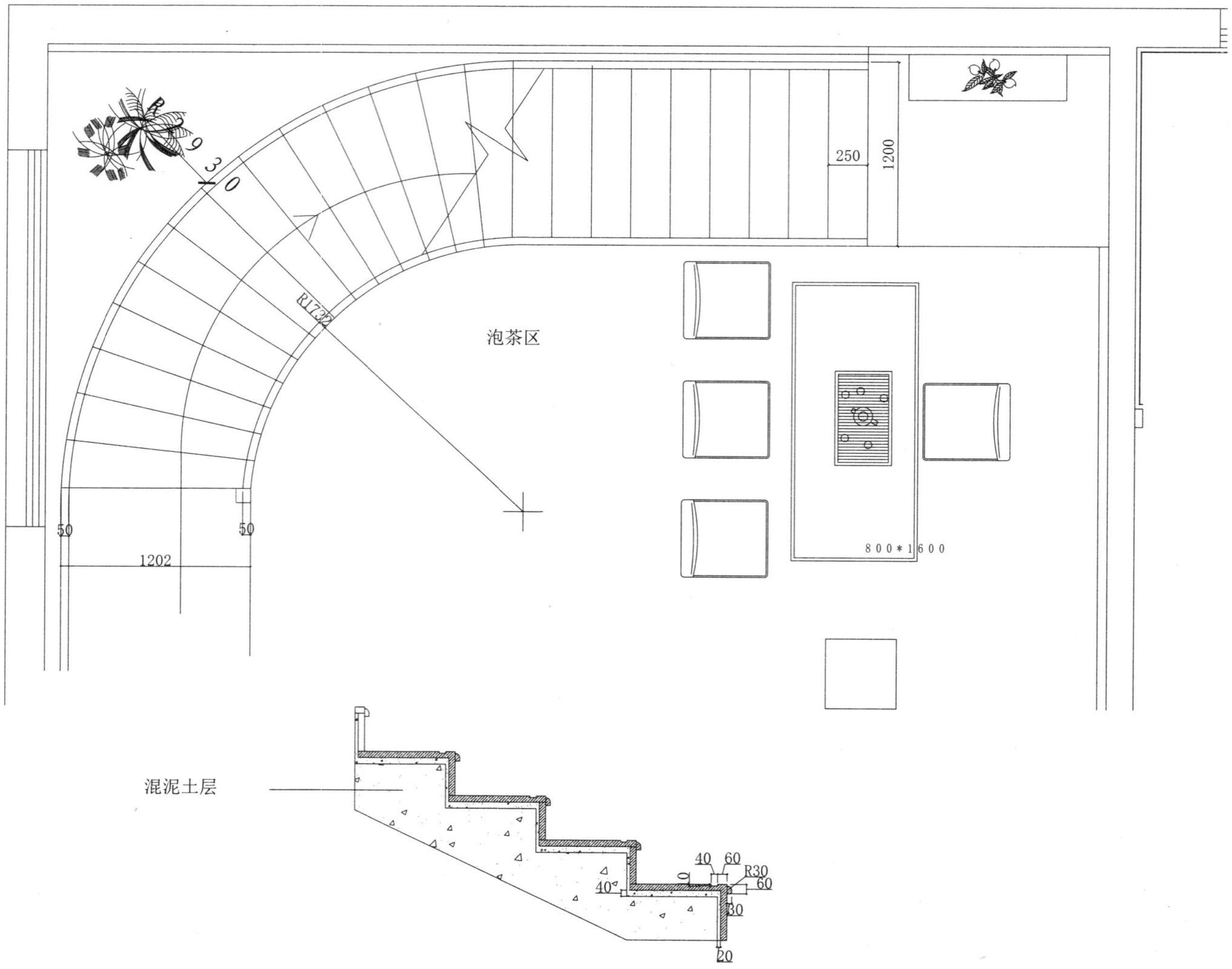

250
1200
R2930
R1732
泡茶区
800*1600
50
50
1202
混泥土层
40
60
R30
60
40
30
20

◆旋转楼梯实例

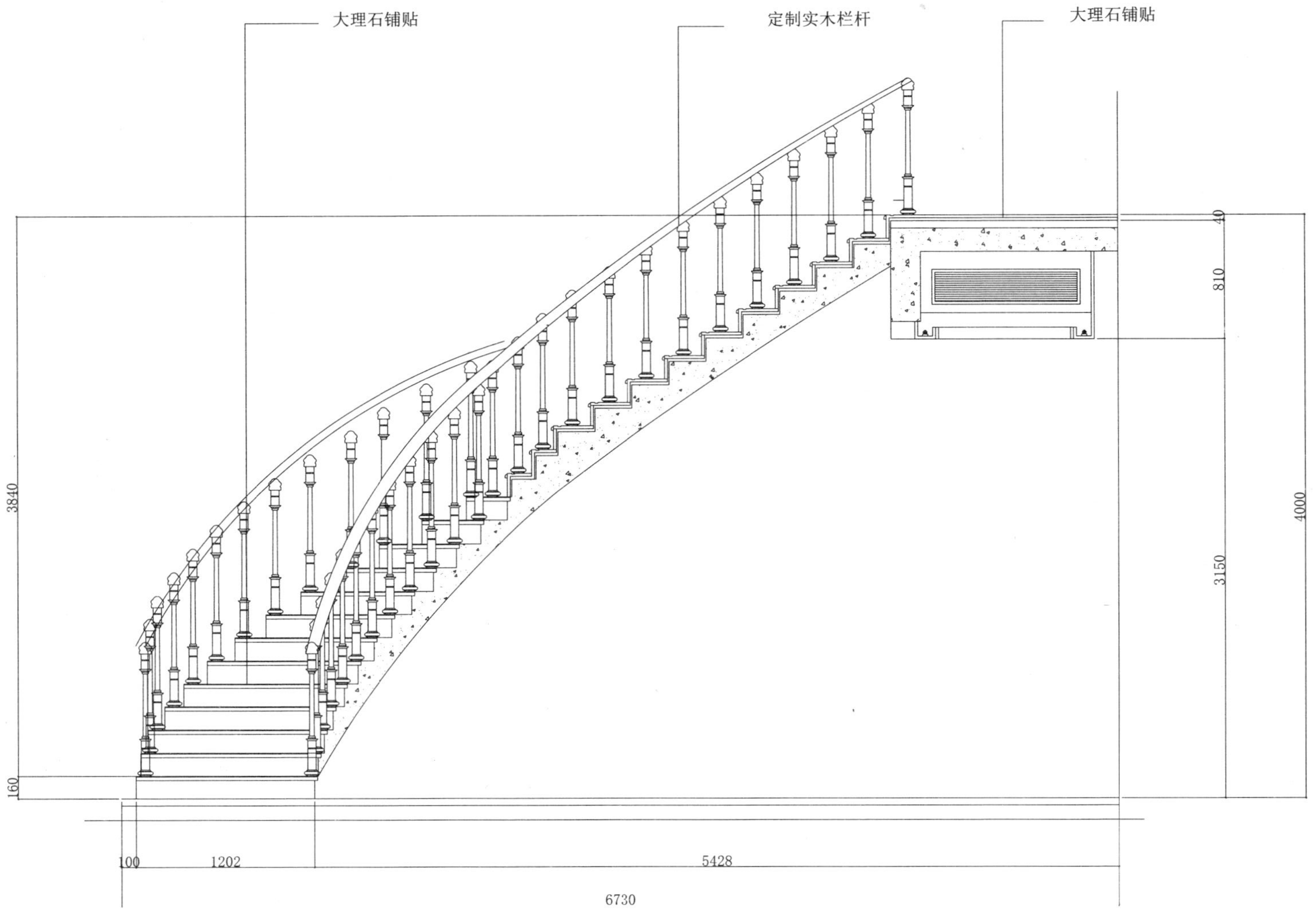
大理石铺贴
定制实木栏杆
大理石铺贴
3840
160
40
810
3150
4000
100
1202
5428
6730

◆回旋楼梯实例

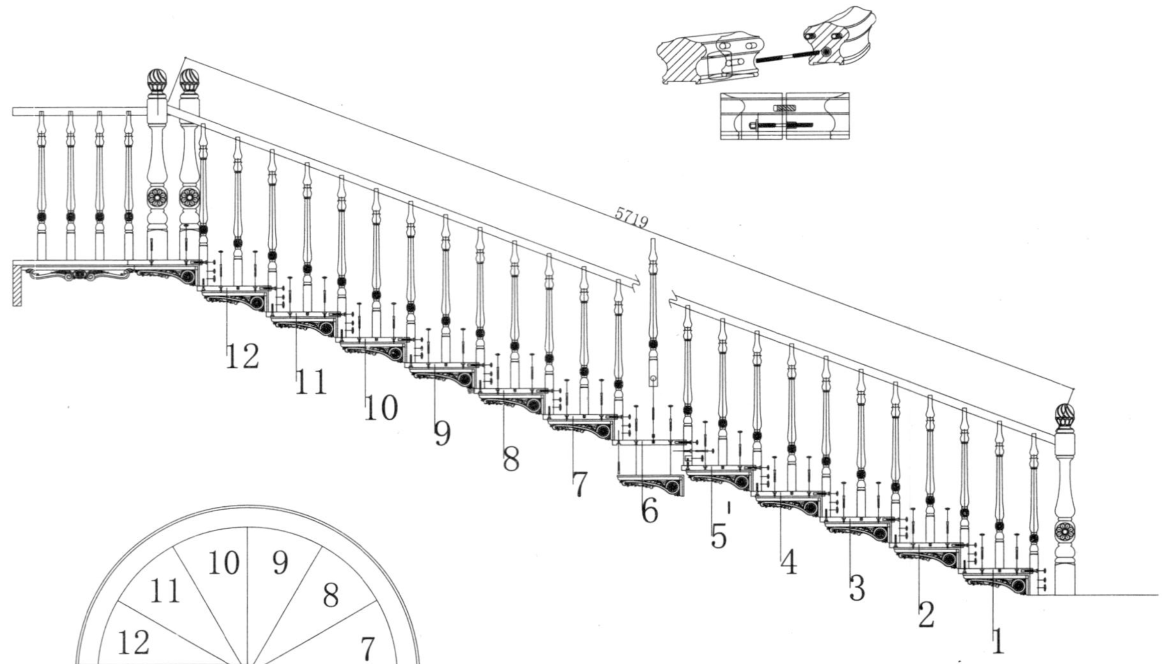
5719
1
2
3
4
5
6
7
8
9
10
11
12

侧面结构展开图

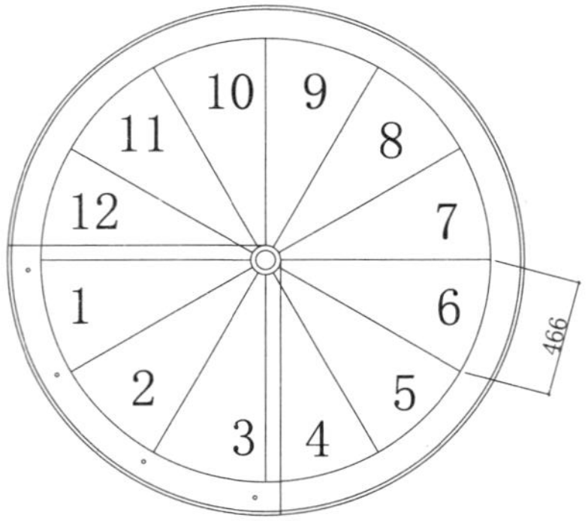
1
2
3
4
5
6
7
8
9
10
11
12
466

楼梯平面图

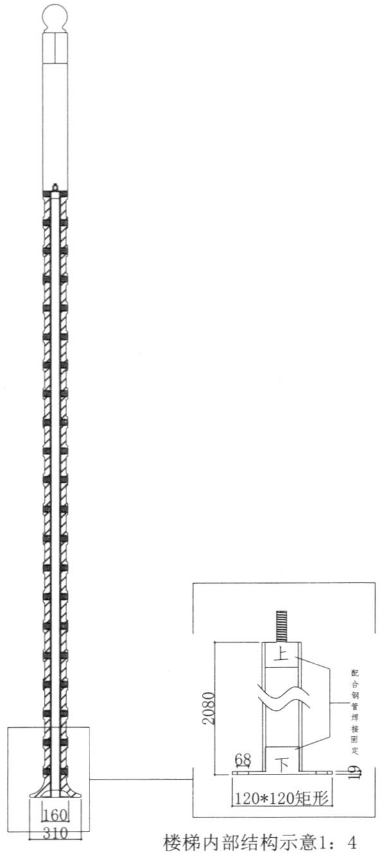
160
310
上
下
2080
68
120*120矩形
配合钢管焊接固定

楼梯内部结构示意1：4

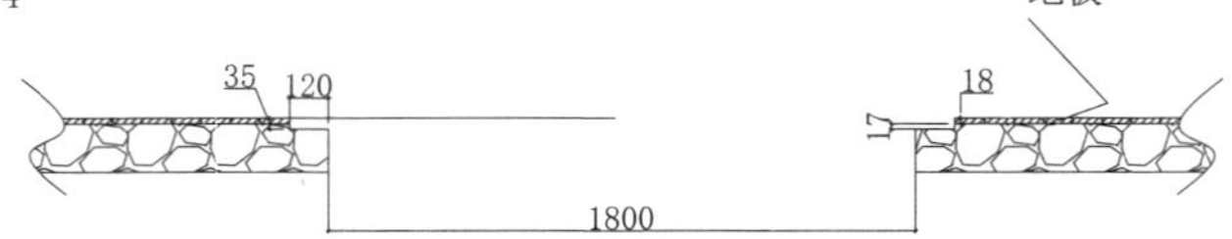
地板
35
120
18
1800

楼上开洞示意图

第四章 墙板

第一节 墙板基本知识

1）护墙板一词最早可追溯到公元前 970 至前 930 年，以色列王国大卫王的儿子所罗门时代。所罗门继承大卫的王位后，为至高神所建立神殿，其主体为磐石所建成，内部则用上等的香柏木整体包裹，不露一点石头，并称其为“护墙板”。

由此可见，护墙板并非现代产物，而是有着非常深远的文化历史与意义的。护墙板拥有良好的恒温性、降噪性，不仅能有效保护建筑墙面，又具有极佳的装饰性，把原本不平整的石头墙面遮挡在护墙板的背面。随着时代的发展，护墙板的设计更是多样化。所以，护墙板一直都能受到贵族们的喜爱。

而现如今，建筑结构大大改善，在装饰材料繁多的市场上，护墙板不再是装修的必需品。然而，不论其尊贵的象征，还是奢华的气质，依然能够吸引大部分成功人士的眼光。随着国内经济快速增长，人民已经不仅仅满足于物质追求，更趋势于精神追求。

根据护墙板的尺寸与造型，大概可以分为三种：

◆整墙板

整面墙均做造型的，我们通常称之为“整墙板”。整墙板一般用来做背景墙，隐藏门比较多一些。有的为了整体效果更具品质，也会整屋做整墙板。整墙板的构成大概分为三大部分。一组常见的完整护墙板可以分别由“造型饰面板”“顶线”“踢脚线”组成。当然，根据不同风格和造型要求，整墙板的结构亦可以不仅仅局限在这三大部分。而对于整墙板而言，其设计的常见基本特点就是尽量实现“左右对称”。

◆墙裙

半高墙板，和整墙板不同的是，常见的半高墙板底部落地，上面会在到顶之间的位置留出空白，以腰线收边，空白处以其他装饰材料完成装饰的，我们称之为“墙裙”。墙裙一词形象的体现了半高墙板的特点，就好像给墙体穿上了裙子一样。墙裙一般用在公共区域，比如走廊、楼梯等部位。墙裙造型没有整墙板造型那样灵活，多以造型均分为主。若分块大小不均，会显得整体感觉错乱。

◆中空墙板

和普通整墙板或墙裙不同的是，其芯板的位置通常不做木饰面，即墙板边框和压线，中间则是其他装饰材料代替的，我们通常称之为“中空墙板”。中空墙板的设计方法与整墙板或墙裙基本一致，只是整体感觉上会比有芯板的护墙板显得更加通透且整体设计富有节奏感，也可达到其它效果和功能性目的。例如，在一个封闭，且对音质方面有较多要求的影音室，其中空墙板芯板位置即可为软包所替代。这样不仅达到更具有气质的美观效果，而且可以帮助吸音，使声音在一个封闭的空间内减少回荡扰乱听觉，也减少噪音传到房间以外而对外界形成干扰。

2）护墙板的主要构成部分，除了“造型饰面板”“顶线”“腰线”和“踢脚线”外，还有一种最常见的配饰“罗马柱”。

◆造型饰面

护墙板的主要构成部分之一是造型饰面，也是占据整个墙板比重最大的组成部分。造型饰面主要由左右边梃、上下码头（根据墙板长度适当也会增加中码头和中梃）、造型芯板和压线四部分构成。根据不同风格的变化，饰面造型也随之变化。

常见的饰面上还会配有雕花，有的是在边梃码头上，有的是在芯板上，有的是在压线上，而有的也可以同一组雕花分别在这三者之上，形成一个整体效果。雕花的位置和大小，大多根据墙板本身的造型和大小而定，并没有特定的标准可言。

一些造型稍复杂的饰面，其形式可能不止以上的两边挺、两码头、一块芯板那样简单。比如部分因造型需要，增加侧板，亦或是在芯板和边框之间再加一道造型板，这样就形成了里外两圈边框的造型。

◆顶线、腰线及踢脚线则为墙板的收口处装饰性线条，让整个造型墙面层次感更丰富。

3）罗马柱。罗马柱种类繁多，造型各异，除了自身的美观装饰作用之外，还起到分隔和调尺之用。由于护墙板的面积较大，做成整块墙板，不但会增加成本，而且不方便运输。而且墙面自身稍有误差，护墙板的尺寸就难以掌握，所以这个时候罗马柱就很大程度上起到了分隔和调尺的作用。

4）隐藏门。隐藏门也是护墙板中常见的组成部分之一，常用于私密空间或保证背景墙的整体造型不被破坏而常用的处理手段。其特点就是，门扇开启则和普通房门一样，可以通到另一所房间；但门扇关闭之时，外观与其他墙板几乎无有差异，让人误认为它只是普通的墙板。

5）墙板结构及部件。

①墙板的结构

◆墙板的结构主要由顶线、墙板、腰线、地脚线、装饰线、雕花等部件组合而成。

其中，墙板则由上、下、左、右四个边枋、芯板及装饰线组合而成。上下边枋尺寸为120~160mm，左右边枋尺寸一般100~120mm，也可以根据实际情况上下左右四个边枋尺寸相同。

注意事项：房间层高3m以下时，腰线高度统一固定为950mm；层高超过3m时，腰线高度统一固定为1100mm。

◆墙板的部件

主要分为墙板标准件、顶线、罗马柱、装饰线及地脚线；其中顶线、地脚线及装饰线与柜类相应线条应用方法一致，罗马柱的款式部分可以与柜类罗马柱通用，部分罗马柱结构及尺寸需与墙板结构尺寸调整一致。

a. 护墙板结构工艺示意

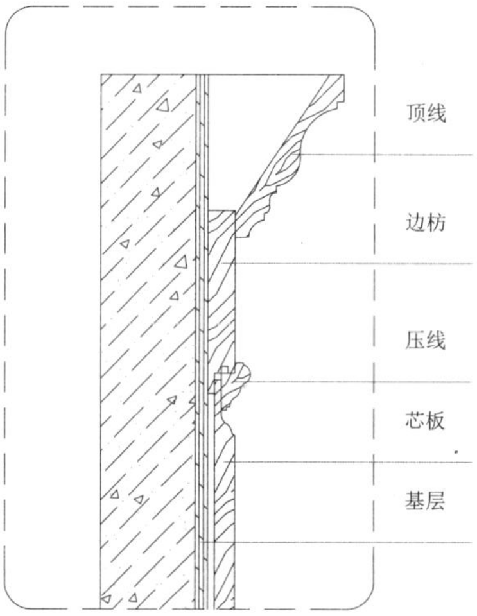
顶线
边枋
压线
芯板
基层

墙板与顶线示意图

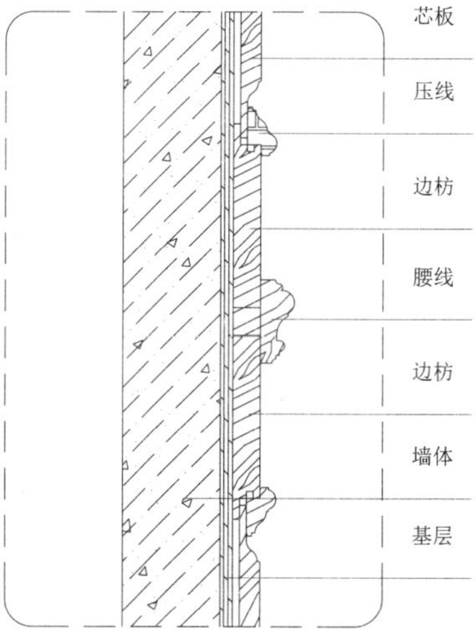
芯板
压线
边枋
腰线
边枋
墙体
基层

板与腰线示意图

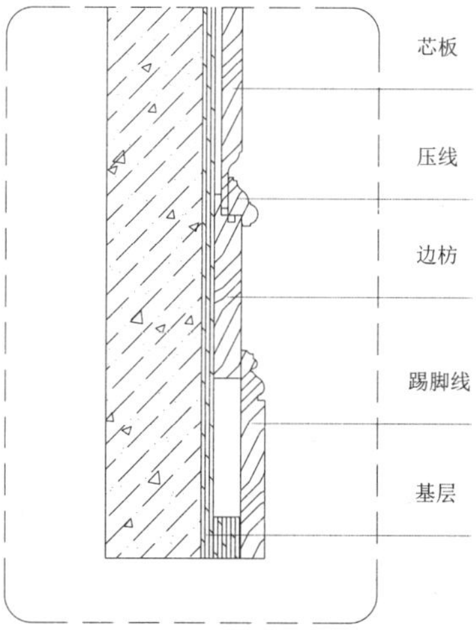
芯板
压线
边枋
踢脚线
基层

墙板与踢脚线示意图

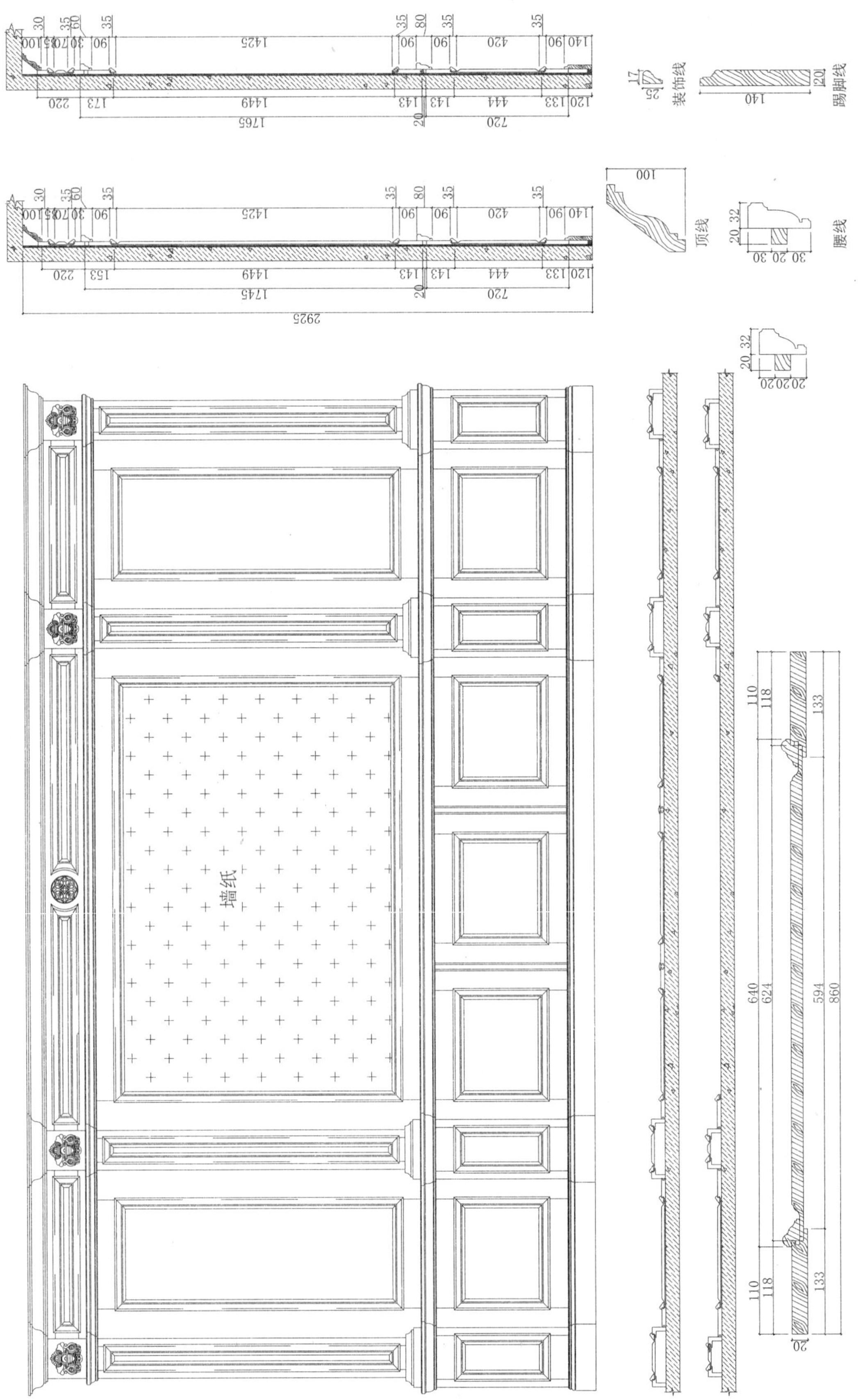
墙纸
装饰线
踢脚线
顶线
腰线

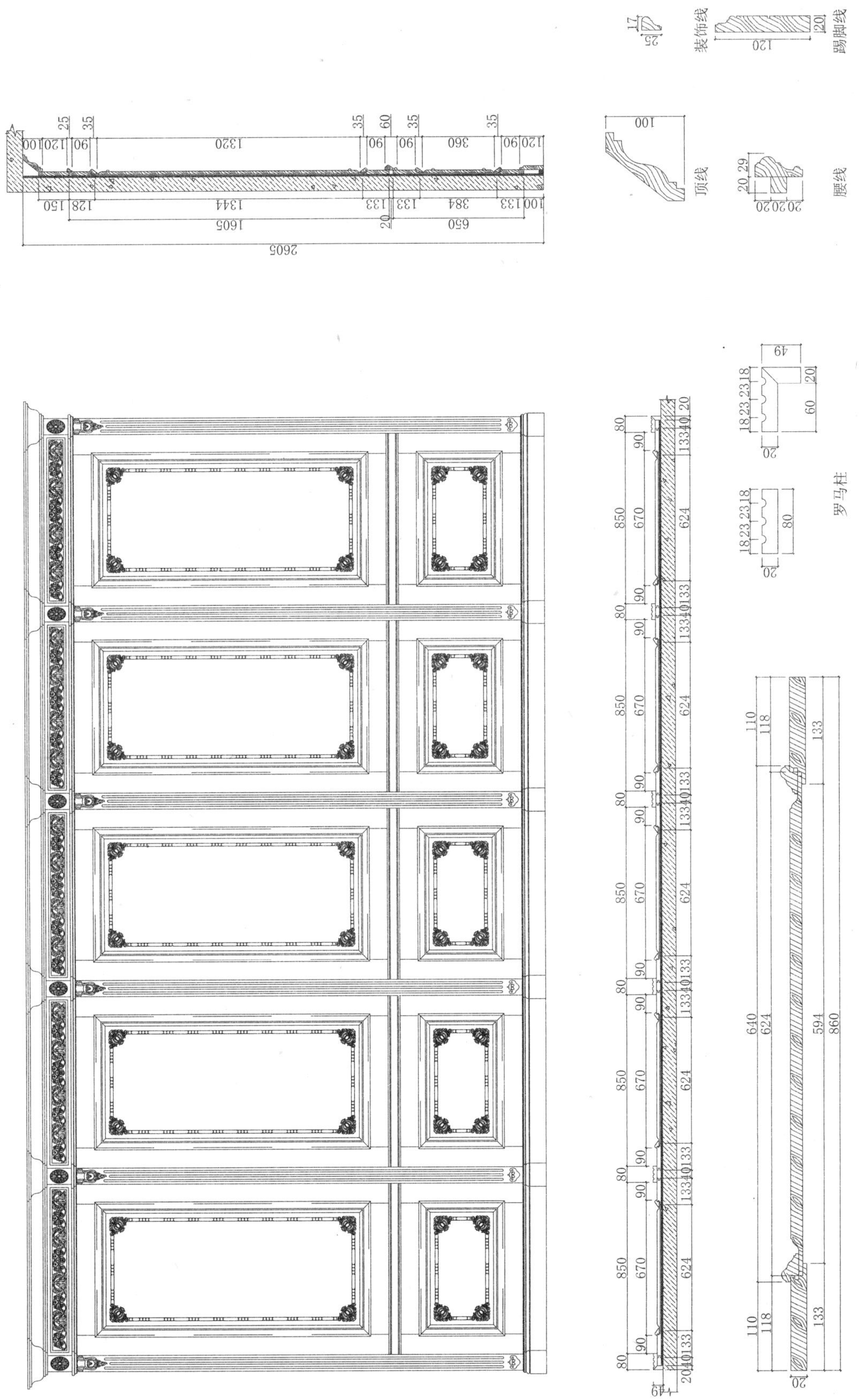
装饰线
踢脚线
顶线
腰线
罗马柱

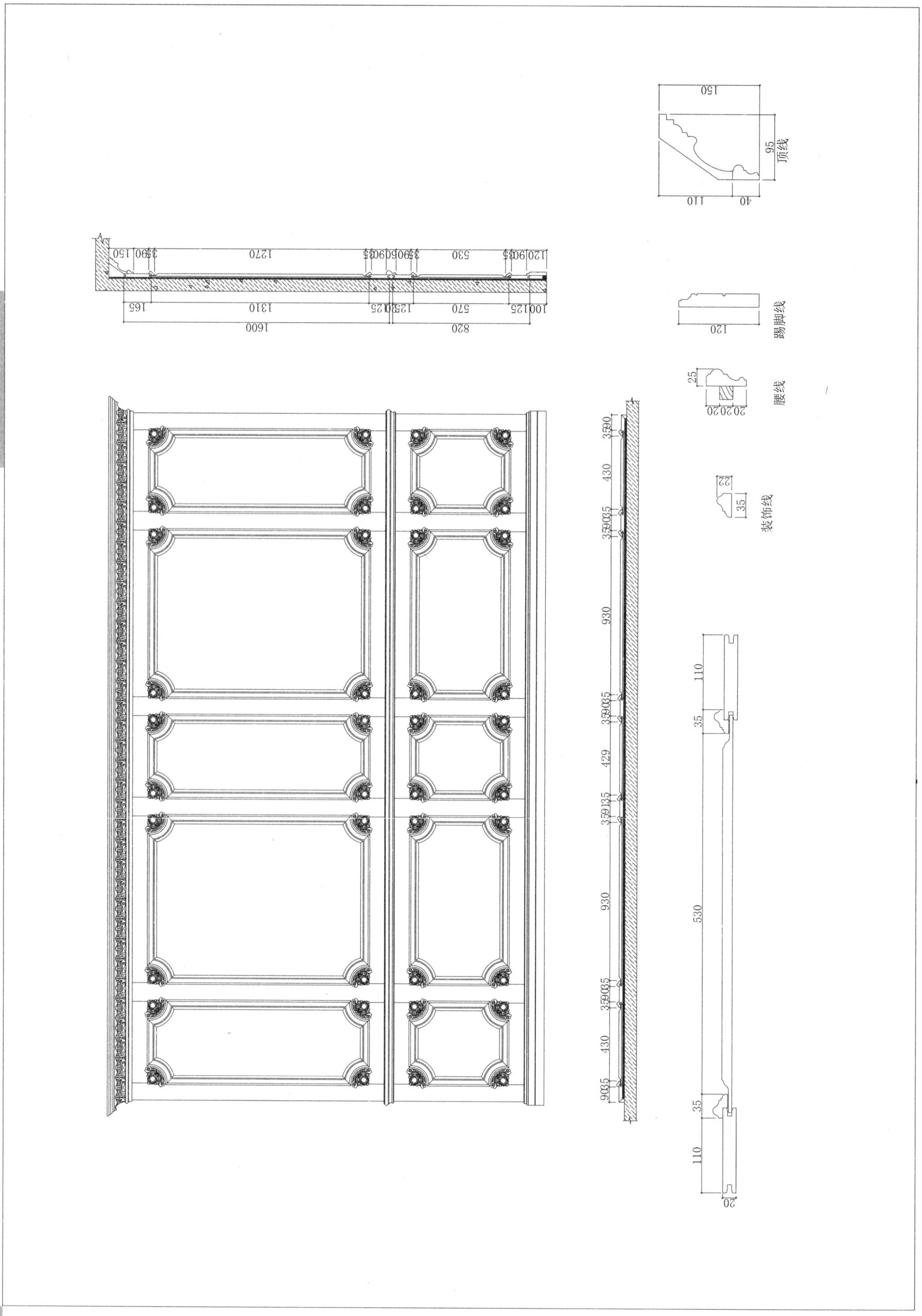
顶线
踢脚线
腰线
装饰线

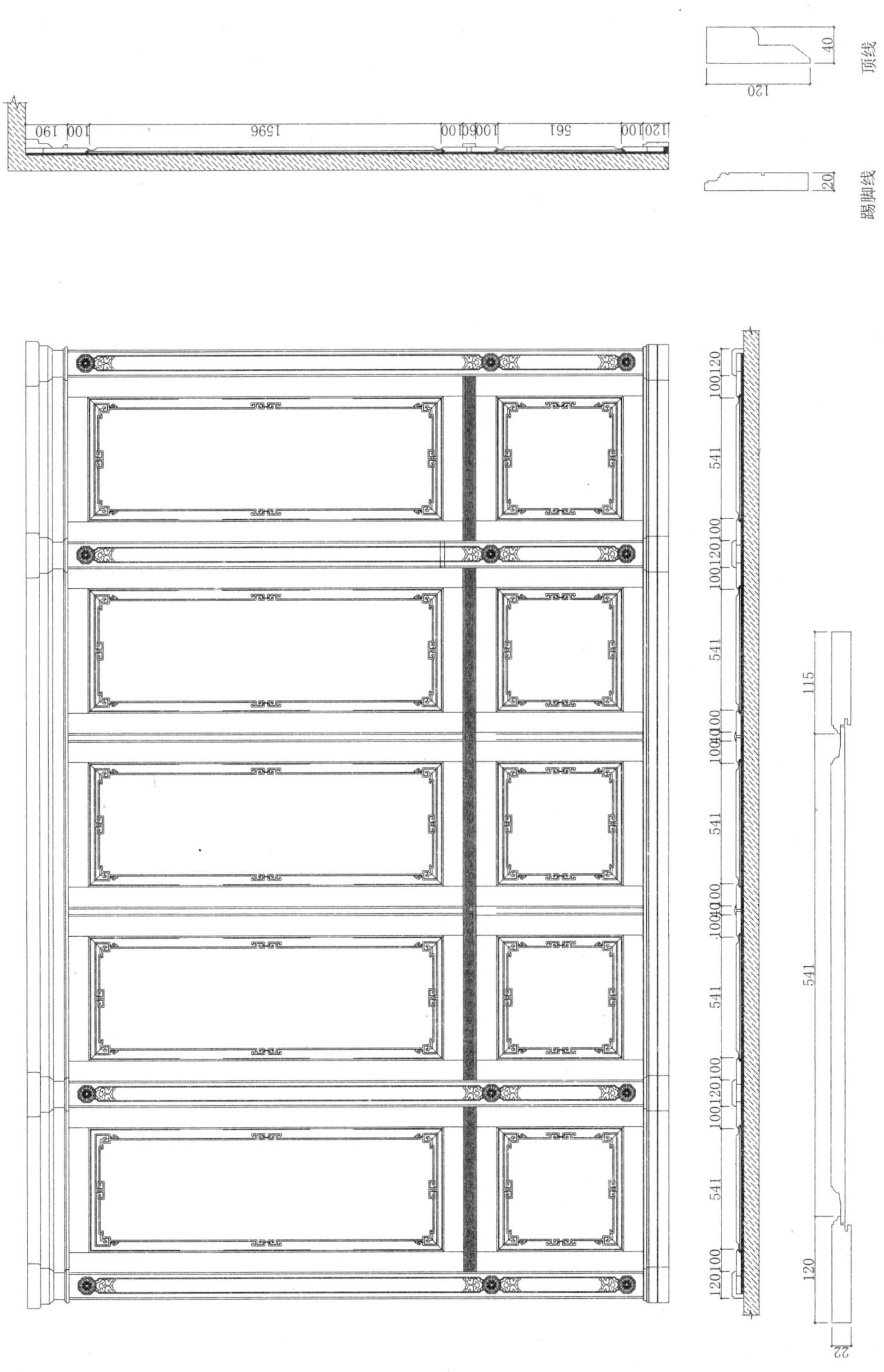
顶线
40
120
踢脚线
20
190
100
1596
100
90
100
561
100
120
541
115
22

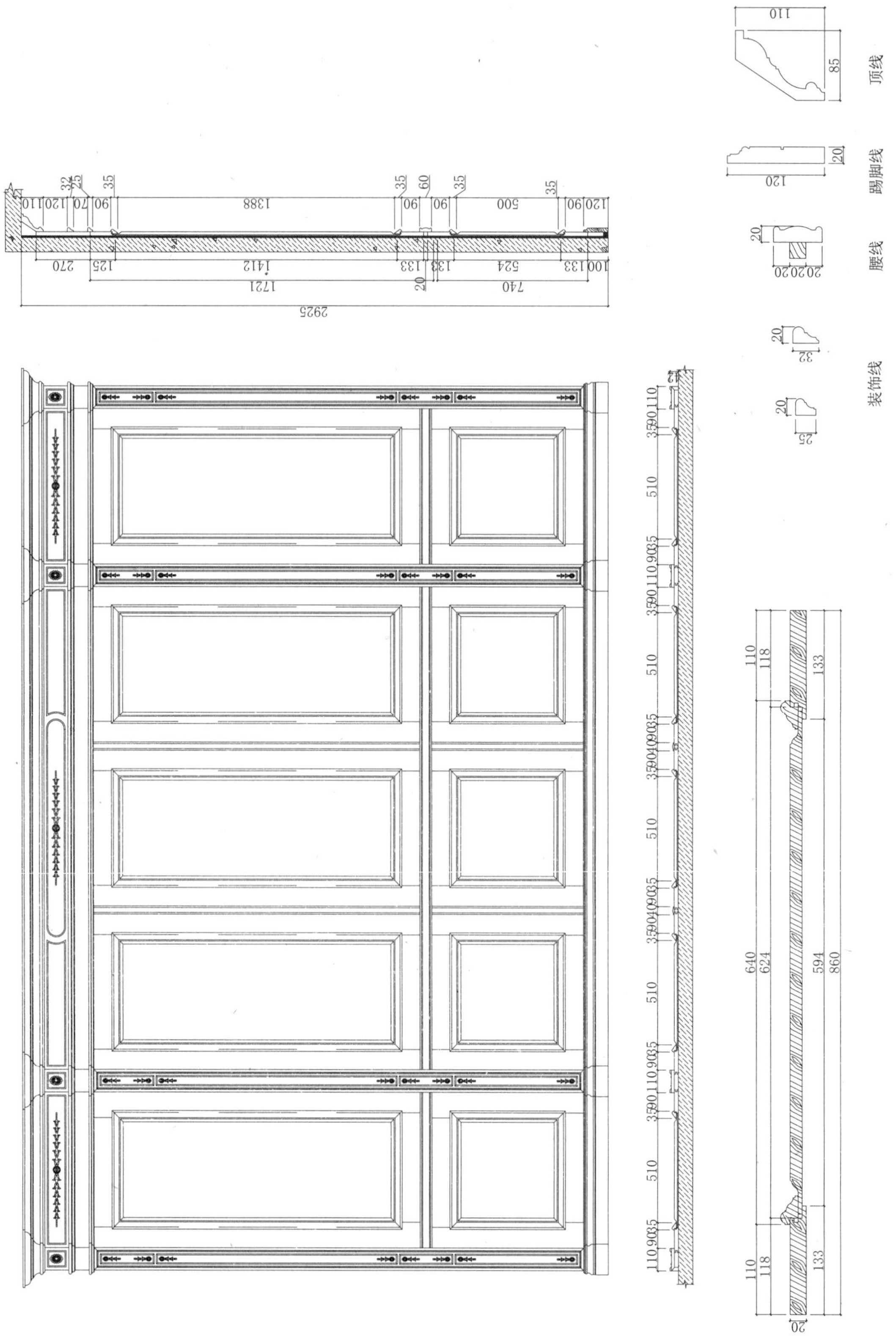
顶线
踢脚线
腰线
装饰线

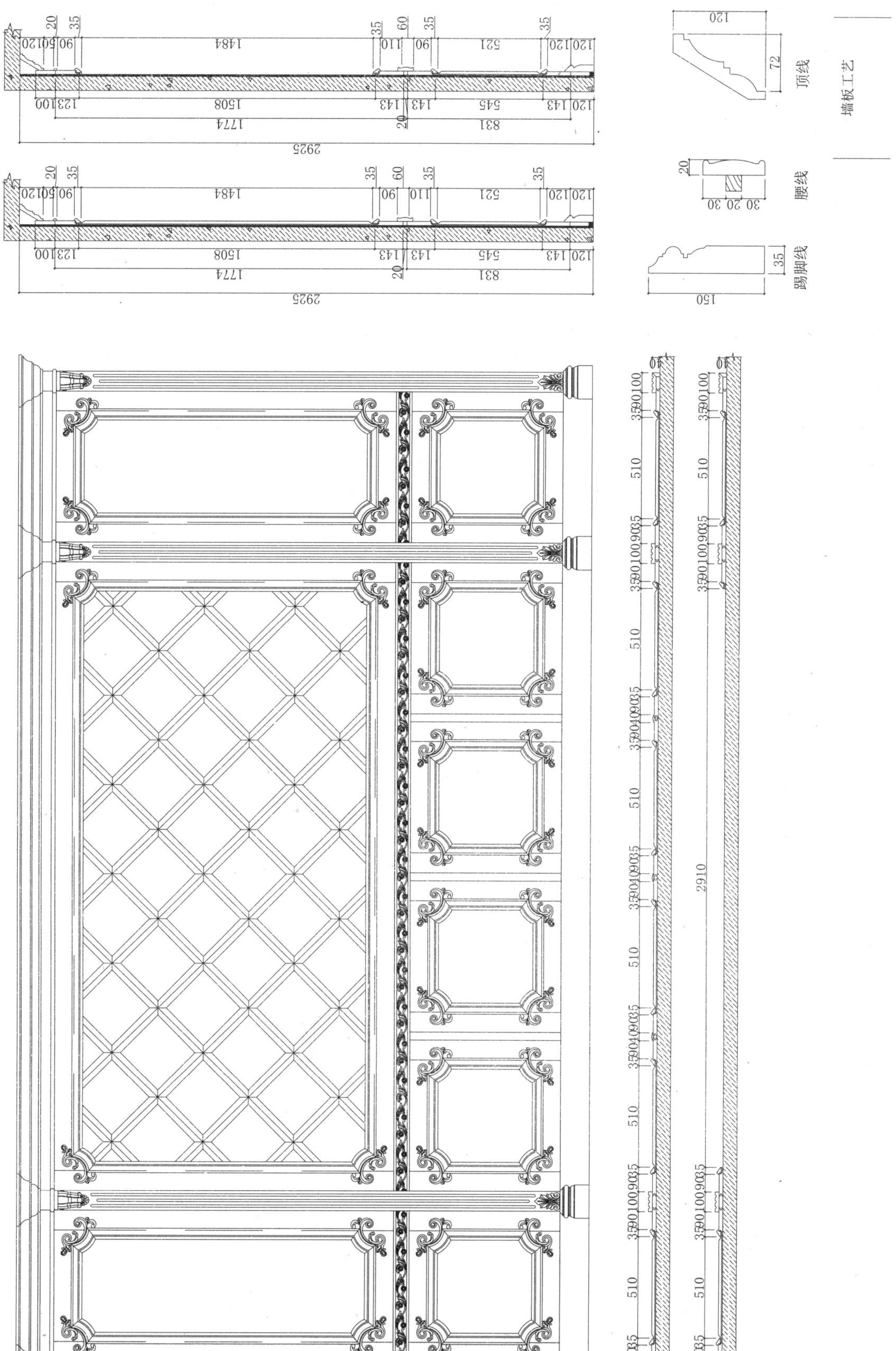

墙板

顶线
装饰线
腰线
踢脚线

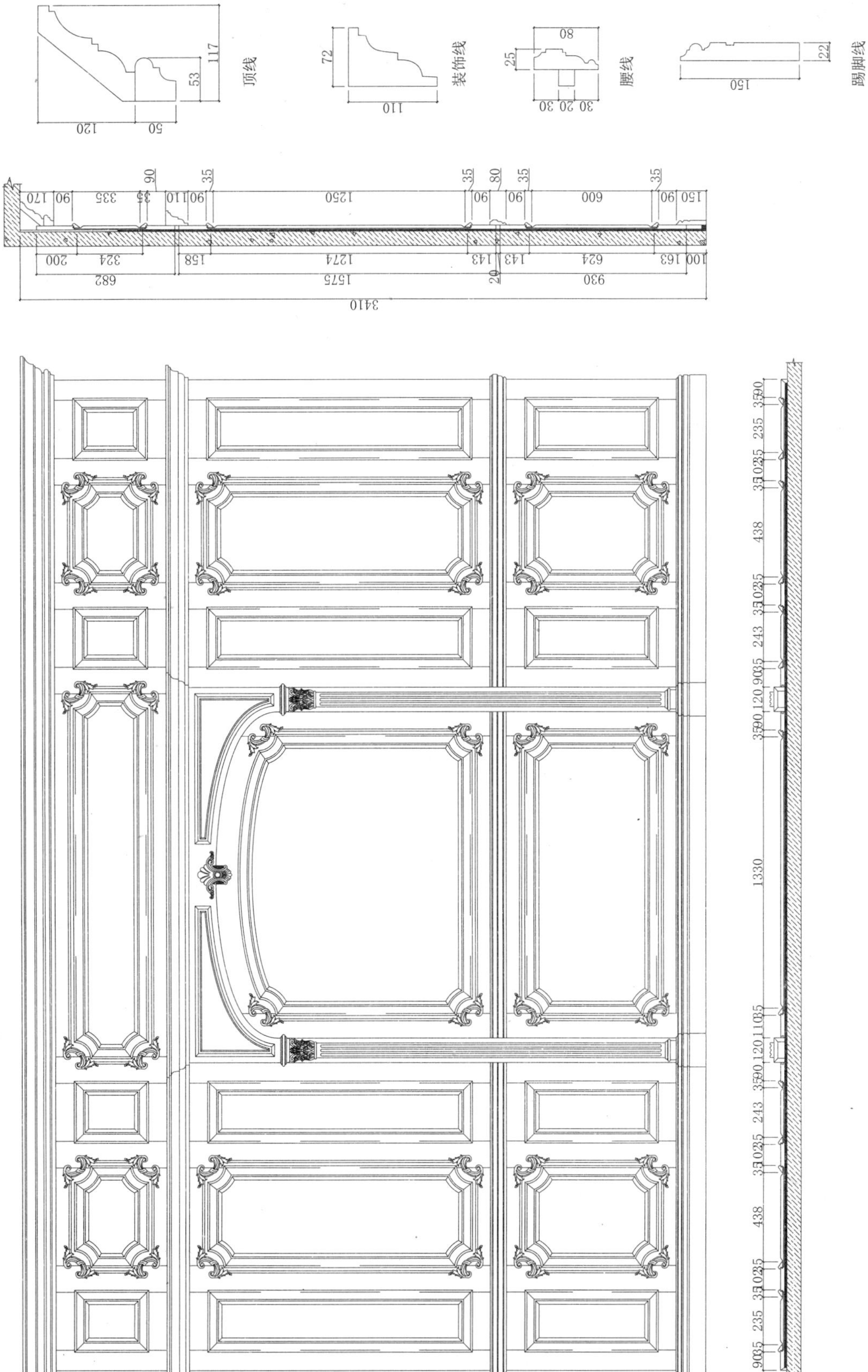
顶线
装饰线
腰线
踢脚线

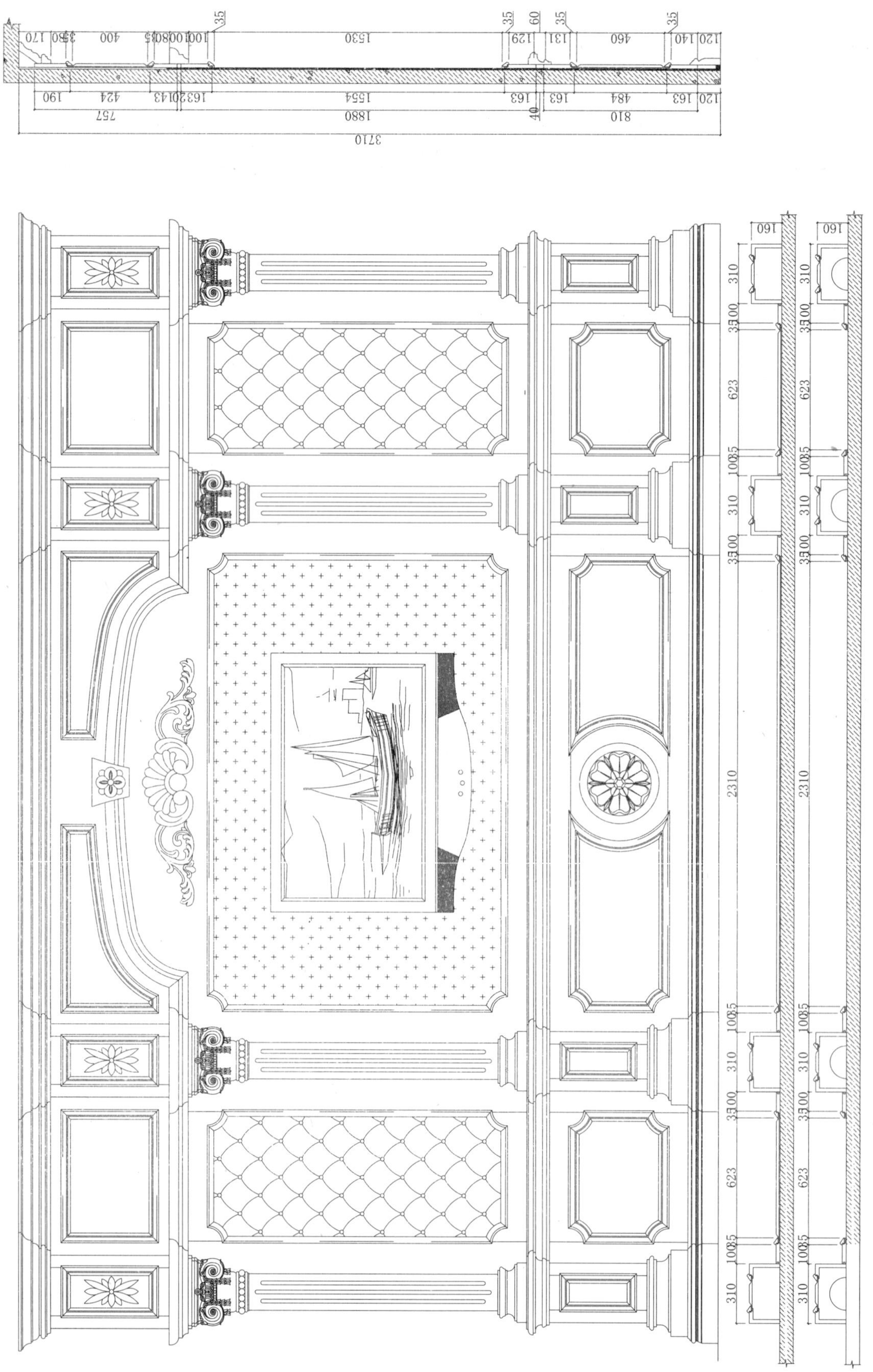
3710
1880
810
757
1530
1554
460
484
190
424
40
2310
623
310
160
350
100

35　90 120　2080　2104　153 110　35　90 150 120

2600

35　90 120　1270　500　35　60 35　90　90 35　90 150 120

1580　810　524　133 133　20　153 110

2600

顶线　120　97

腰线　25　20 20 20

踢脚线　22　150

780　90　600　90　600　90　600　90　600　90　780

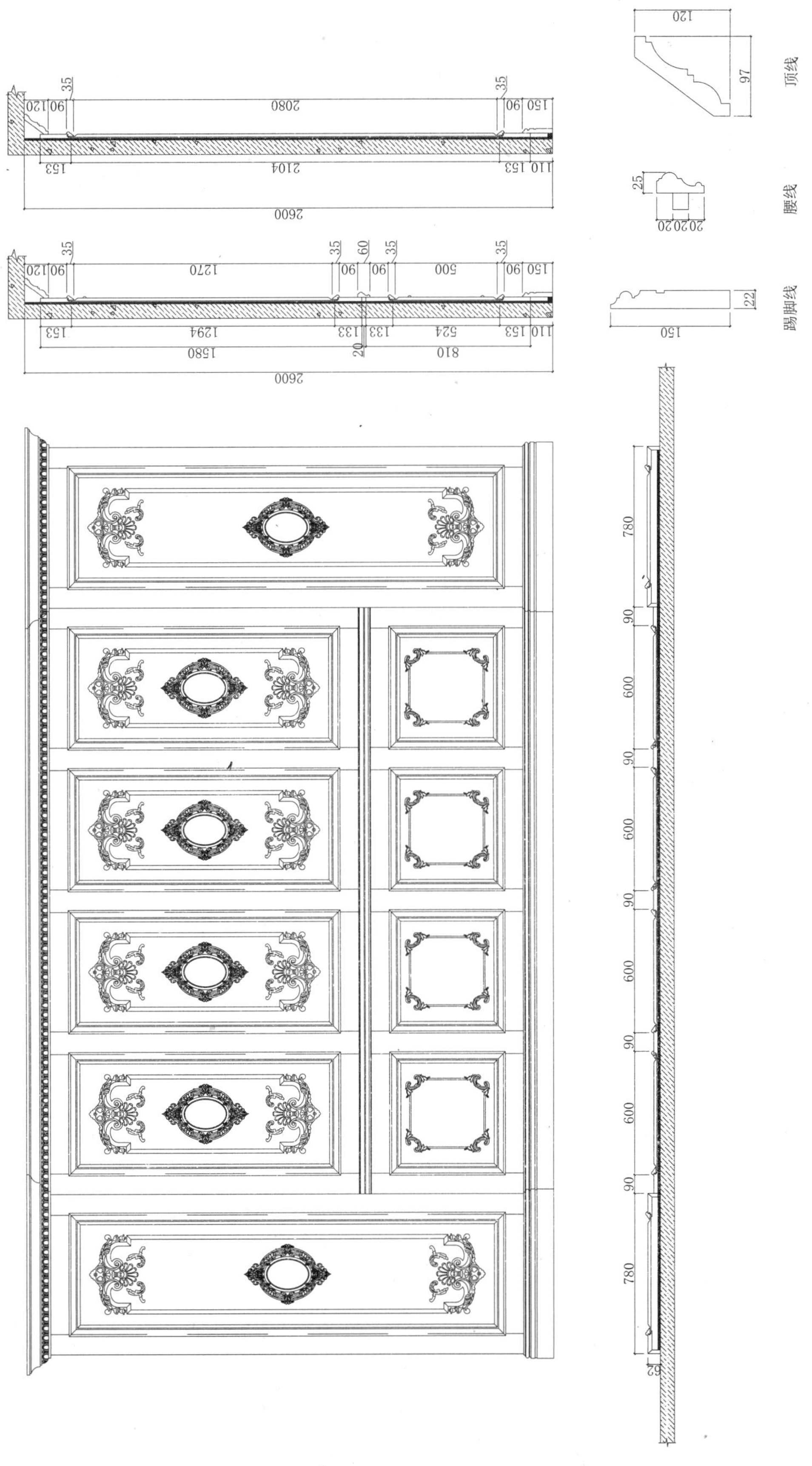

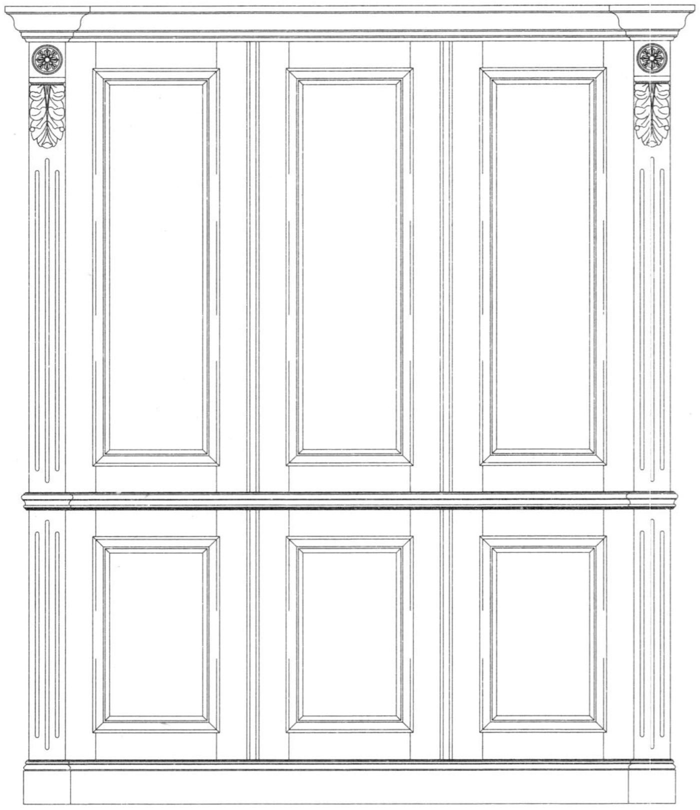

方案一

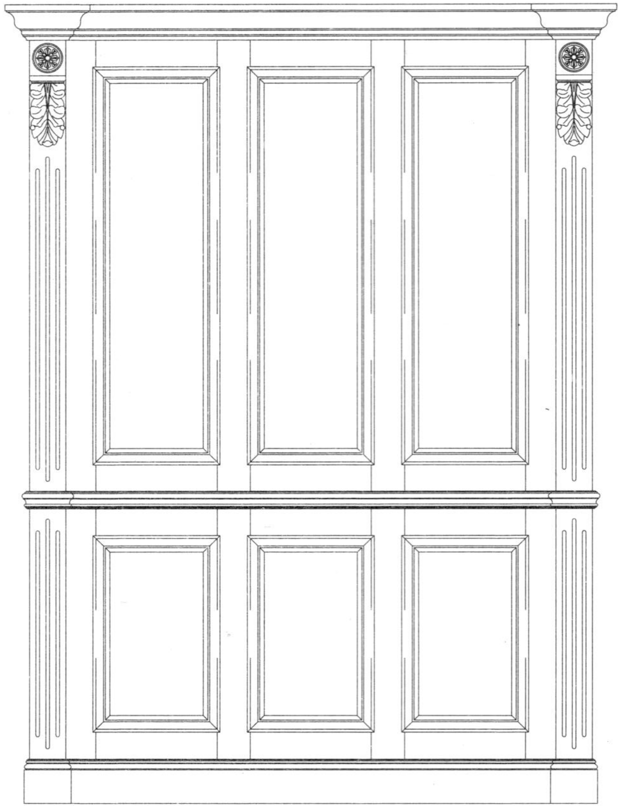

方案二

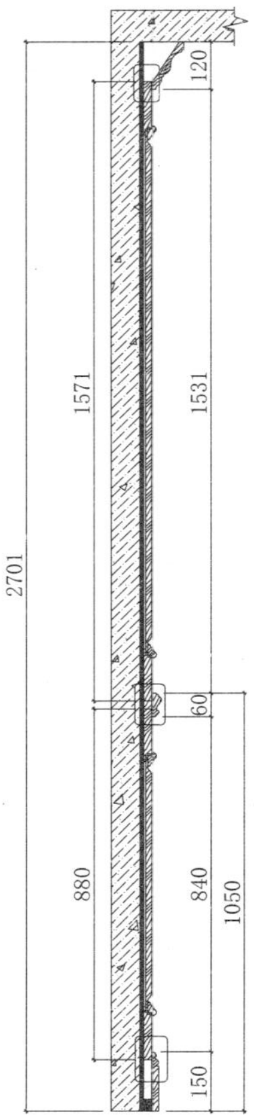

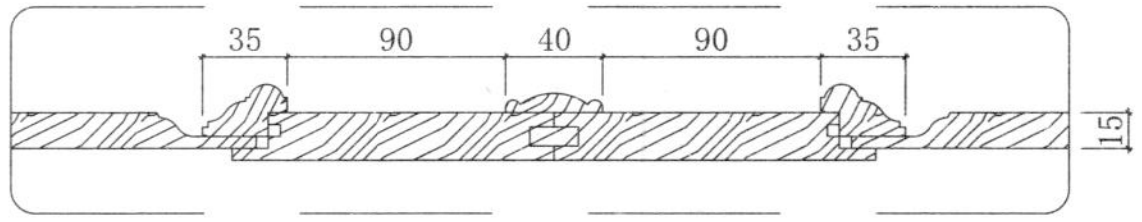

方案一

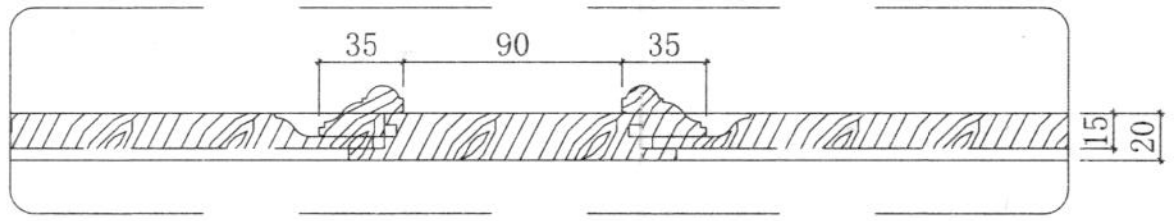

方案二

两种方案不同之处，护墙板与护墙板的边接。方案一相对在现场安装时简单，在工厂生产过程中，每一块款板都有四个边枋，而方案二对现场安装要求要高些，并只有一块是四个边枋，其他几块为三边枋，也可以完全单散件至现场安装，在工厂生产过程中，要求尺寸准确，两款方案安装完成后，外观细节是有所不同的，方案一会显示两条竖边，而方案二看起来更象一整体，从外观角度方案二要更佳些，从生产角度，方案一相对简单些。

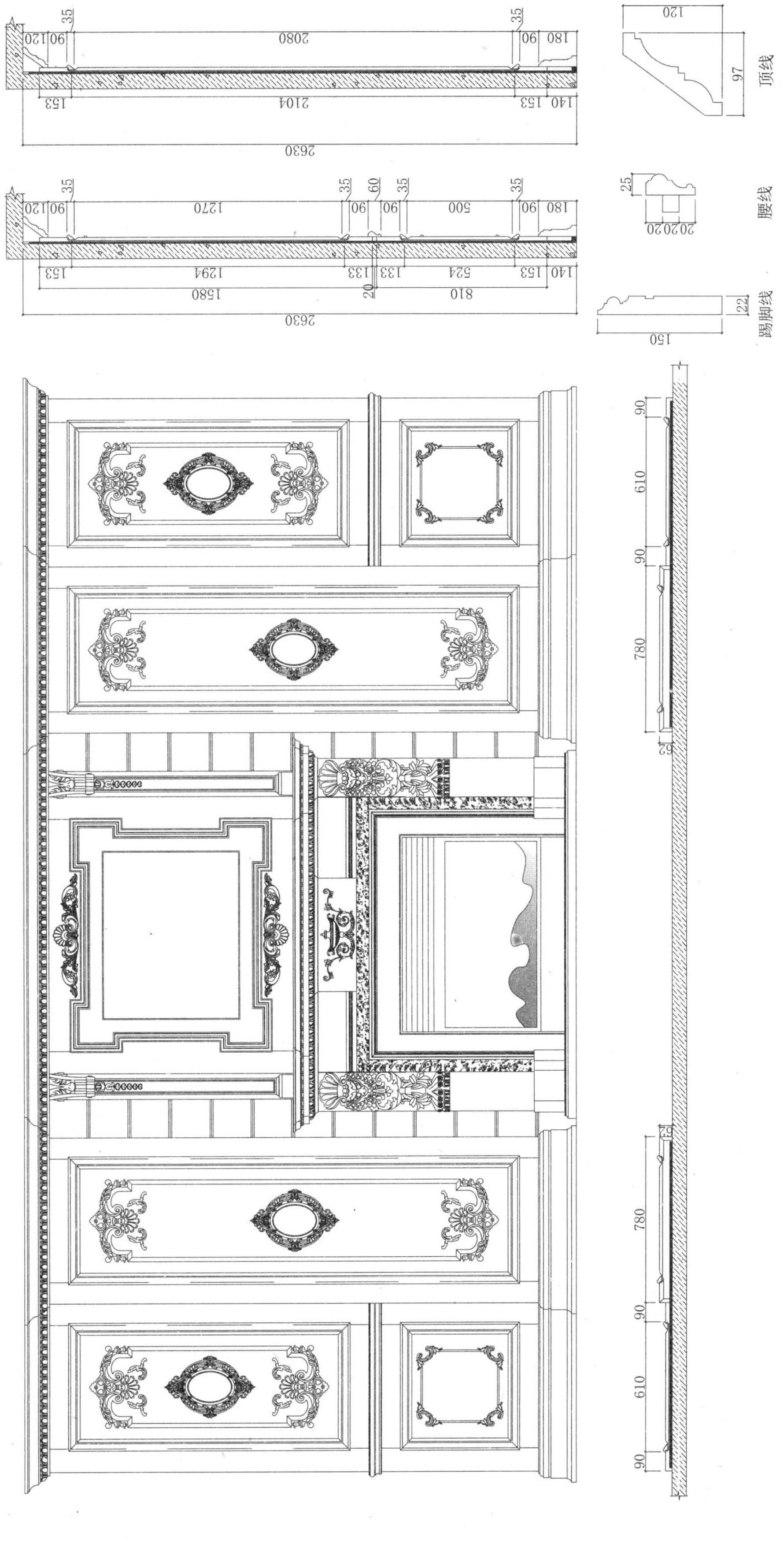
顶线
腰线
踢脚线

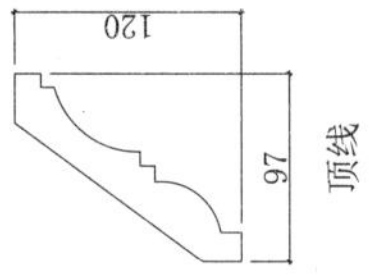
120
97
顶线

25
20 20 20 20
腰线

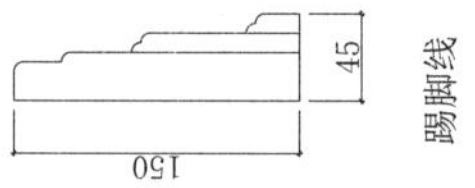
45
150
踢脚线

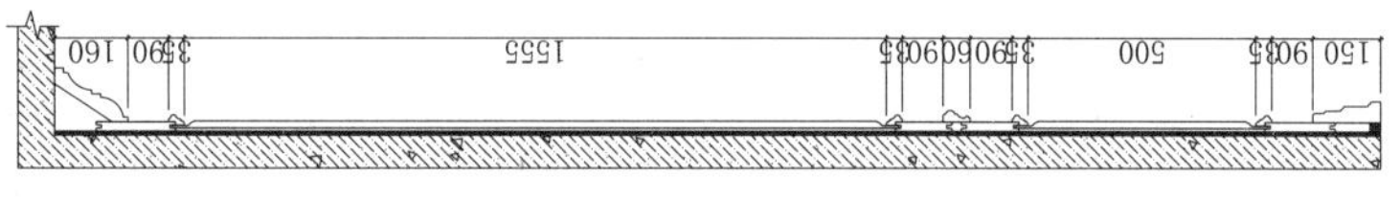

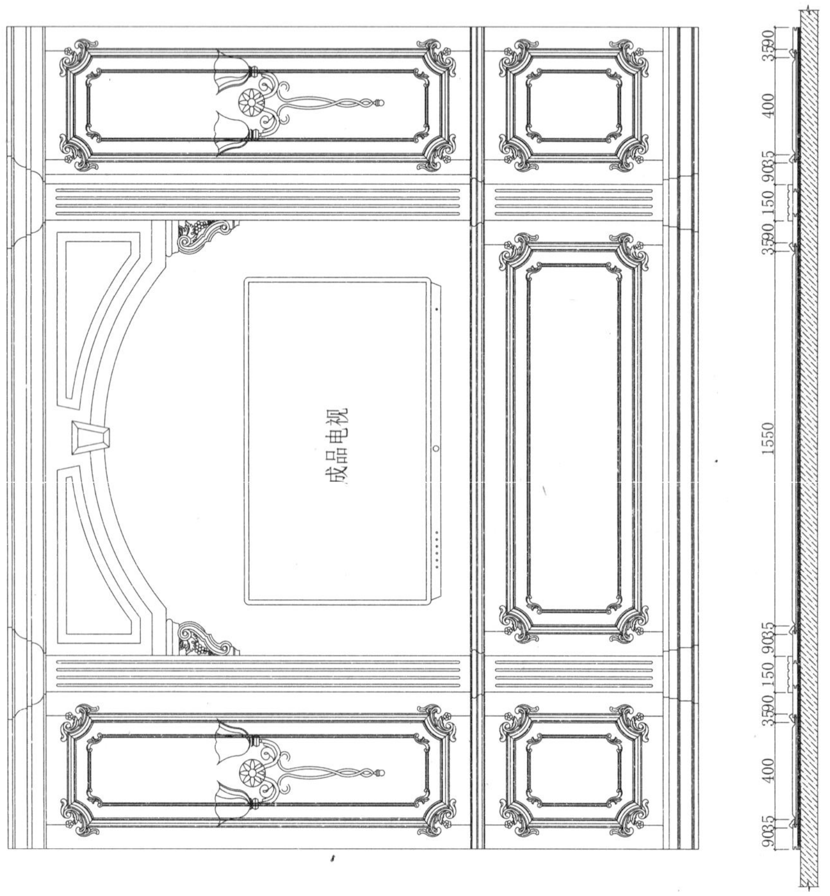
成品电视

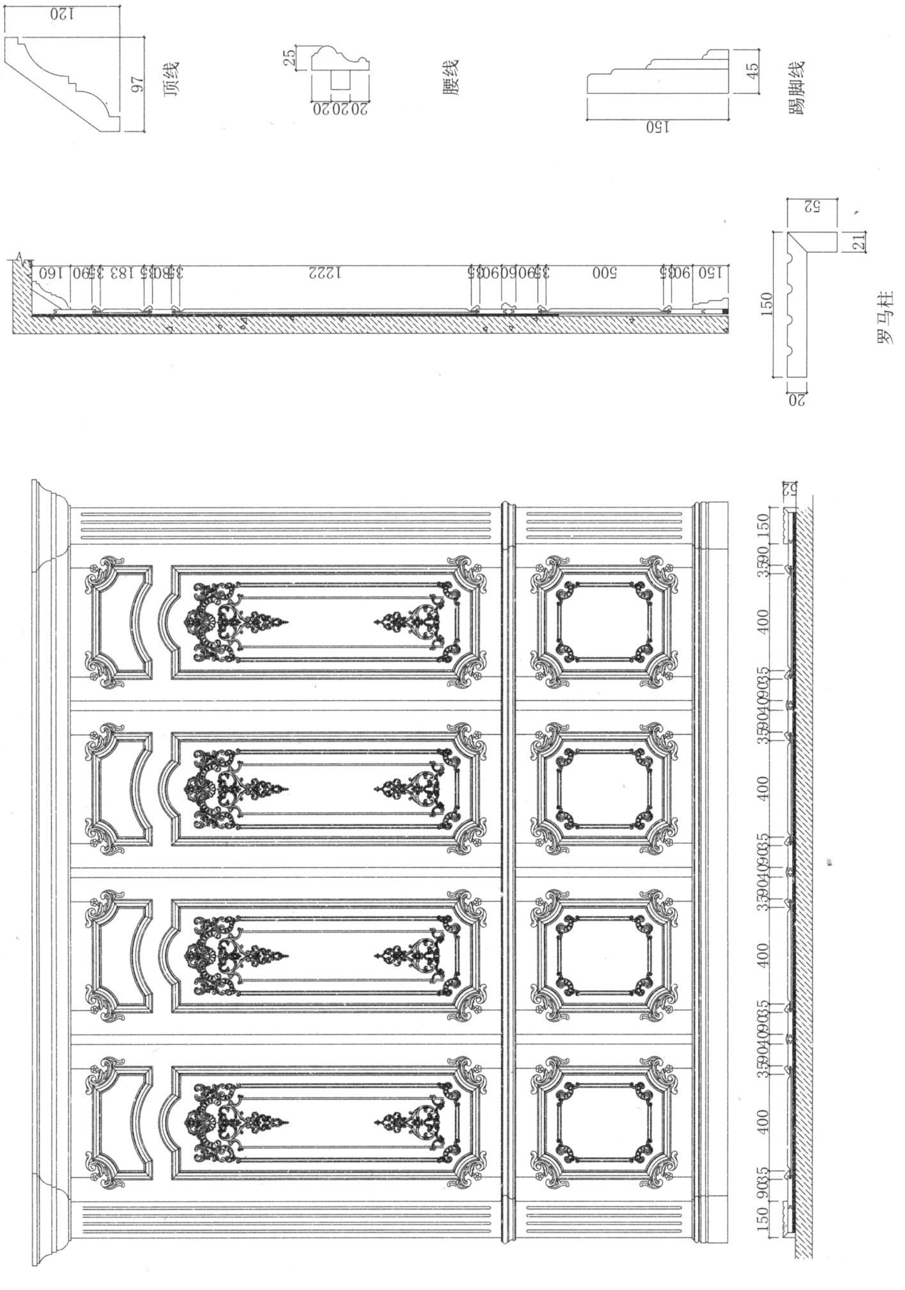
顶线
腰线
踢脚线
罗马柱

墙板

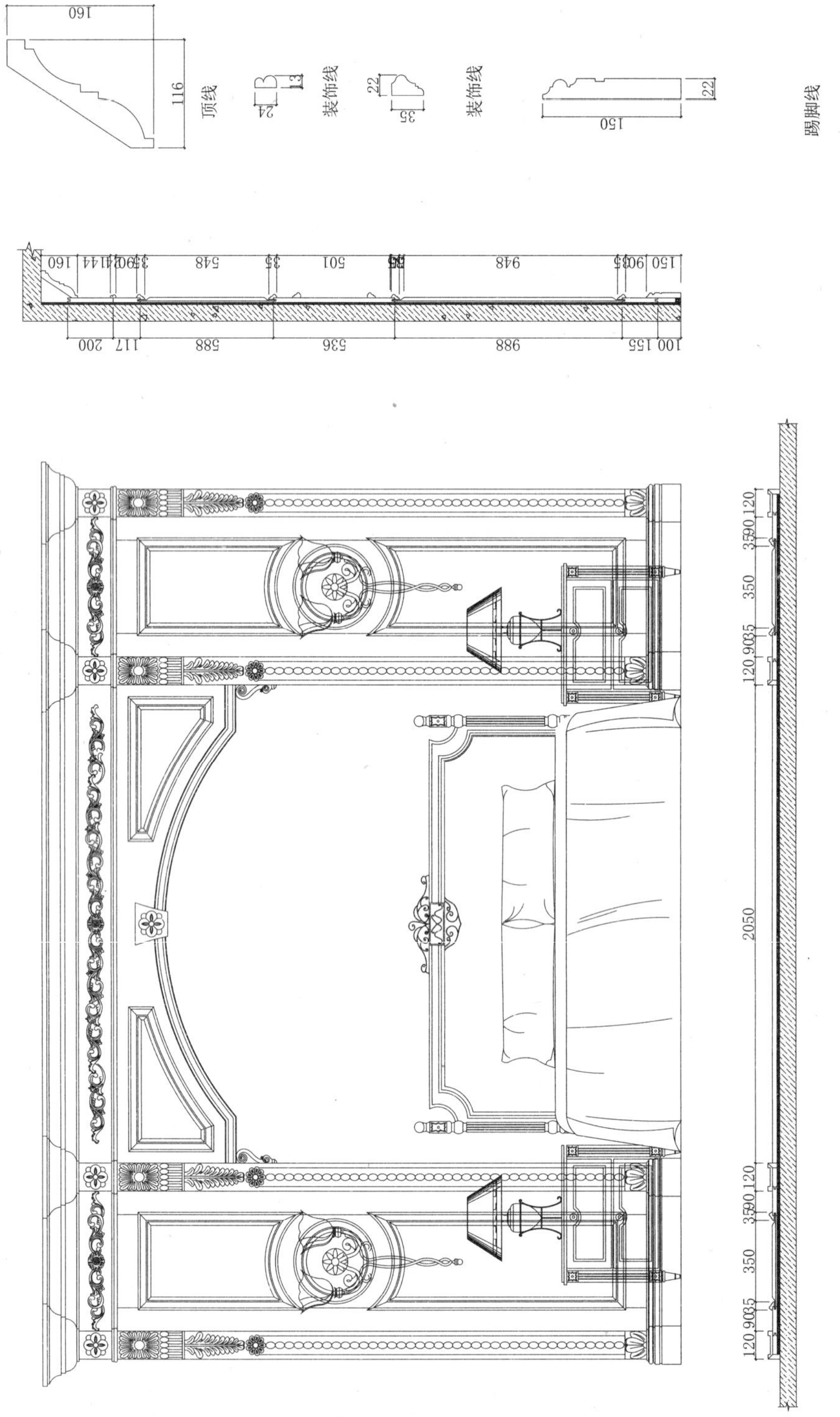

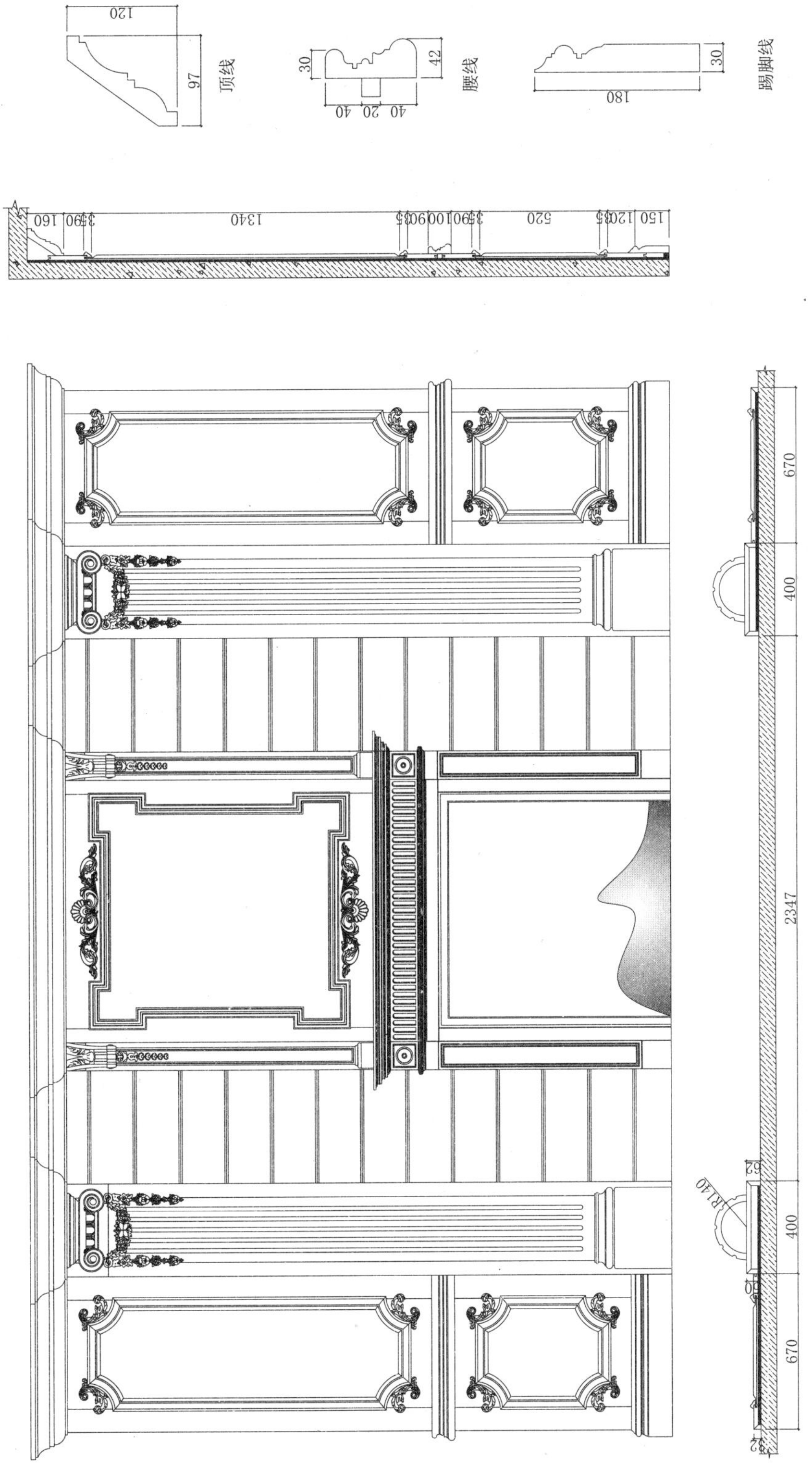
顶线
腰线
踢脚线
120
97
30
42
40 20 40
180
30
2347
670
400
R140

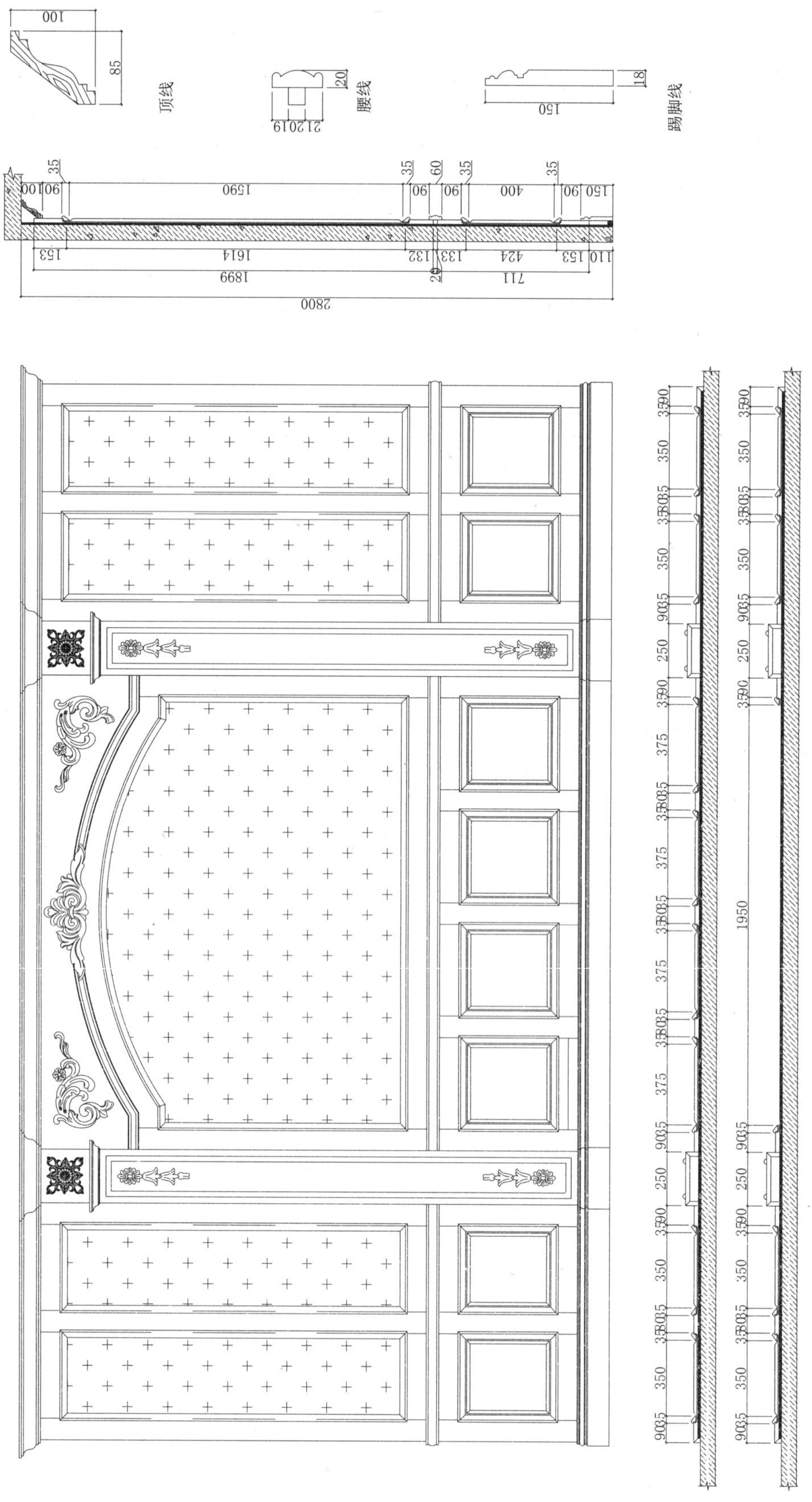
顶线
腰线
踢脚线

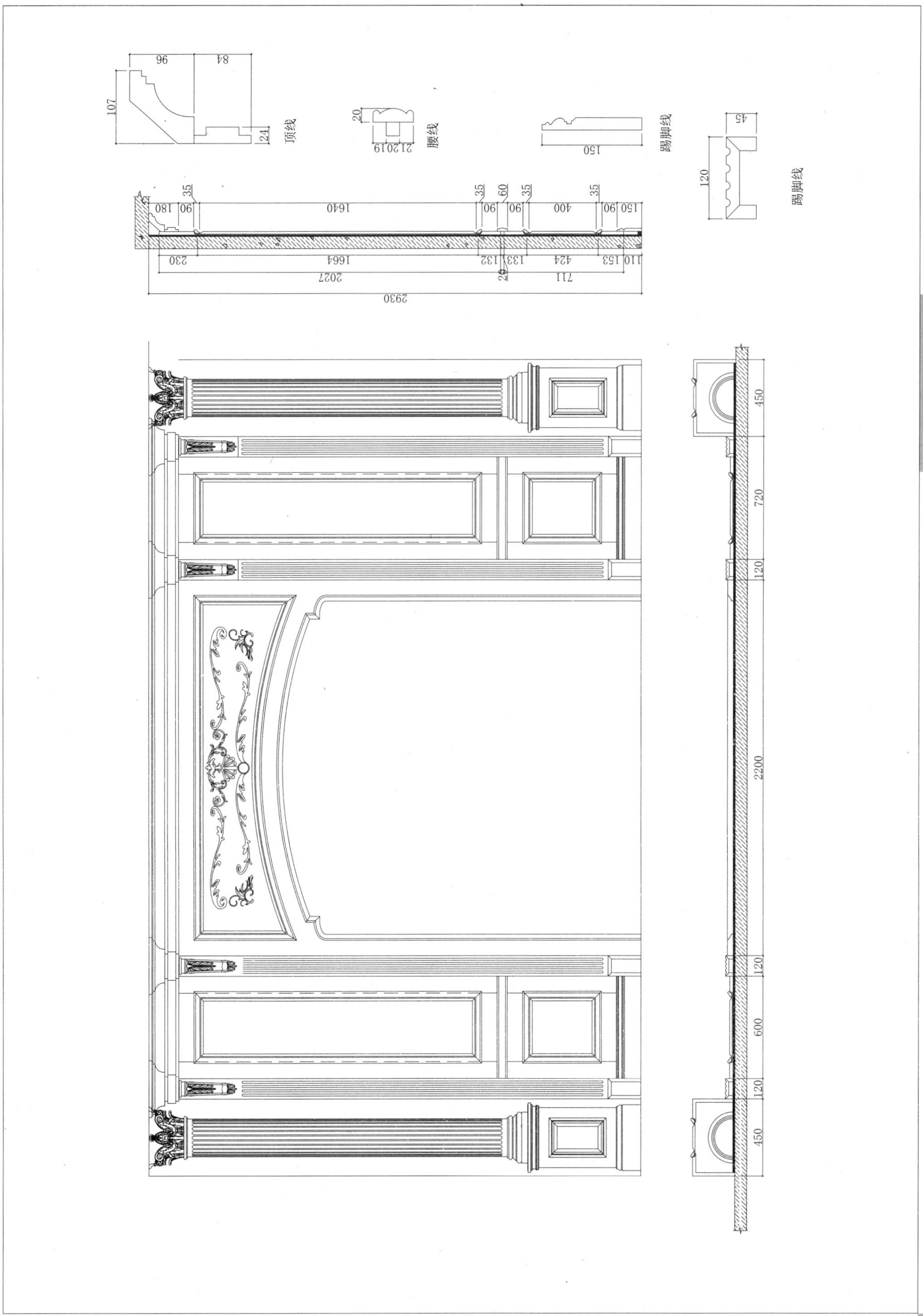
顶线
腰线
踢脚线
踢脚线
96
84
107
24
20
150
45
120
2930
2027
711
1664
230
450
720
2200
600

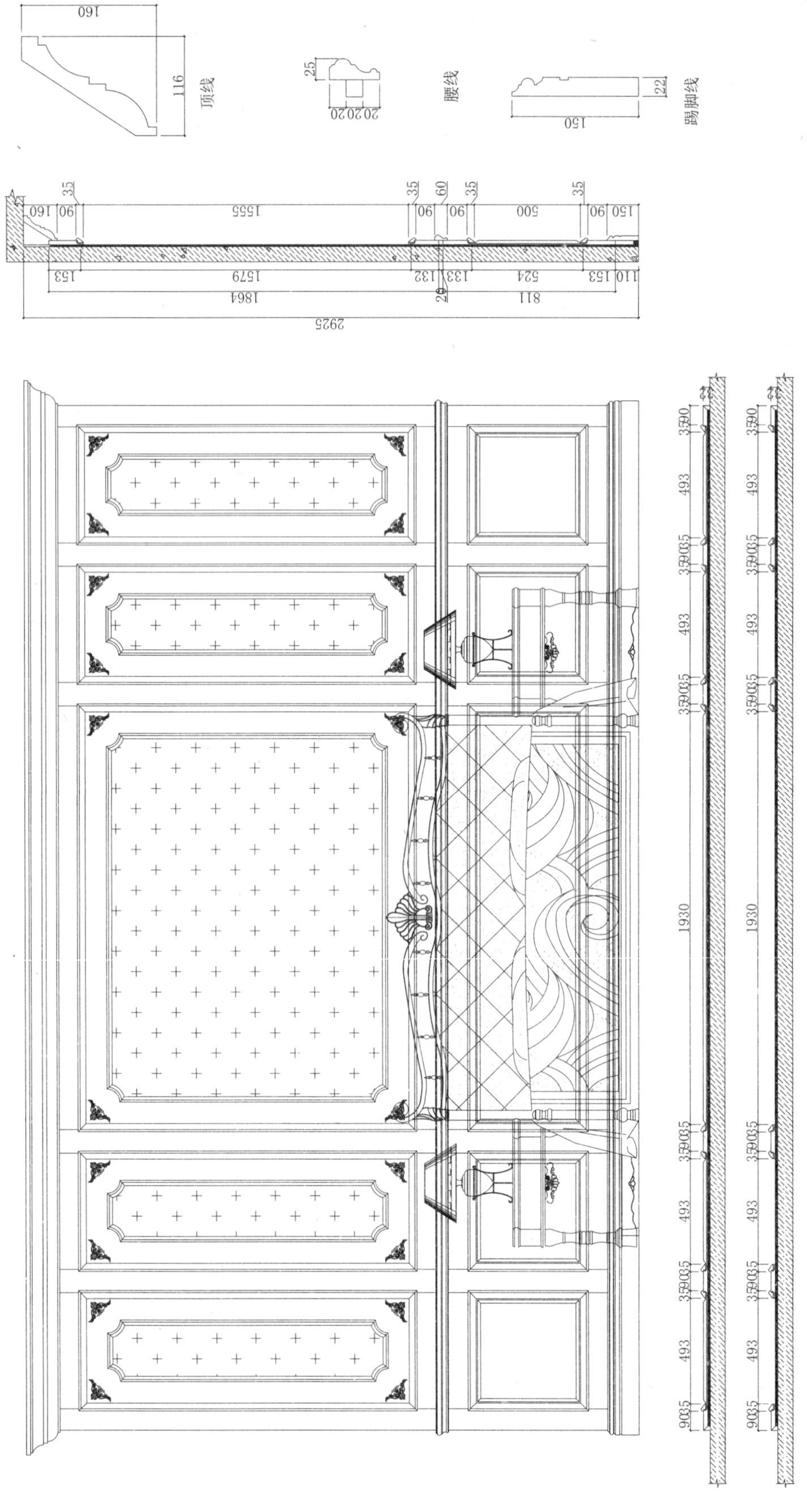
顶线
腰线
踢脚线
2925
1864
811
1930

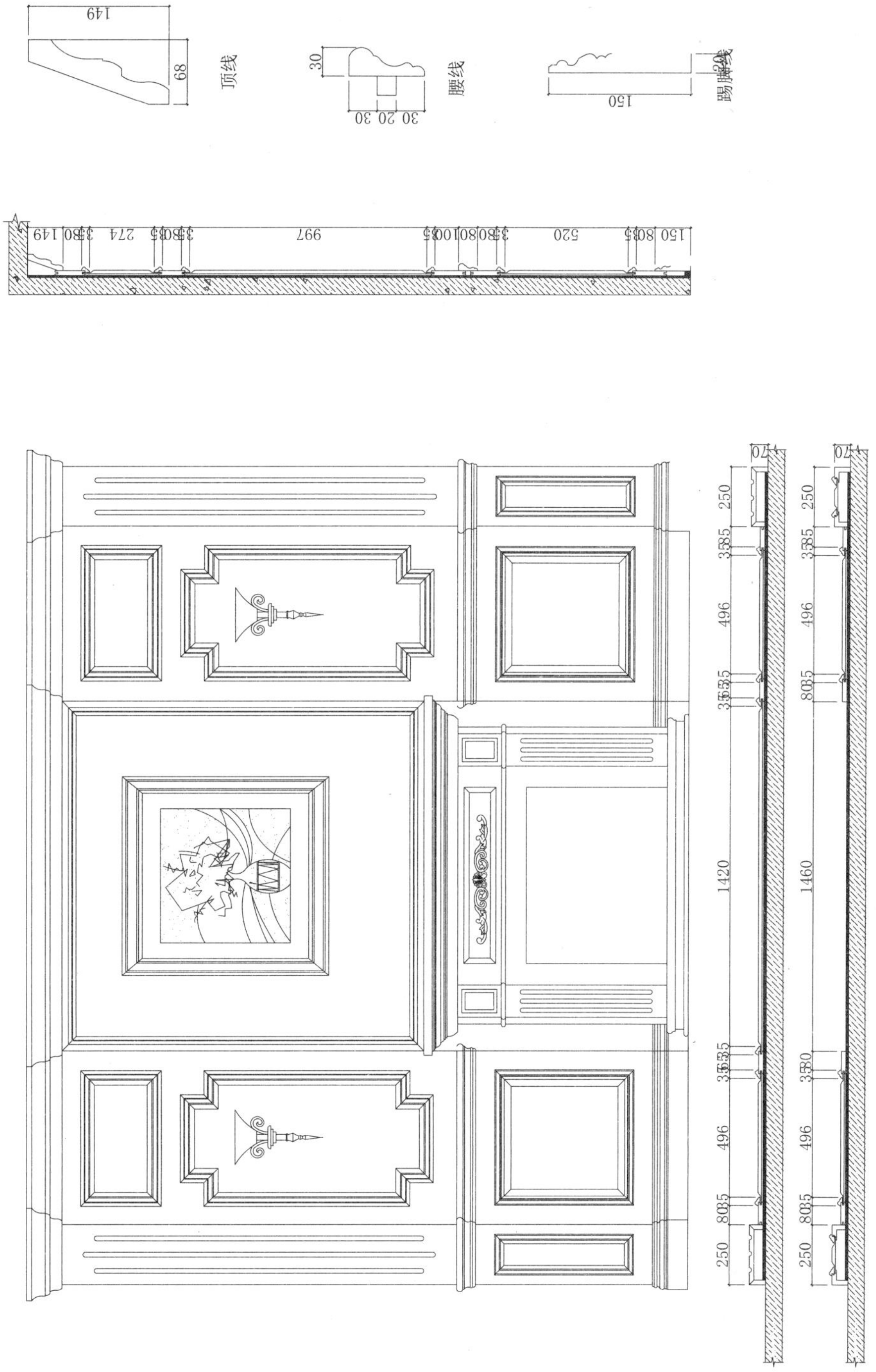
顶线
腰线
踢脚线
149
68
30
30 20 30
150
1420
1460
496
250

b. 墙裙结构工艺示意

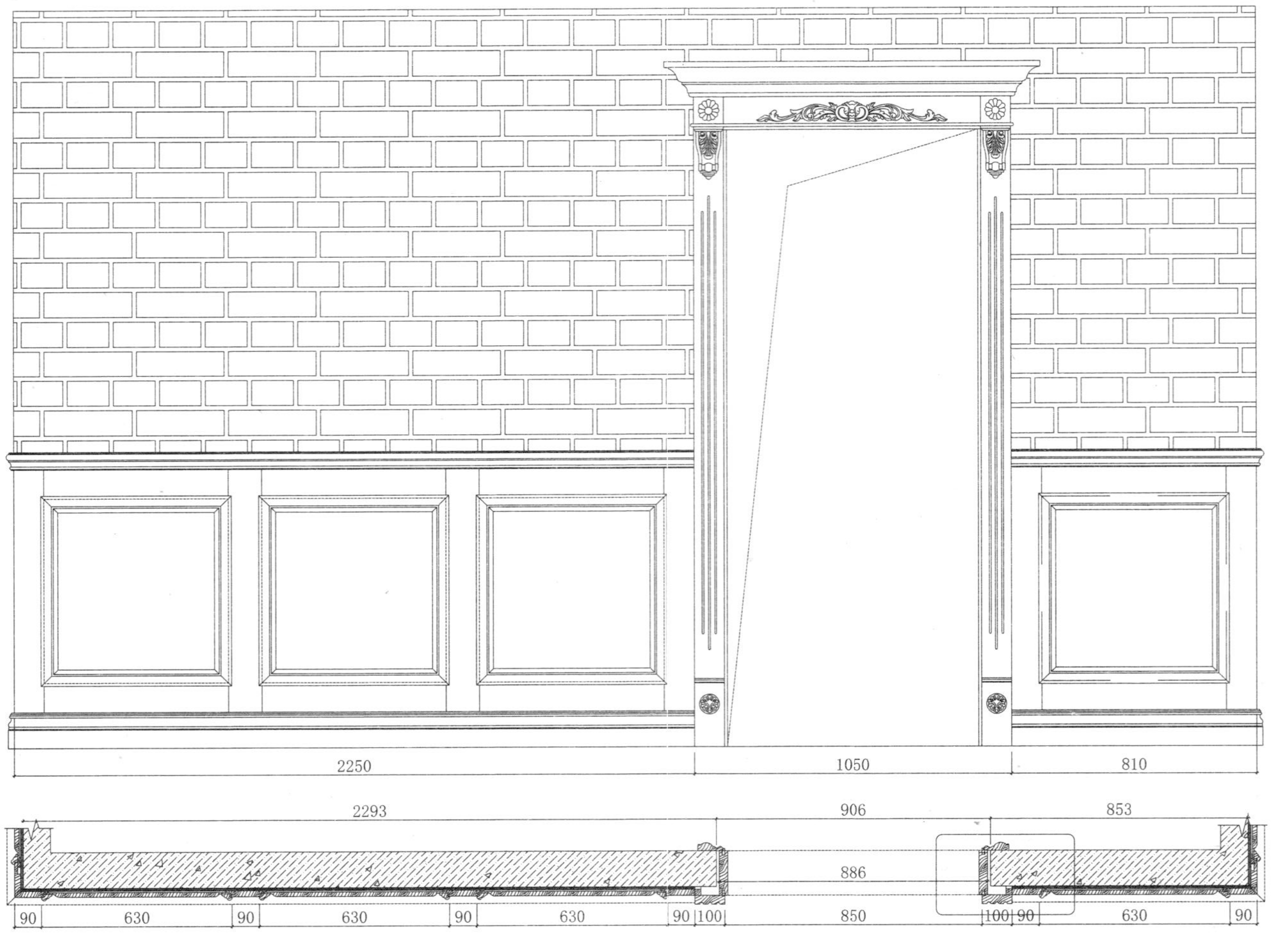

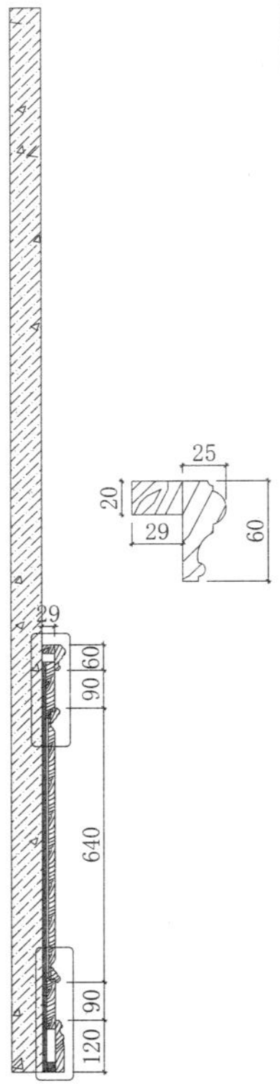

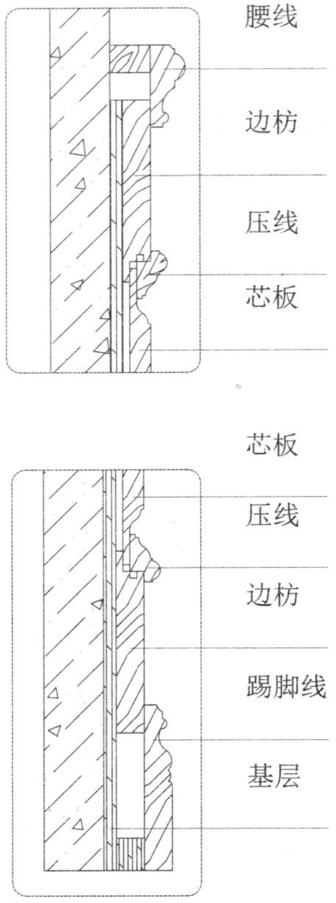

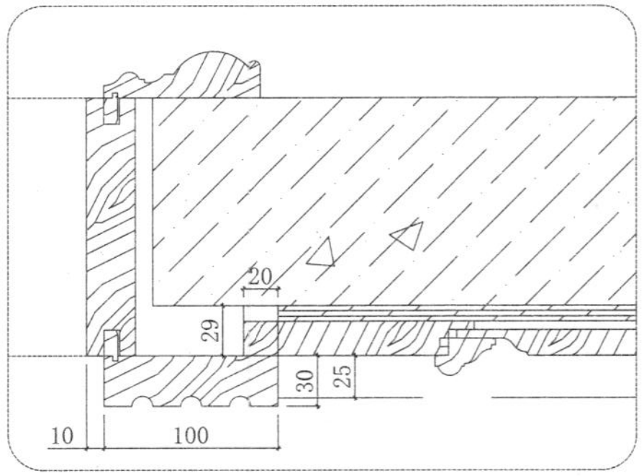

哑口套与墙裙连接方式

居室窗台作为参照物，居室的窗台高度一般是1000mm左右，墙裙高度可以略高于窗台200~500mm，也可以与窗台齐平，过低或过高都不适宜，如果墙裙过低，起不到保护墙体的作用，而且也会影响居室总体的视觉效果；客厅、卧室的墙裙过高，室内就会显得过于沉闷，影响人的情绪。

线条厚度外边一定大于腰线厚度，套板厚度是原墙体厚度加墙板厚度加基层；线条需要带反卡口。

六、阴角阳角接口方式

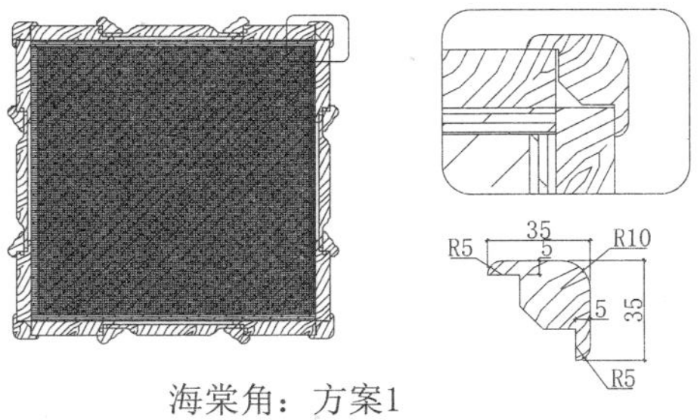

海棠角：方案1

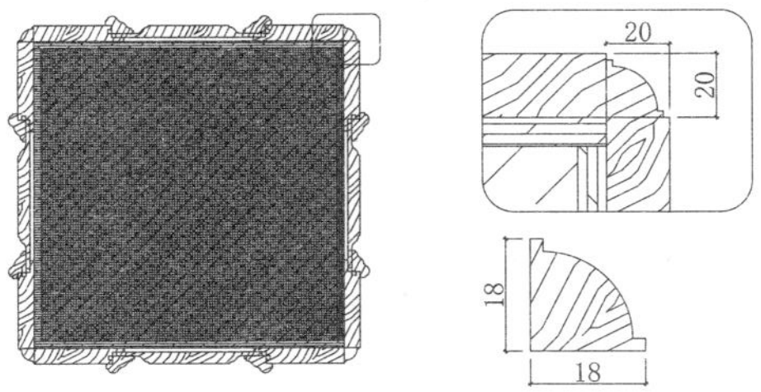

海棠角：方案2

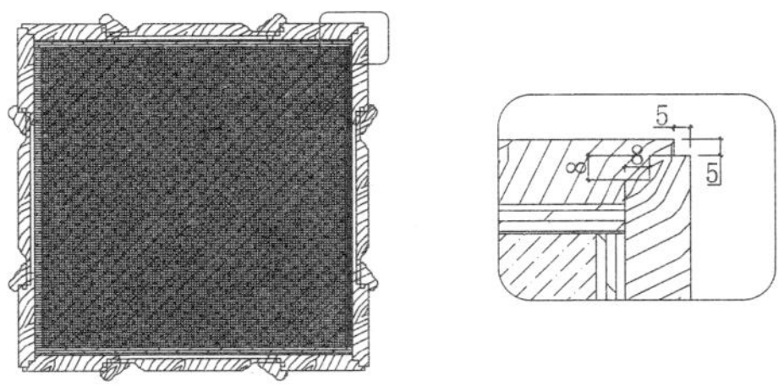

海棠角：方案3

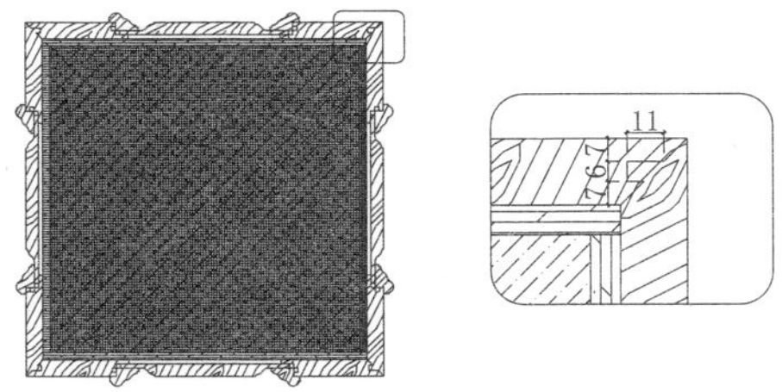

阳角：方案1

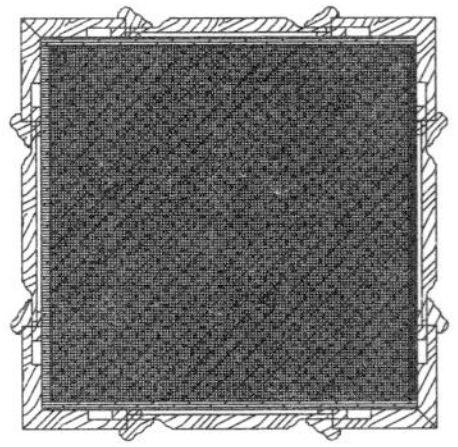

阳角：方案2

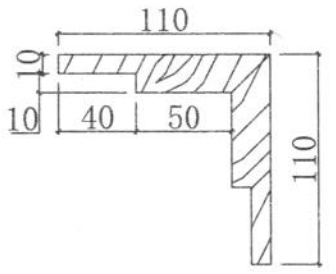

此工艺多数用于护墙板/墙裙

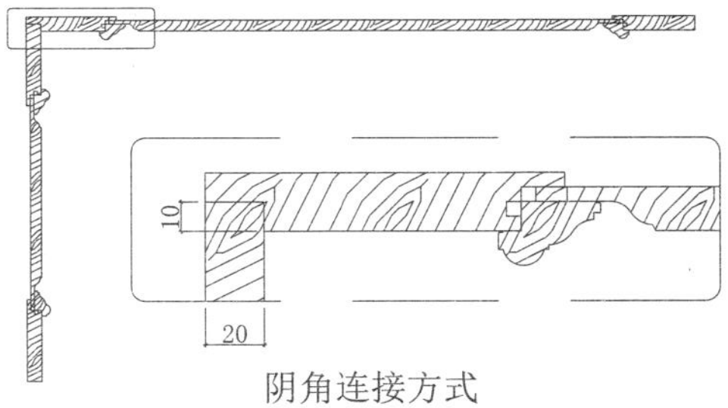

阴角连接方式

海棠角：阳角转角拼接时，拼口像海棠叶子的都叫阳角海棠角，简称“海棠角”墙板型号：模型库中在每一款墙板都有四款型号，连接方式不同，分别在型号后 A、B、C、D

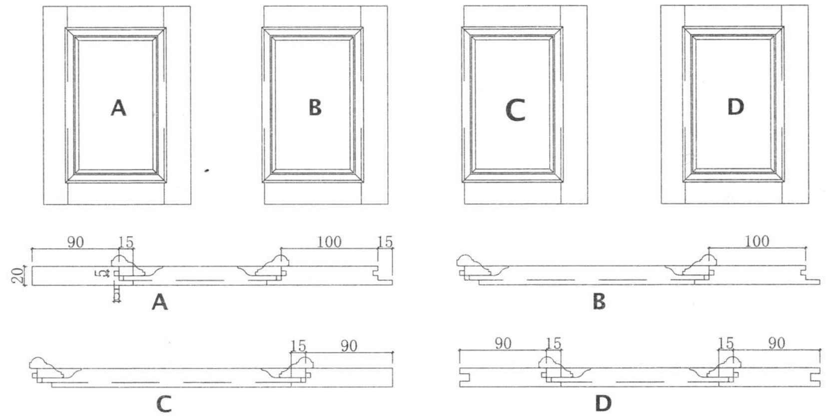

代号	名称
墙板	R
罗马柱	X
顶线	K
腰线	H

第二节 墙板款式

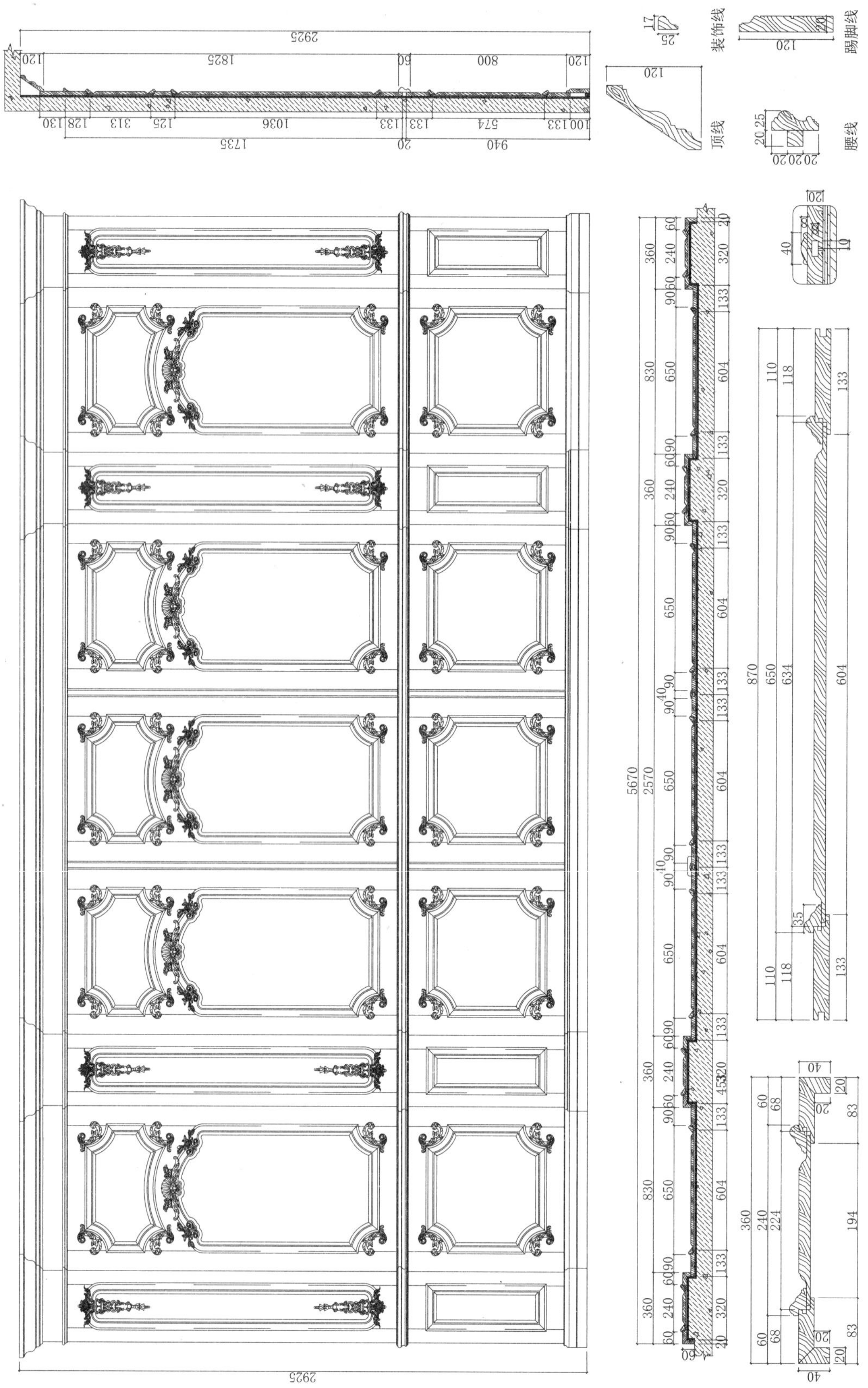
2925
120
1825
60
800
120
130
128
313
125
1036
133
133
574
133
100
1735
20
940
装饰线
17
25
120
顶线
踢脚线
120
20
腰线
20 25
20 20 20
5670
2570
360
240
60
830
650
604
133
320
870
634
110
118
35
224
194
83
68
40
2925

顶线
装饰线
踢脚线
腰线

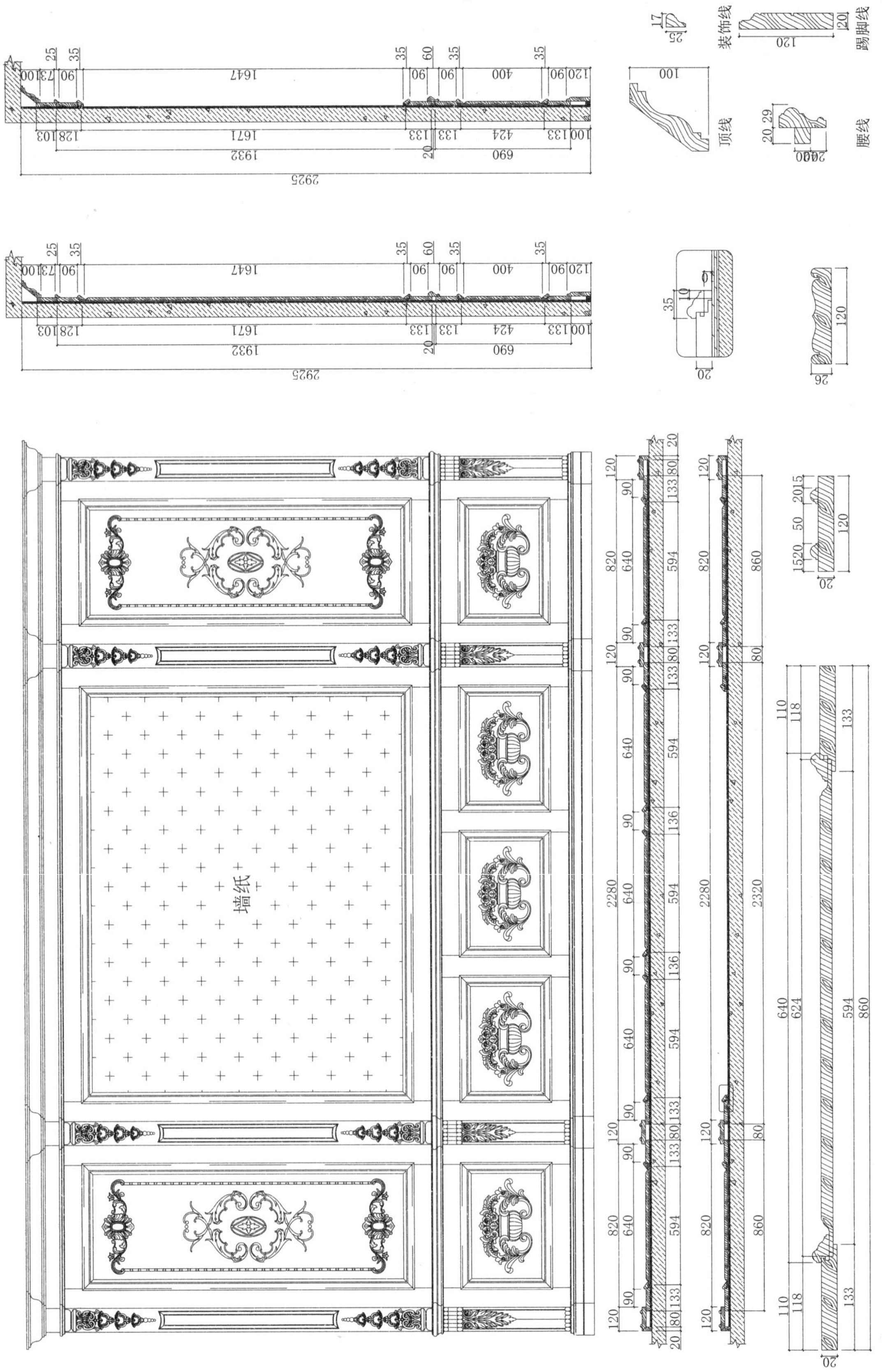
顶线
装饰线
踢脚线
腰线
墙纸

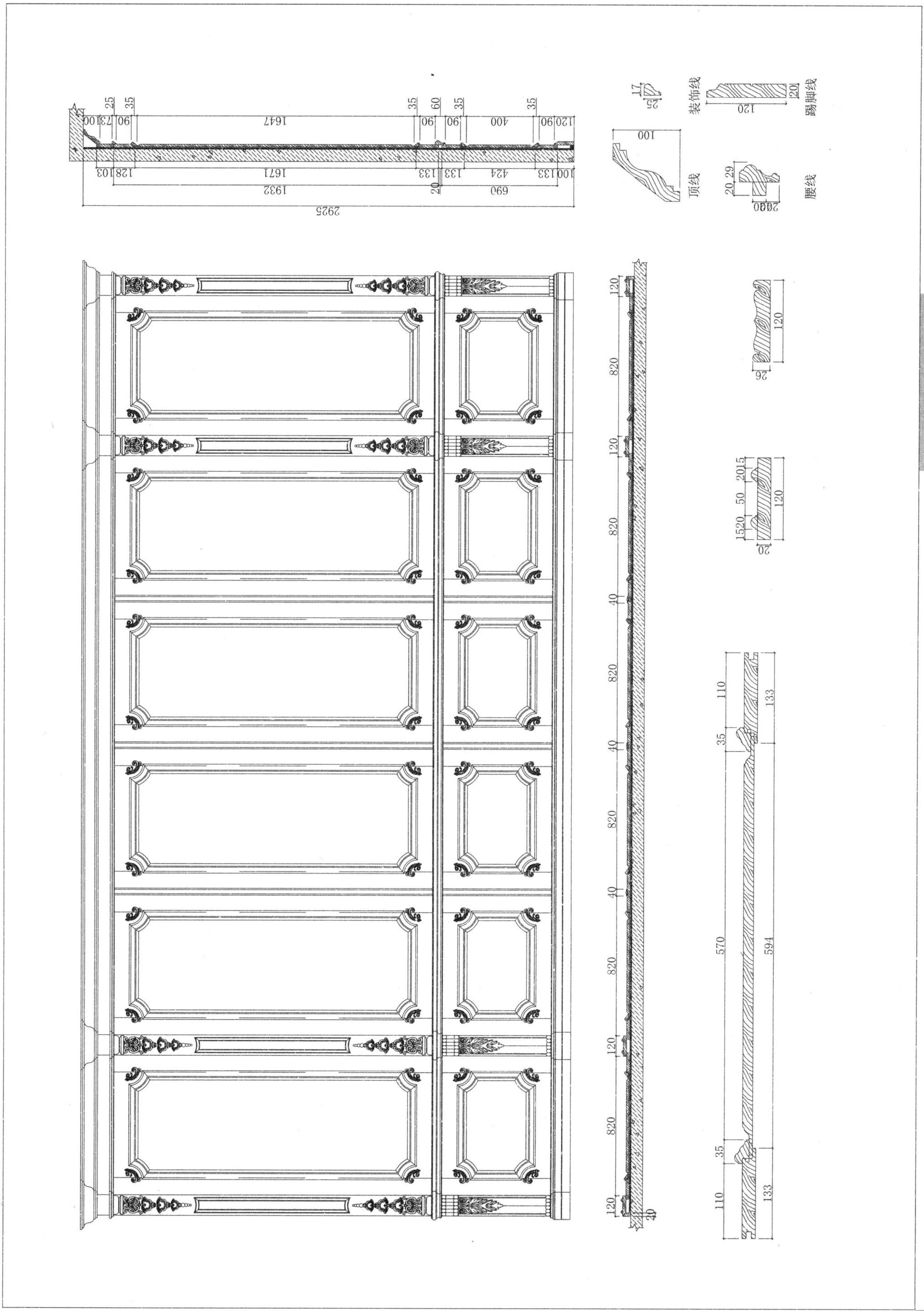
顶线
腰线
装饰线
踢脚线

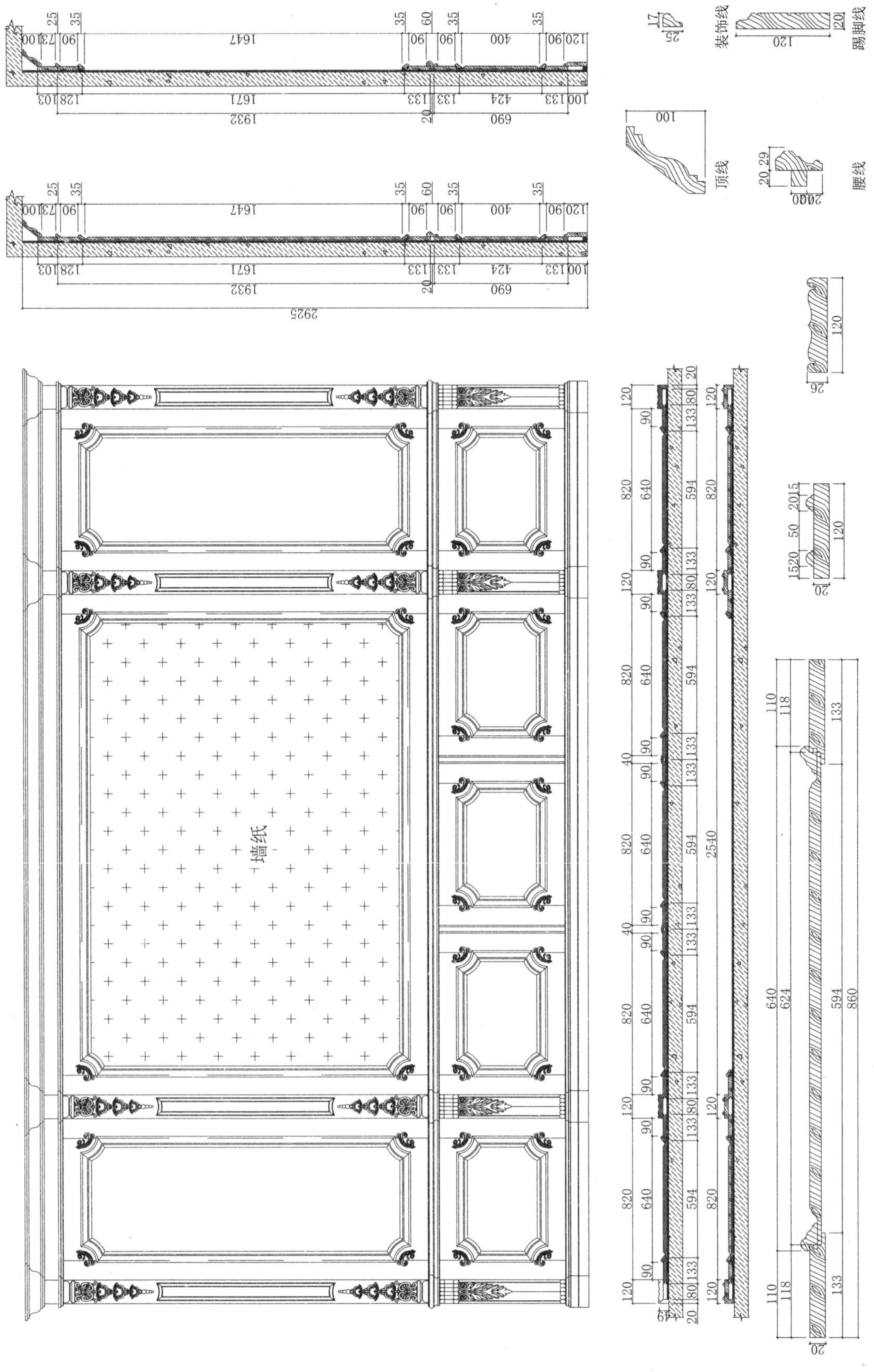
墙纸
顶线
腰线
装饰线
踢脚线

第五章 博古架

第一节 博古架的基本知识

博古架是一种在室内陈列古玩珍宝的多层木架，是类似书架式的木器。木架中分不同样式的许多层小格，格内陈设各种古玩、器皿，故又名为“十锦槅子”“集锦槅子”或“多宝槅子”。每层形状不规则，前后均敞开，无板壁封挡，便于从各个位置观赏架上放置的器物。

博古架分上下两段，上段为多宝格，下段为柜橱，橱里可以存放暂时不用的器皿；也有在下面放书，作为书格用的。博古架既可以做为装饰，是重要的家具陈设。

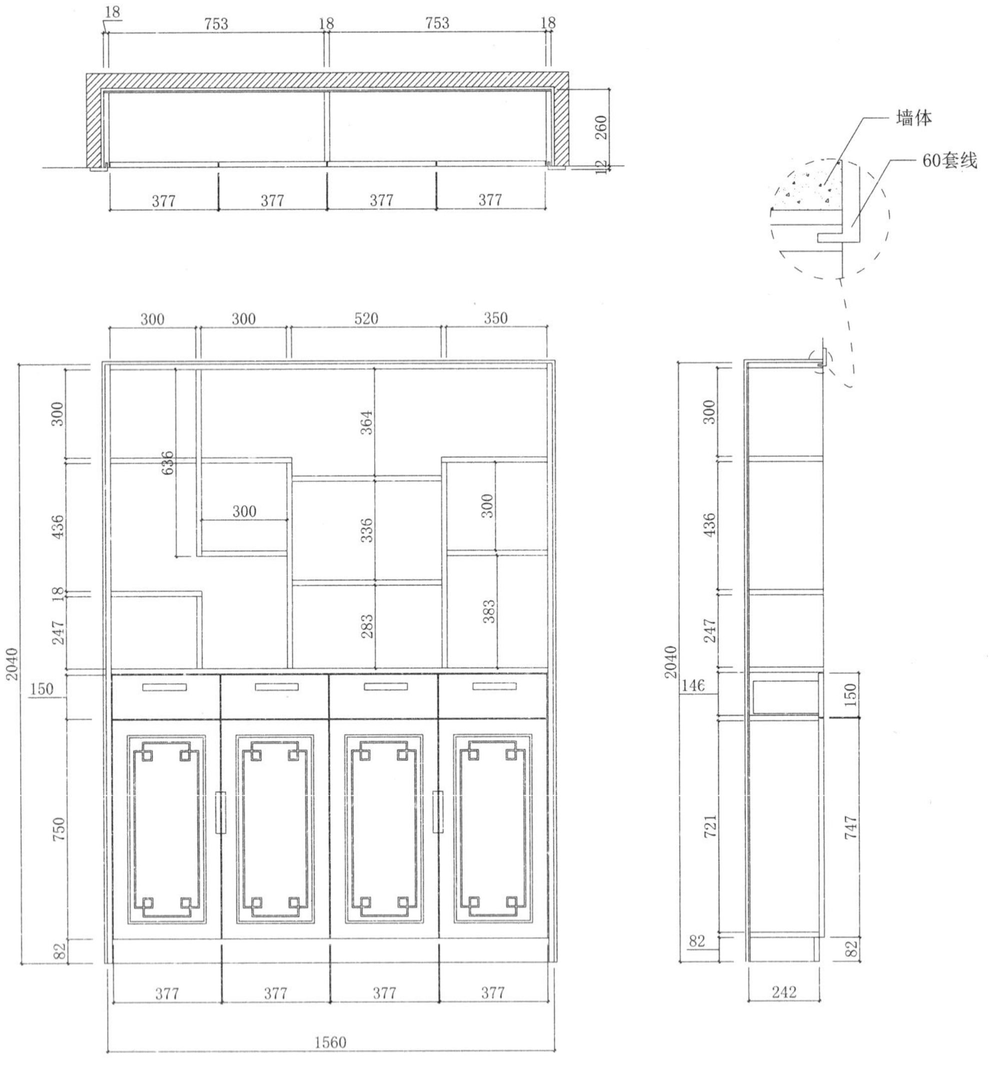
18
753
18
753
18
260
12
377
377
377
377
墙体
60套线
300
300
520
350
300
636
364
436
300
300
336
300
18
247
283
383
2040
150
750
82
377
377
377
377
1560
2040
300
436
247
146
150
721
747
82
82
242

博古架BGJ-01

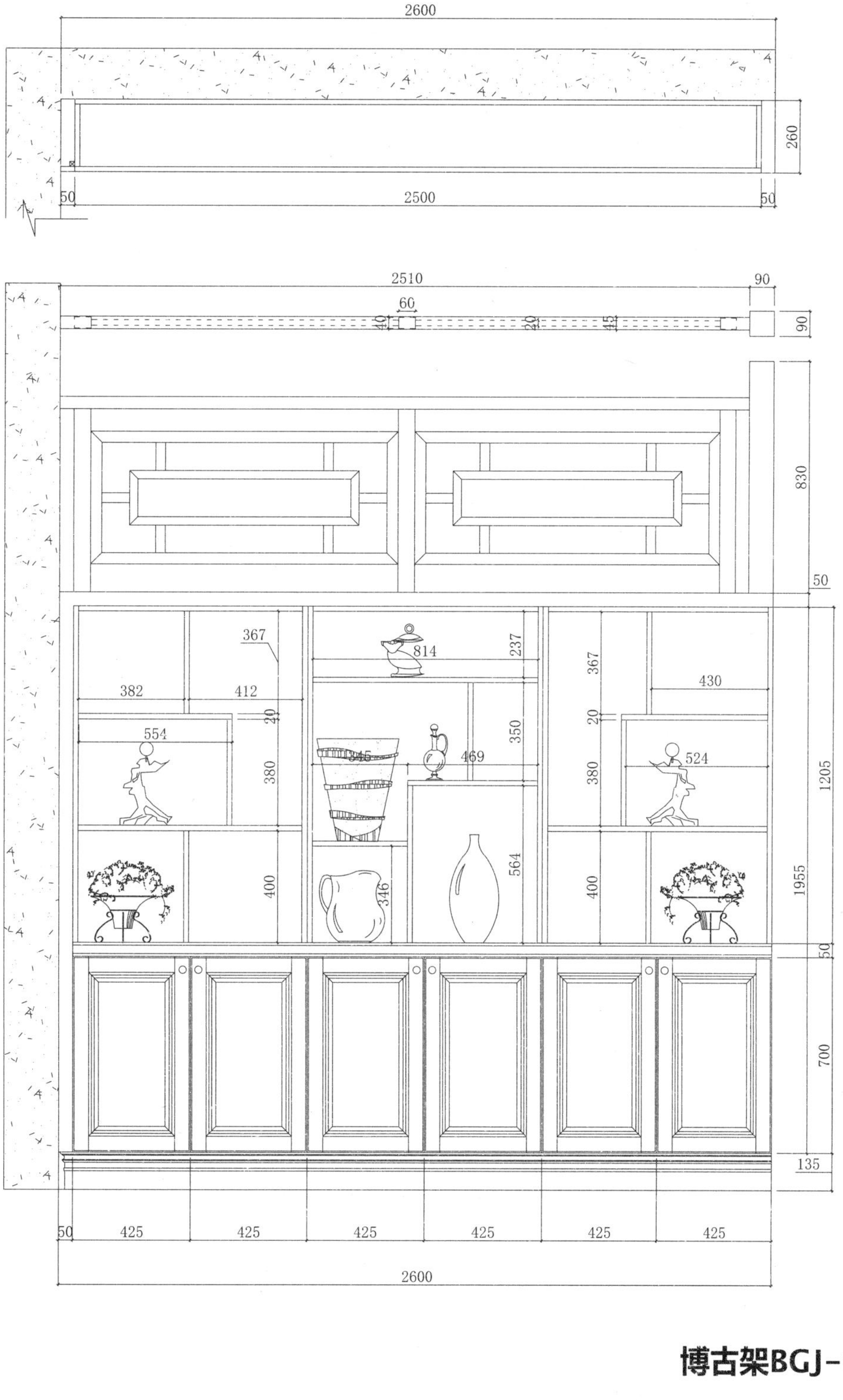
2600
260
50
2500
50
2510
90
60
40
20
45
90
830
50
367
814
237
367
430
382
412
20
350
20
554
545
469
524
380
380
1205
564
400
346
400
1955
50
700
135
50
425
425
425
425
425
425
2600

博古架BGJ-02

博古架BGJ-03

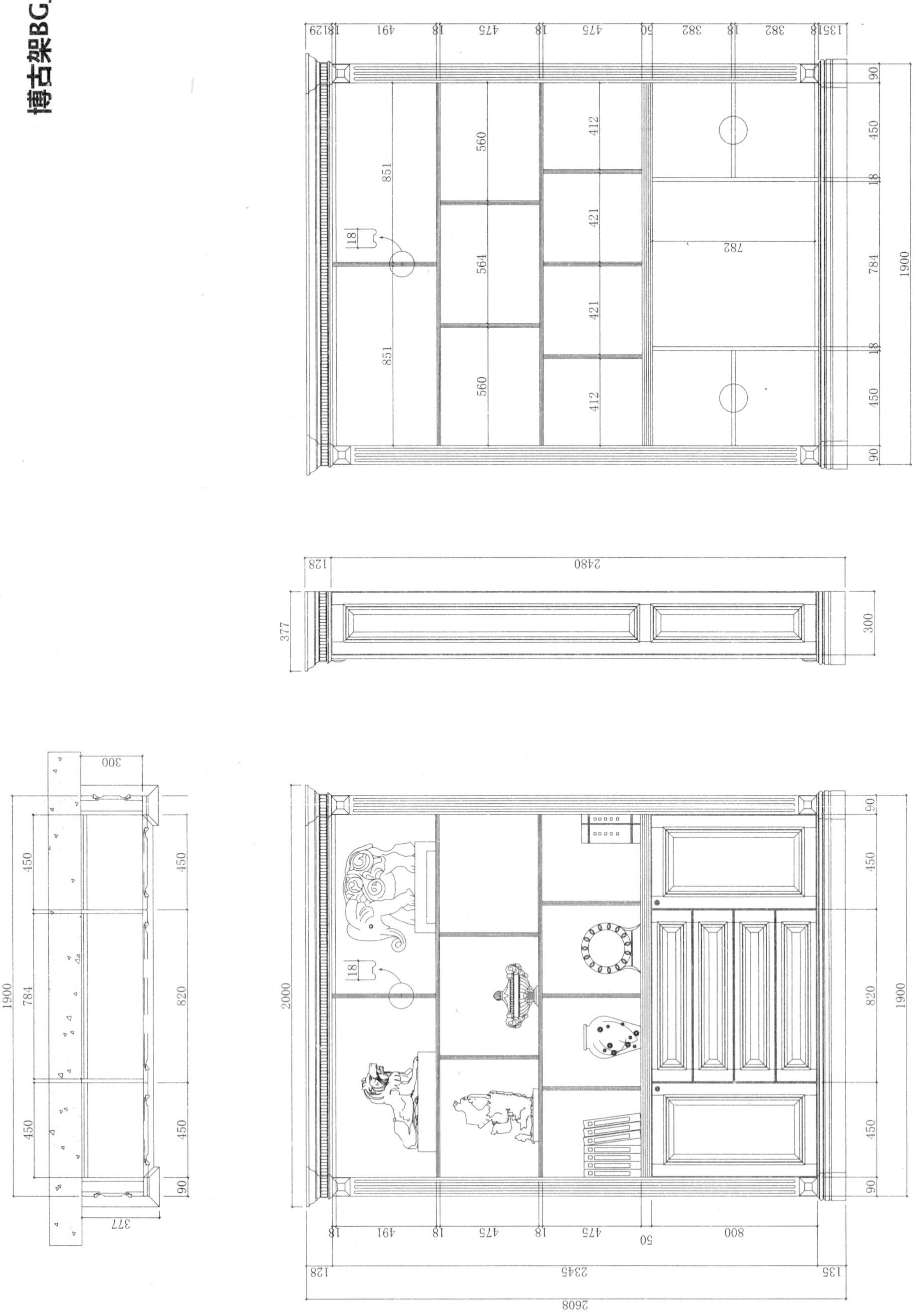
2608
2345
2480
1900
2000
377
300
800
491
475
851
560
564
412
421
782
784
820
450
90
18
50
128
135

博古架BGJ-04

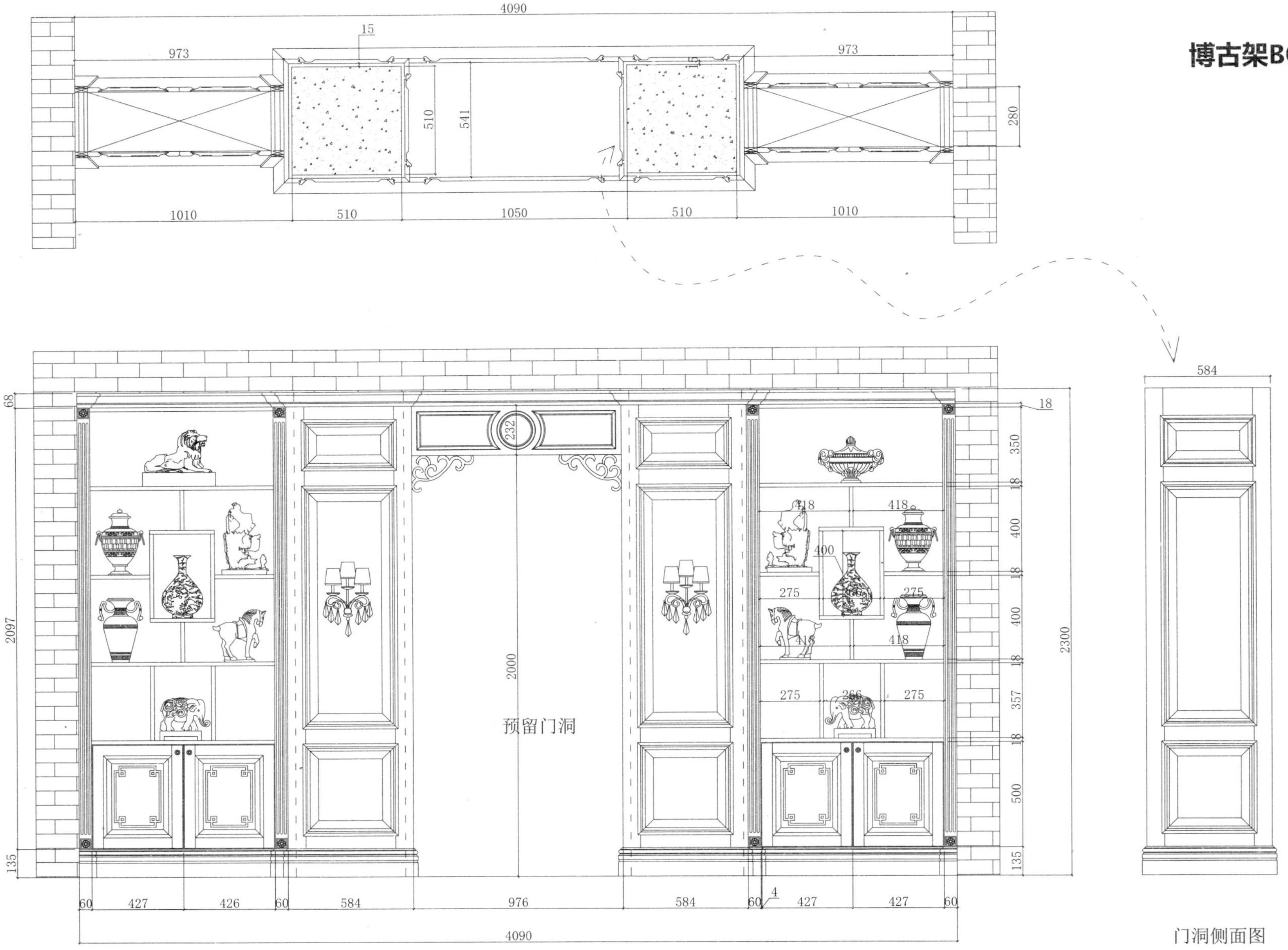

博古架BGJ-05

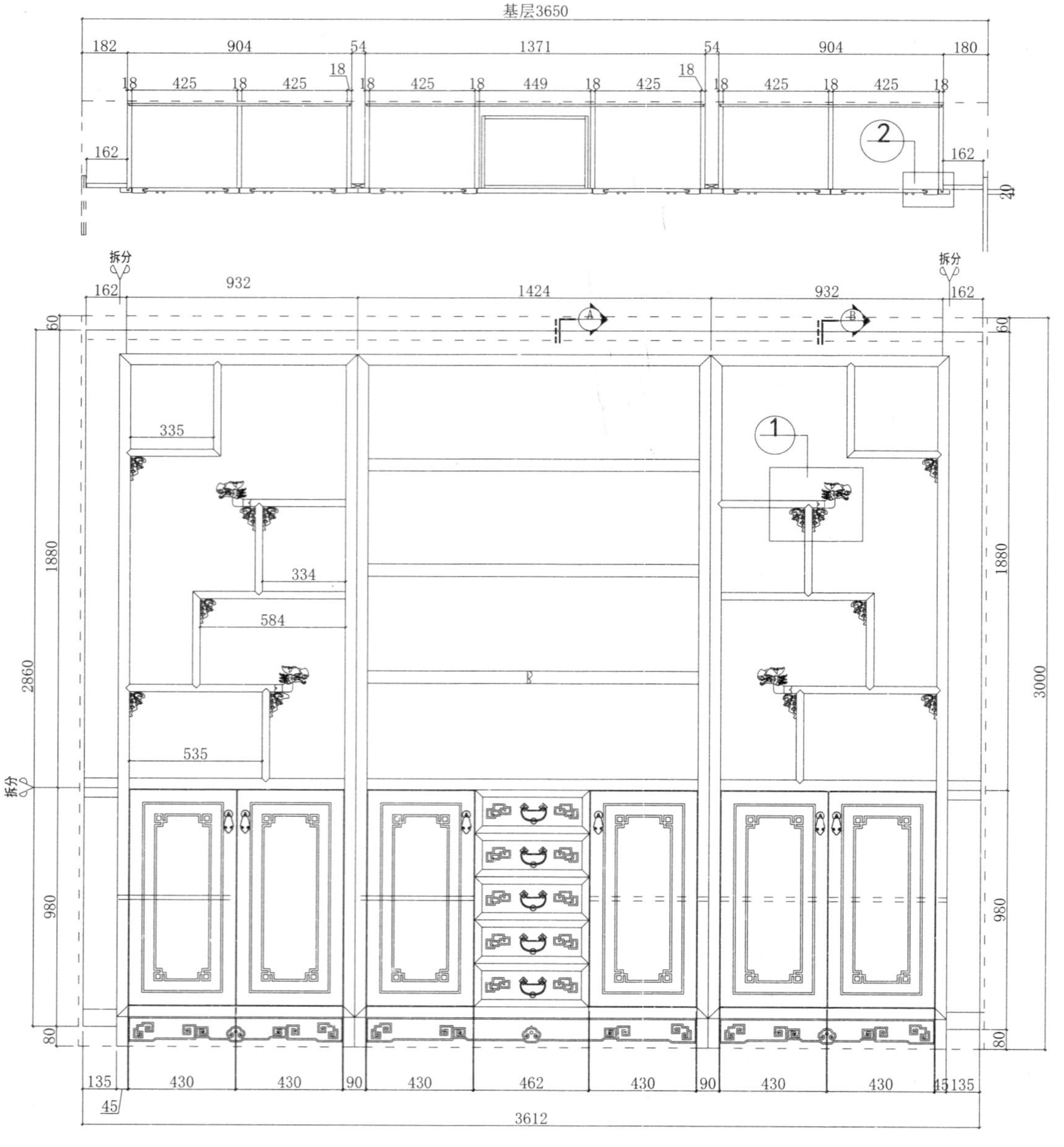

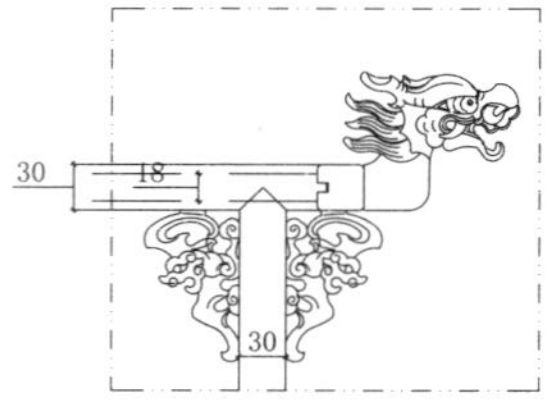

1 放大图

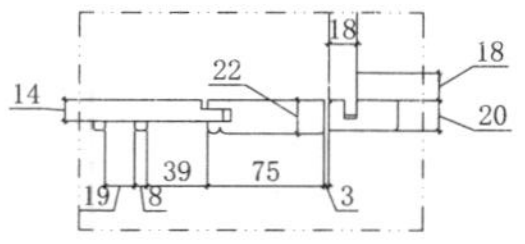

2 放大图

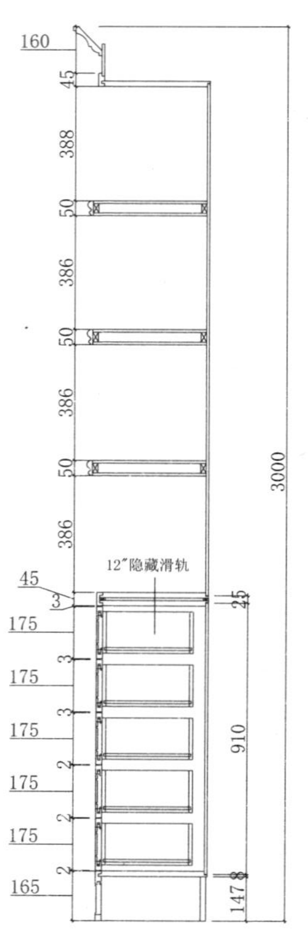

A-A剖面图

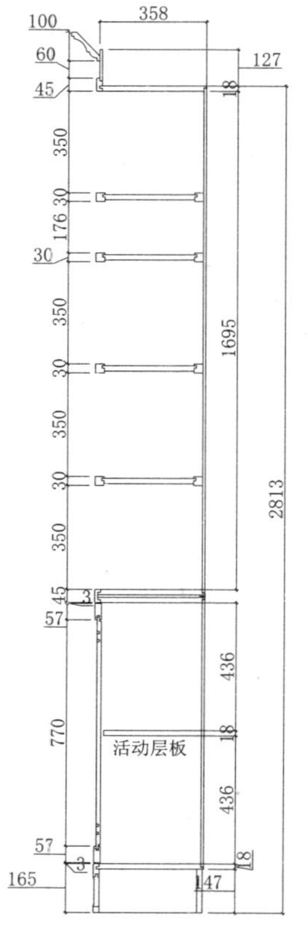

B-B剖面图

博古架BGJ-06

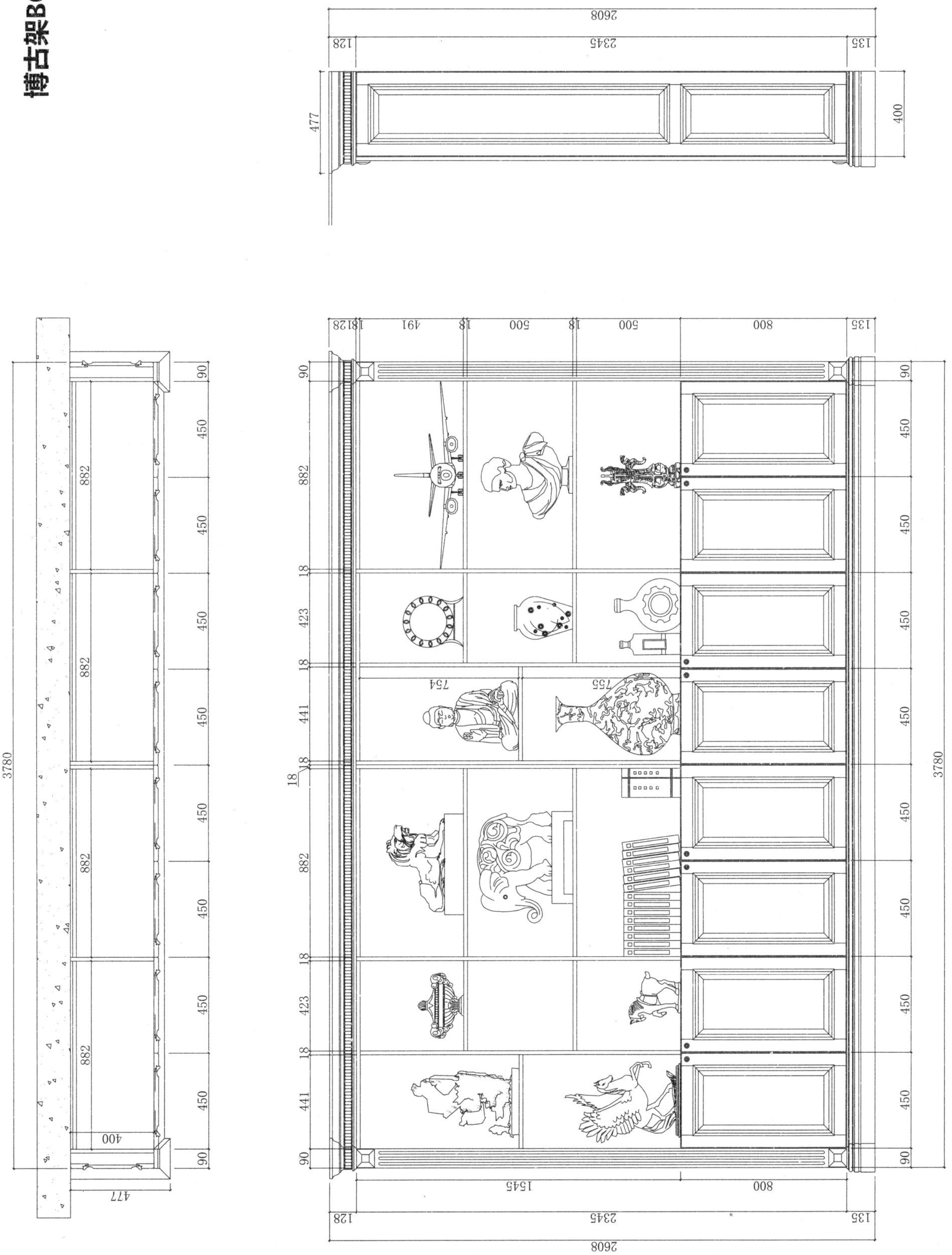
2608
2345
128
135
477
400
3780
882
450
90
18
423
441
491
500
800
1545
754
755

博古架BGJ-07

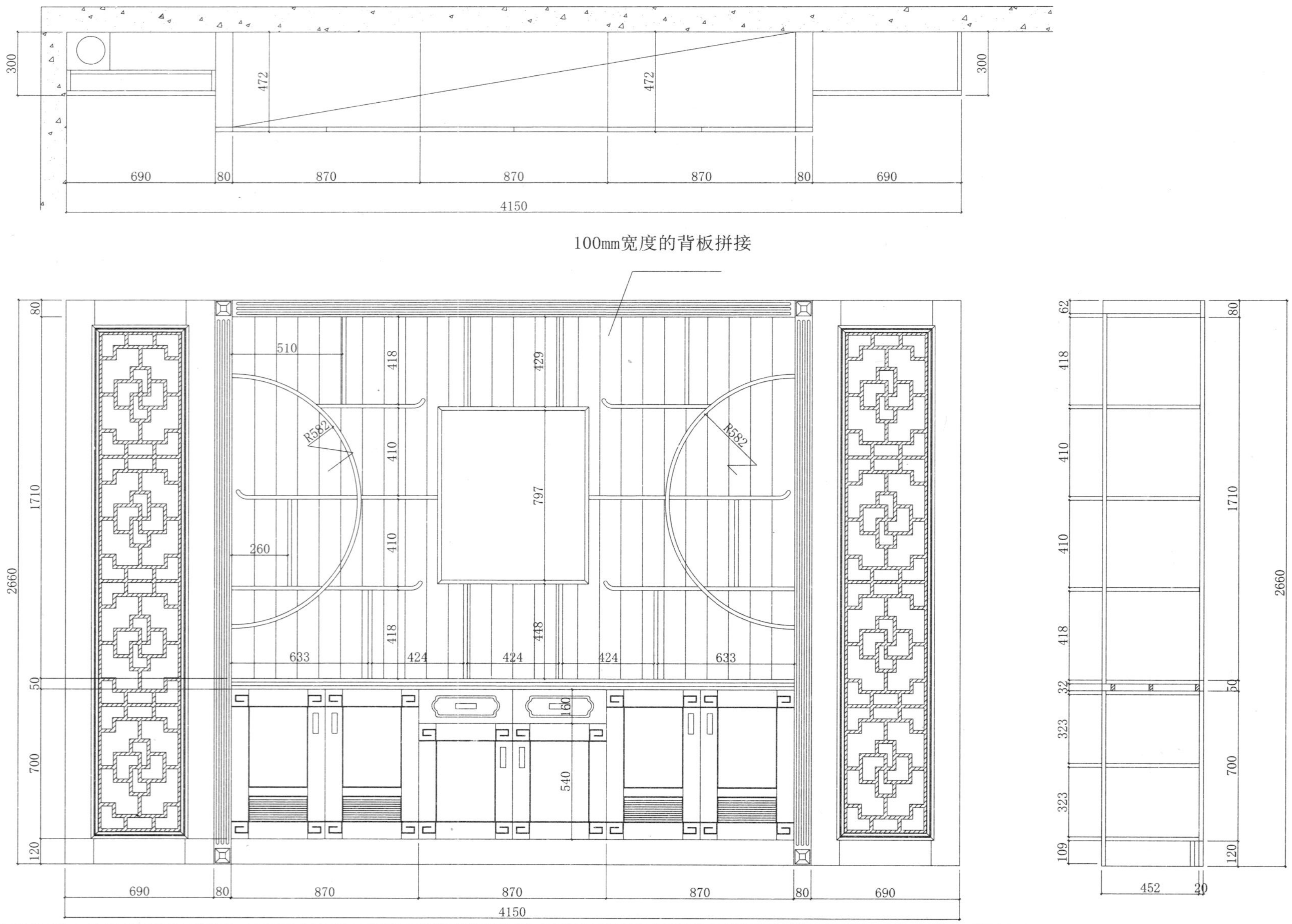

690
80
870
870
870
80
690
4150
300
472
100mm宽度的背板拼接
2660
1710
50
700
120
510
260
R582
418
410
429
797
448
633
424
160
540
62
32
323
109
452
20

博古架BGJ-08

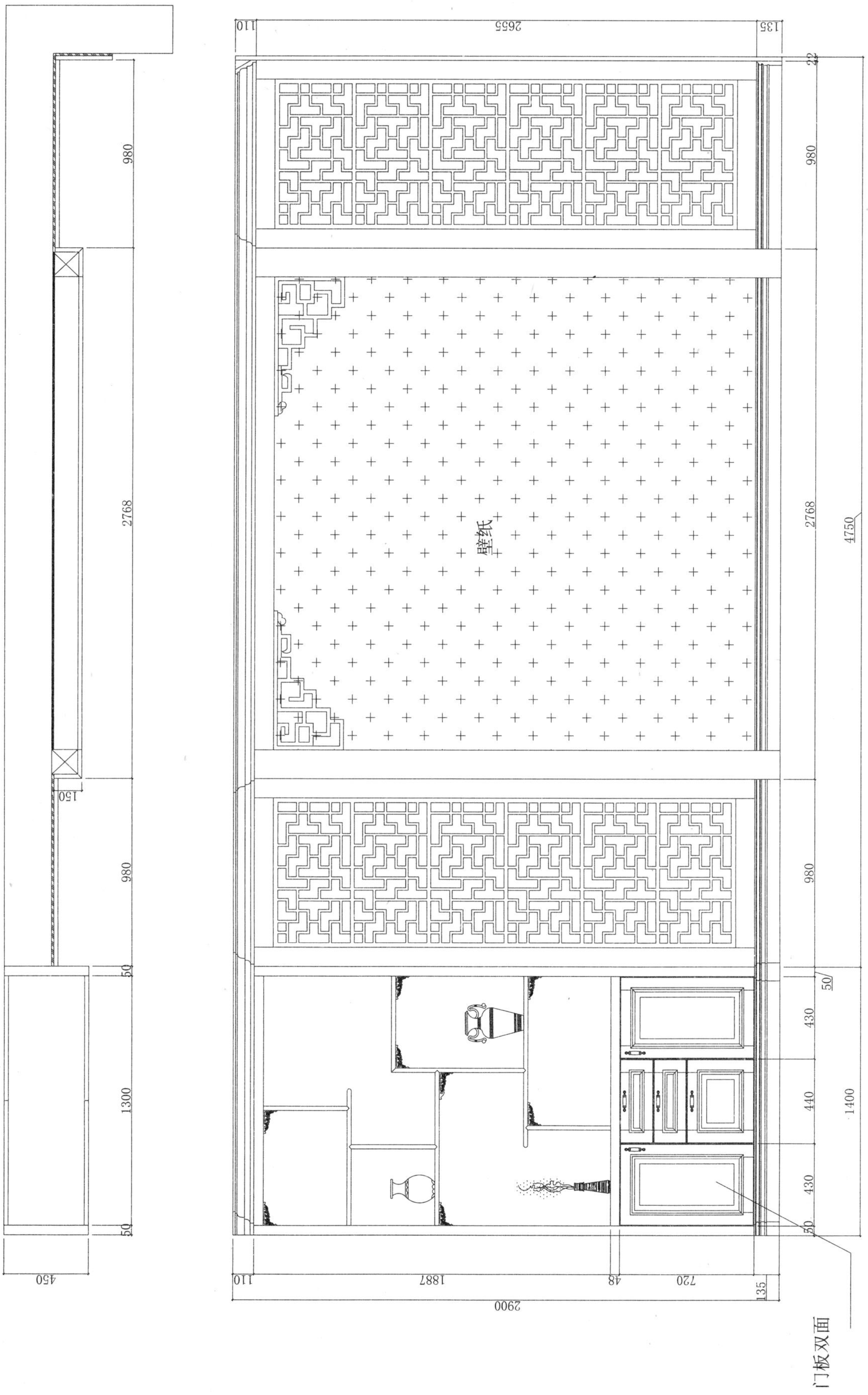
110
2655
135
22
980
2768
4750
壁纸
50
430
440
1400
1300
150
450
1887
48
720
2900
门板双面

博古架BGJ-09

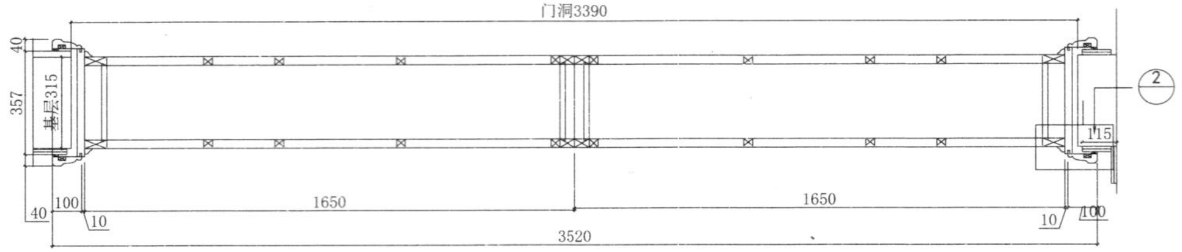

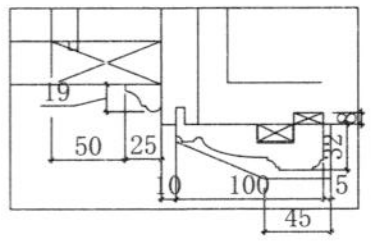

2 大样图

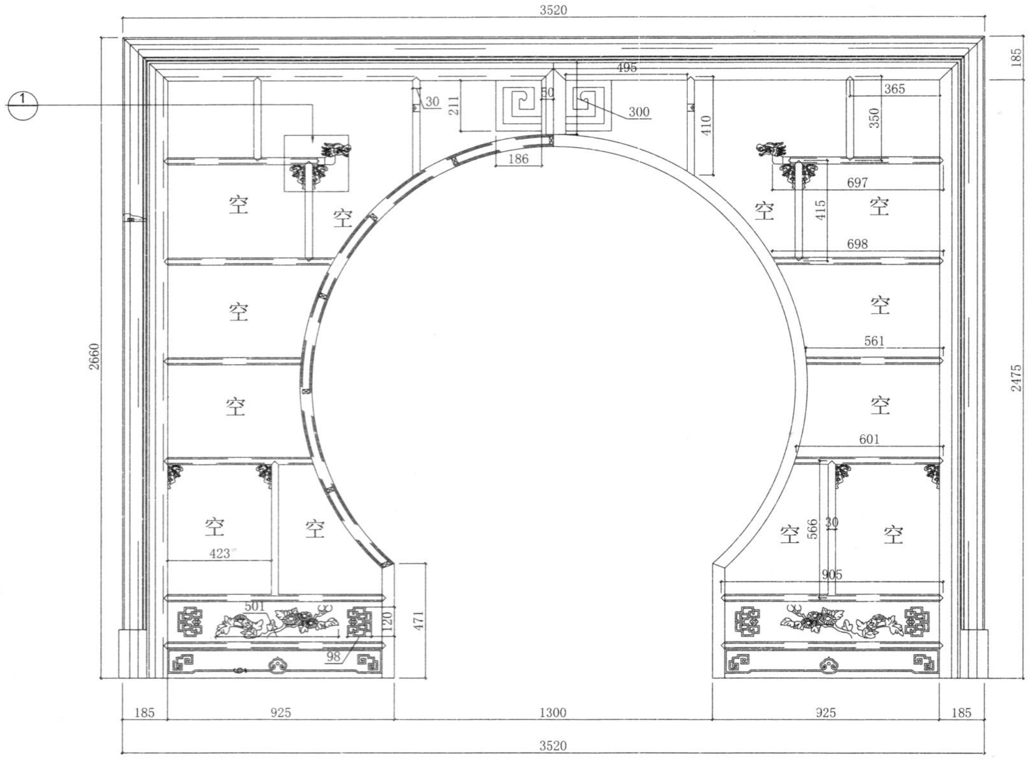

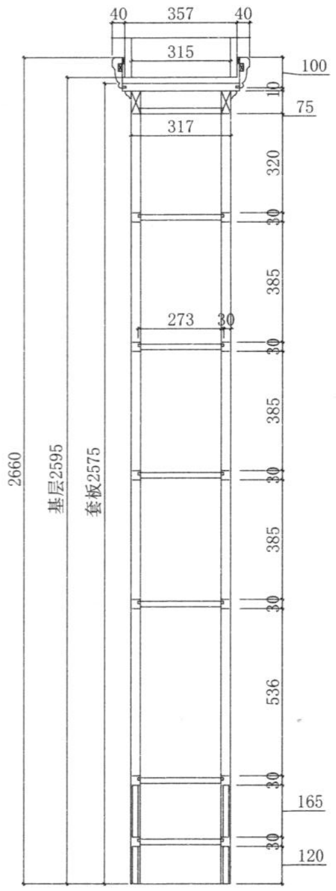

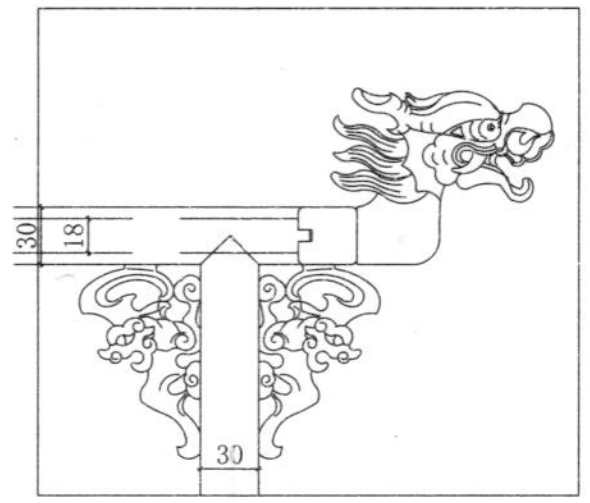

1 大样图

博古架BGJ-10

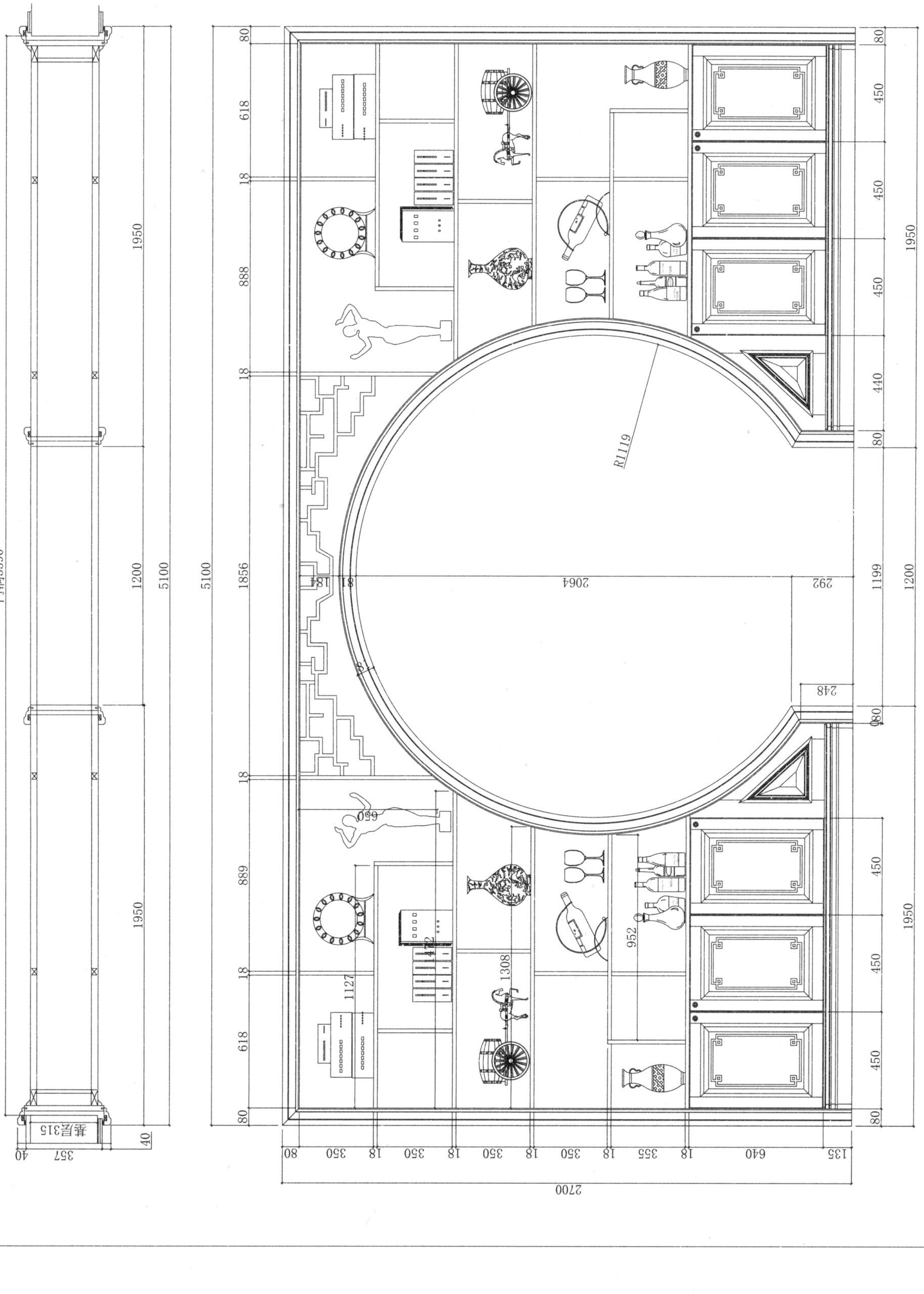

图书在版编目（C I P）数据

全屋定制 CAD 标准图集 . 3 / 名门汇编 . -- 北京 : 中国林业出版社 , 2019.5

ISBN 978-7-5219-0055-2

Ⅰ . ①全… Ⅱ . ①名… Ⅲ . ①室内装饰设计－计算机辅助设计－ AutoCAD 软件－图集
Ⅳ . ① TU238.2-39

中国版本图书馆 CIP 数据核字 (2019) 第 076319 号

中国林业出版社
责任编辑：李 顺 薛瑞琦
出版咨询：（010）83143569

出版：中国林业出版社（北京西城区德内大街刘海胡同 100009）
网站：http://www.forestry.gov.cn/lycb.html
印刷：深圳市汇亿丰印刷科技有限公司
发行：中国林业出版社
电话：（010）83143500
版次：2019 年 5 月第 1 版
印次：2019 年 5 月第 1 次
开本：889 mm × 1194 mm 1/16
印张：14.5
字数：200 千字
定价：186.00 元